高等学校智能科学与技术专业系列教材

深度学习

周尚波　编

西安电子科技大学出版社

内 容 简 介

本书较完整地介绍了深度学习的基本概念、方法和技术。全书共10章，重点介绍了深度学习的基础知识、深度学习的基本算法、深度学习中的正则化以及几个典型的深度神经网络(如深度卷积神经网络、深度循环神经网络、深度生成式对抗网络、自编码器、深度信念网络、胶囊网络等)。

本书内容丰富、叙述详细、实用性强，适合具有一定数学基础的高年级本科生或相关专业的研究生使用，也可供不具有深度学习背景但对深度学习感兴趣的相关人员参考。

图书在版编目(CIP)数据

深度学习/周尚波主编. —西安：西安电子科技大学出版社，2021.5
ISBN 978 - 7 - 5606 - 6014 - 1

Ⅰ. ①深…　Ⅱ. ①周…　Ⅲ. ①机器学习　Ⅳ. ①TP181

中国版本图书馆 CIP 数据核字(2021)第 075448 号

策划编辑　陈　婷
责任编辑　武翠琴
出版发行　西安电子科技大学出版社(西安市太白南路2号)
电　　话　(029)88242885　88201467　　邮　　编　710071
网　　址　www.xduph.com　　电子邮箱　xdupfxb001@163.com
经　　销　新华书店
印刷单位　咸阳华盛印务有限责任公司
版　　次　2021年5月第1版　2021年5月第1次印刷
开　　本　787毫米×1092毫米　1/16　印张 12
字　　数　277千字
印　　数　1～3000册
定　　价　27.00元
ISBN 978 - 7 - 5606 - 6014 - 1/TP

XDUP 6316001 - 1

前　　言

本书编写的初衷是让读者对深度学习的基本概念、方法与技术有所了解。本书尽可能用通俗易懂的语言对知识进行形象的描述，结构上由浅入深，适合具有一定数学基础的高年级本科生或相关专业的研究生使用，也可供不具有深度学习背景但对深度学习感兴趣的相关人员参考。

本书共10章，第1章介绍了深度学习的发展过程及其应用；第2章至第4章介绍了深度学习的相关基础知识；第5章至第9章介绍了深度学习常用的网络模型；第10章介绍了较为先进的胶囊网络。每章后均附有习题，可以帮助读者巩固所学知识。本书偏重理论基础，对于实战，建议读者下载相关算法的开源代码进行体验。

目前，与深度学习相关的资料极为丰富。在本书编写过程中，与深度学习有关的文献还在大量涌现，让人深感深度学习发展之迅猛。相信在不远的将来，深度学习的应用会像传统神经网络一样普遍。笔者才疏学浅，对深度学习的理解还欠深刻，更由于时间和精力有限，书中难免有不妥之处，望广大读者不吝赐教，不胜感激。

本书的编写得到了朱淑芳、齐颖、张力丹、吴霞、沙龙、黄赛傲、刘小娟、罗舒月、周欣、韩雨潇、向优、尹佳俊、王李闽、张子涵、陈龙、李翰韬、徐博、李雨佟、徐婷等在读硕士生或博士生的帮助，他们对编写本书充满了激情，广泛收集、查阅和整理了大量参考文献与资料，对本书内容的正确性、合理性及完整性等作出了贡献，本书还得到了重庆市高等教育教学重大教改项目“大数据智能化卓越人才计算机系统能力培养模式研究”(项目编号：191003)的资助，在此一并致谢！

编　者

2020年8月

目　　录

第 1 章　绪　论

深度学习是计算智能和机器学习研究中的一个新领域，旨在构造神经网络以模拟人脑分析、解决问题的方式，分析和挖掘样本数据的一般规律，帮助解释诸如文本、声音和图像等数据信息，使机器能够具有分析和学习能力，能够模拟视听、思考、分析、推理和决策等人类活动。本章将介绍深度学习的兴起、什么是深度学习、为什么采用深度学习、深度学习的应用等基础知识。

1.1　深度学习的兴起

人工神经网络从诞生至今历经了三次发展浪潮，如图 1.1 所示。在第一次浪潮(20 世纪 40 年代～60 年代)中，深度学习在控制理论中有了雏形；在第二次浪潮(20 世纪 80 年代～90 年代)中，深度学习表现为联结主义(connectionism)；在第三次浪潮(2006 年至今)中，深度学习才真正以“深度学习”之名复兴。

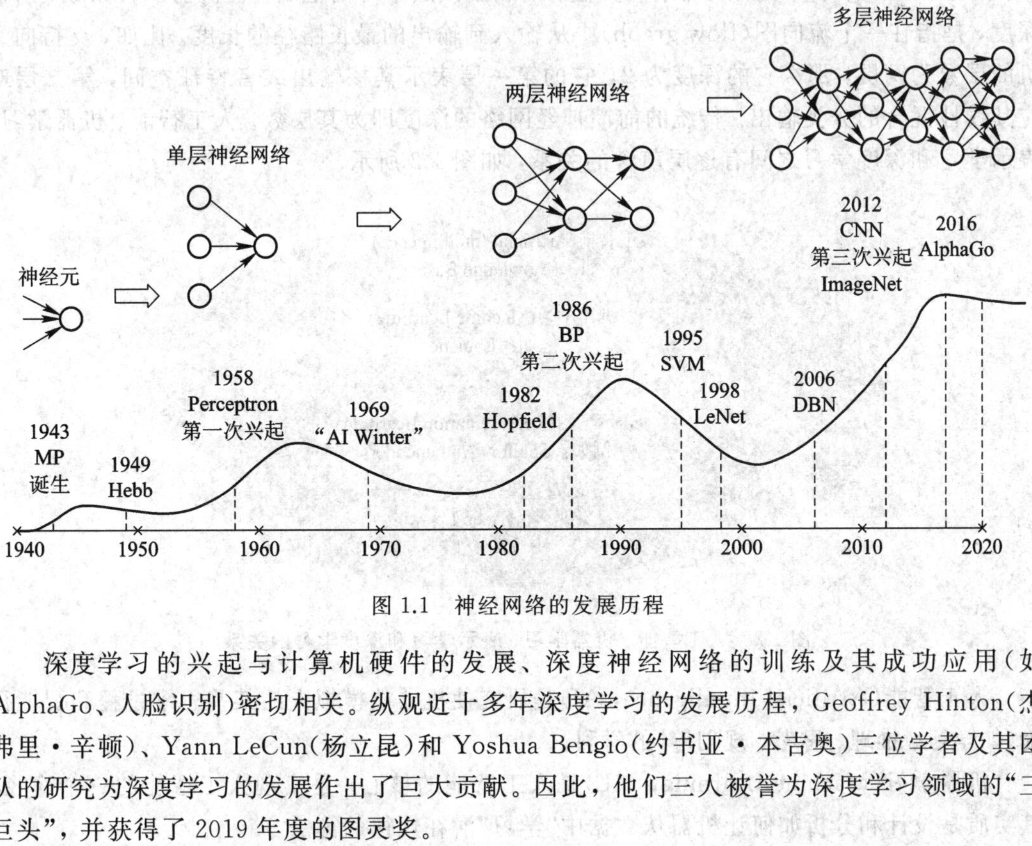

图 1.1　神经网络的发展历程

深度学习的兴起与计算机硬件的发展、深度神经网络的训练及其成功应用(如 AlphaGo、人脸识别)密切相关。纵观近十多年深度学习的发展历程，Geoffrey Hinton(杰弗里·辛顿)、Yann LeCun(杨立昆)和 Yoshua Bengio(约书亚·本吉奥)三位学者及其团队的研究为深度学习的发展作出了巨大贡献。因此，他们三人被誉为深度学习领域的“三巨头”，并获得了 2019 年度的图灵奖。

2006 年，Hinton 团队在 *Science* 上发表的论文 *Reducing the Dimensionality of Data with Neural Networks* 开启了一个以深度学习为引领的新时代。Hinton 亦是反向传播和对比度扩散算法的提出者之一，这些理论和方法为深度学习奠定了基础。2012 年，Hinton 团队在 ImageNet 计算机视觉挑战赛上使用 AlexNet 深度网络模型，使图片识别错误率下降了 14%，图像识别性能提高为原来的两倍。这一成功也使越来越多的学者和企业投入深度学习领域的研究和应用之中。2017 年，Hinton 所提出的胶囊网络(capsule network)使用逆渲染思想，融入空间信息，解决了对象与部分之间的分层姿态关系，使得分类任务更加符合人类的思维模式。

Yann LeCun 将卷积神经网络(CNN)和反向传播理论结合起来，提出了 LeNet 卷积神经网络的架构，搭建了神经网络与光学字符识别间的桥梁，创造了能够"读懂"手写数字的方法，并运用到了银行支票的识别中。

在自然语言领域方面，Bengio 发表的论文 *A Neural Probabilistic Language Model* 开创了利用神经网络探索语言任务类模型的先河，为词向量和机器翻译等语言领域模型提供了启发。此外，该团队还开发了 Theano 深度学习框架。

1.2 什么是深度学习

深度学习是区别于浅层学习来讲的。诸如支持向量机(Support Vector Machines, SVM)、Boosting 等传统的机器学习方法，均属于浅层学习的范畴。在机器学习领域，所谓深度，是指在一个流向图(flow graph)中从输入到输出的最长路径的长度。比如，支持向量机的层数为两层，那么它的深度为 2，它的第一层表示其核输出或者特征空间，第二层对应其线性混合的分类输出。传统的前馈神经网络的深度即为其层数。人工智能、机器学习、表示学习和深度学习之间有逐层蕴含的关系，如图 1.2 所示。

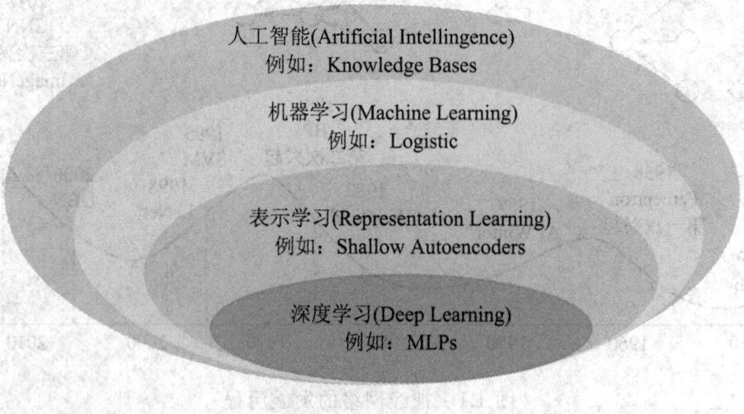

图 1.2 人工智能、机器学习、表示学习和深度学习的关系

人工智能(Artificial Intelligence，AI)是研究使机器能模拟人的某些思维过程和智能行为(如学习、推理、思考、规划等)的学科。

机器学习(Machine Learning，ML)是人工智能的核心，是实现人工智能的一个途径。其实质是设计和分析如何让机器从数据中"学习"潜在规律的算法。

表示学习(Representation Learning，RL)，又称学习表示。有效的表达方式可以简化我们处理问题的难度。比如，在自然语言处理(NLP)领域中，采用 word2vec 把词语表示成向量(vector)形式，就可以基于 vector 直接计算词与词之间的相似程度，word2vec 表示的向量可以描述词与词之间的依赖关系。在深度学习领域内，表示学习主要是指通过学习对观测样本进行有效的表示，是对数据进行表征学习的算法，有的把表示学习归入深度学习范畴中。

深度学习(Deep Learning，DL)是一种通过人工神经网络来对数据进行特征抽取的算法，它是机器学习领域的一个分支，用来模拟人脑用逐层抽象和递归迭代的机制解译数据。

下面我们对深度学习的特性与本质进行讨论。

1. 特征表示

我们可以将机器学习模型描述为下述系统模型：

假设一个系统 S，它有 n 层(S_1，S_2，…，S_n)，输入是 I，输出是 O，其数据流可以形象地表示为链式规则：$I \Rightarrow S_1 \Rightarrow S_2 \Rightarrow \cdots \Rightarrow S_n \Rightarrow O$，如果输出 O 等于输入 I，即该系统 S 对信息 I 是无损的，换句话说，信息 I 经过系统 S 的变换后没有任何信息的损失，也即每一层 S_i 对输入的作用都只相当于对原始信息的一种变换表示。而这种无损信息传递实际上是一种很严格的限制，是很难实现的。因此在运用中可以放宽限制，使得信息损失尽可能小(即输入与输出的差别尽可能小)，以达到“近似等价”的效果。

在设计系统 S(有 n 层)后，我们可以通过调整系统参数来使系统的输出近似于输入，这样我们就可以获得关于输入 I 的一系列层次特征表示，即 S_1，S_2，…，S_n。

深度学习的基本思想就是通过一个人工神经网络来学习，以实现对输入信息进行分级表达，这种运作方式与我们人类大脑的信息处理非常相似。深度学习与经典机器学习最大的不同就是深度学习的机器不需要人类程序员告诉它们要用数据做哪些分析以及何种分析，当然这得依赖于我们可能要消耗巨大的人力和物力所收集的大量数据。因此，数据是深入学习模型的燃料。

我们通过固定的或是人为设计的算法得到的这种特征称为人工特征(hand-crafted features)，图 1.3 所示为图像的一些经典特征。人工特征的抽取需要人们对输入的数据有足够的认知或者领域知识(domain knowledge)，即传统的机器学习算法中所谓的“特征学习”实质上是人为的方法，或者说是一种先验知识，并不涵盖机器“学习”特征。经典模式识别算法、主流模式识别算法和深度学习算法的工作流程如图 1.4 所示。

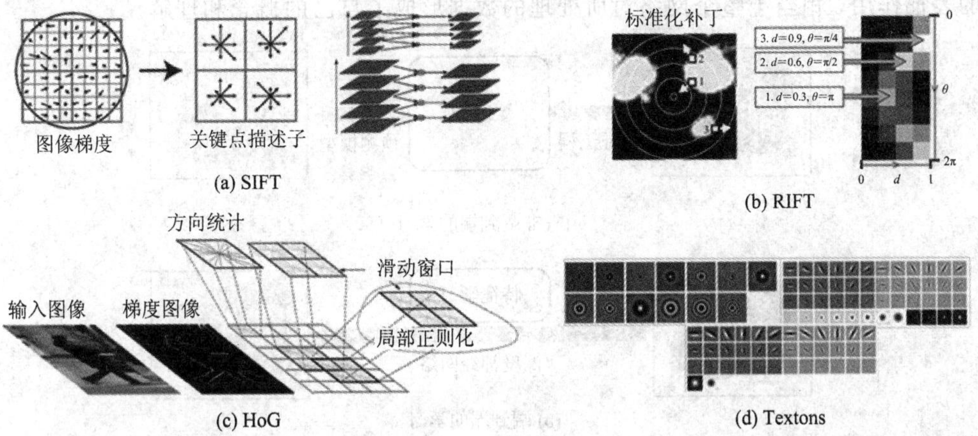

图 1.3　图像特征

(a) 经典模式识别

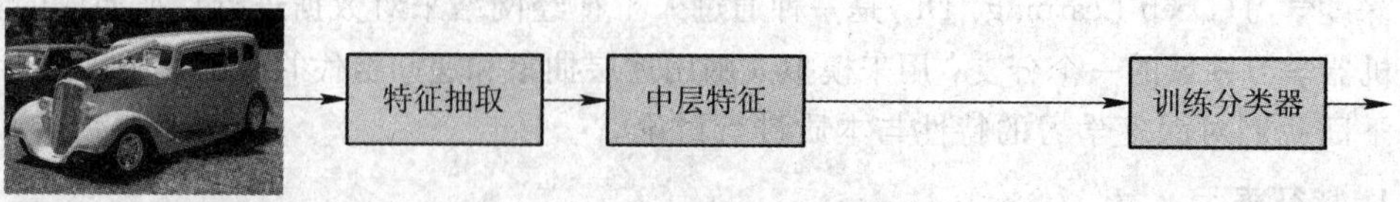

(b) 主流模式识别

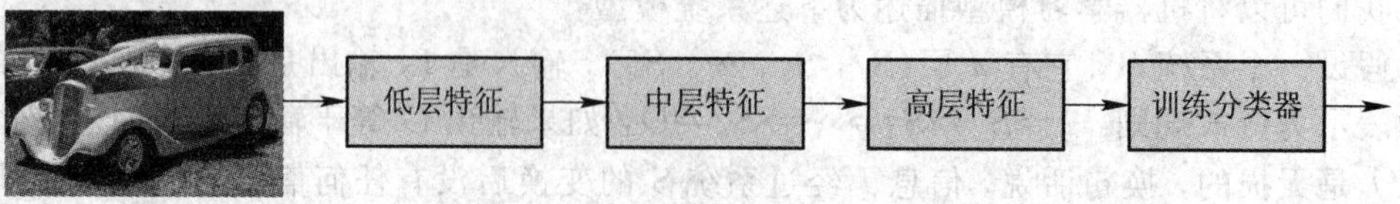

(c) 深度学习

图 1.4 不同模式识别算法的工作流程

人类专家要设计出好的特征也并非易事。因此，设计一种能够通过机器自身的学习技术来产生好的特征，即能进行自主特征学习，从而达到“全自动数据分析”目的的机器学习方法，就显得尤为重要。深度学习就是这样一种能够进行“特征学习”的机器学习算法。

2. 学习框架

深度学习框架由特征提取和分类器两部分组成，从而可实现一种端到端（end-to-end）的学习（如图 1.5 中所示），以达到联合优化的作用。也就是说，深度学习可以自动从海量数据中去学习特征，在使用中减少了手工设计特征的巨大工作量，因此是一种无监督特征学习（unsupervised feature learning）。顾名思义，无监督（unsupervised）学习就是不需要通过人工方式进行样本类别的标注来完成学习。深度学习的特征学习是通过多层神经网络自动完成的，每一层神经元会对输入数据进行特征提取并输出给下一层，下一层在前一层传递来的数据（各种特征）基础上再进行特征抽取，将抽取的特征再传给下一层，层级数量一般视具体问题和训练调优效果而定。这种通过层级归纳的方式来处理原始数据往往具有很好的表征作用，相当于整个网络对所处理的数据形成了自己的概念和理解。

(a) 非端到端的学习

(b) 端到端的学习

图 1.5 非端到端的学习和端到端的学习

深度学习与传统的机器学习（浅层学习）相比，有两点不同：一是深度学习强调模型结构的深度；二是深度学习明确突出特征学习的重要性。

对于深度学习模型，其隐层节点为 5～10 层，甚至上千层或更多。深度学习明确突出了特征学习的重要性，即通过逐层特征变换，将样本的特征表示从原空间变换到一个新的特征空间，从而提升分类或预测的能力。与传统人工规则构造特征的方法相比，利用大数据来学习特征，更能够刻画数据丰富的内在信息，进而使得整个算法相对于传统手工构造特征具有更好的泛化性能。

那么，如何理解不同层的特征呢？不同层的特征到底刻画了些什么？下面我们从视觉神经学入手来形象化地探讨这个问题。

由视觉机理的研究发现，动物大脑的视觉皮层具有明显的分层结构，主要用来处理视觉信号，如图 1.6 所示。视网膜将眼睛看到的东西成像，进而将光学信号转换成电信号，再传递到大脑的视觉皮层（visual cortex）。因为视觉皮层具有分层特点，所以它的初级视觉皮层（primary visual cortex）即 V1 皮层中的简单神经元将视网膜传来的图像信号进行一些细节、特定方向上的处理后，将信号传给下一层视觉皮层即 V2 皮层，进而抽象出目标的部分内容，再继续传到更高层，形成整个目标和目标的行为。可以看出，高层的特征由底层特征组合而来，层数越高，特征就越抽象，就越能表现语义或者意图。这也与人类的逻辑思维十分相似。对分类来说，随着抽象层数越来越高，存在的可能猜测就越来越少，分类效果也就越来越好，并且每一个层级就是一种可训练的特征变换。对于图像识别而言，特征层级可依次为像素、边界、纹理、图形、部件、对象；而对于文本而言，特征层级可依次为字符、单词、词组、句子、段落、文章；就语音来说，特征层级可依次为采样、谱带、声音、音素、音位、词等。

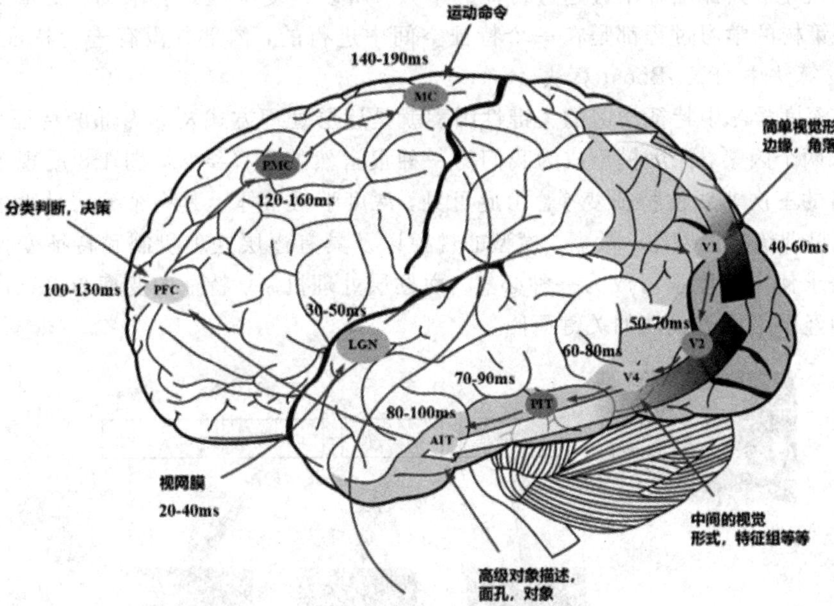

图 1.6　人脑可视皮层分级

图 1.7 中所展现的只是一个帮助我们理解的示意图，其实，真正的神经网络模型的分层可能不会那么清晰可见。但是能够确定的是，深度学习之所以能够成功，是因为当我们

逐渐往更高层进行训练时，它确实是不断地在对对象进行抽象。比如说，扁平神经网络能做很多深层神经网络做的事，但也正因为它是扁平的，深度加工这一点却做不到。因此，深度的逐层抽象是非常关键的。

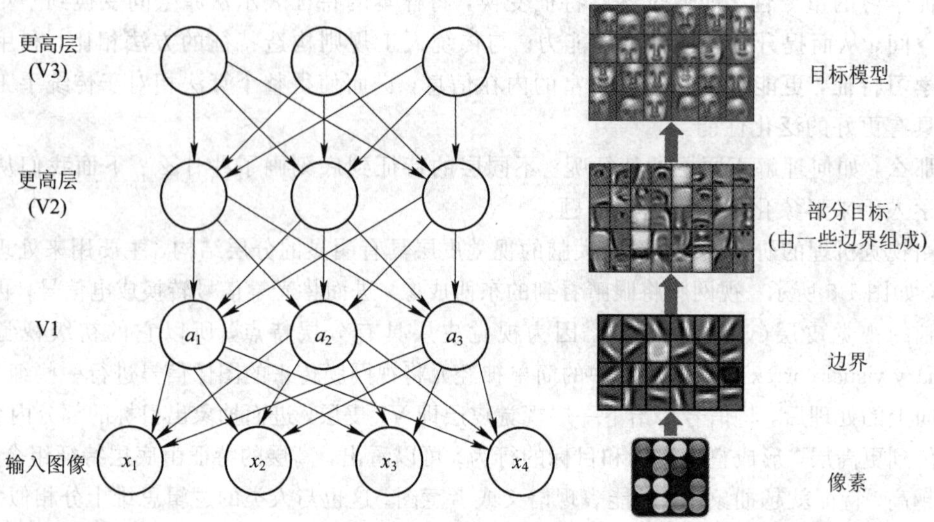

图 1.7　人脑机制、神经网络层级与特征层级关系

在机器学习领域，诸如决策树、XGBoost 等算法，就是采用这种“逐层处理”的思想。为什么其效果却大不如深度学习呢？首先，其复杂度不够。如对决策树而言，在只考虑离散特征的情况下，其深度并不会超过特征的个数，所以其复杂度是有限的。更重要的一点是，整个决策树的学习过程都是在一个特征空间中进行的，内部并没有进行特征的变换，如 Boosting 算法中的 XGBoost 算法。

因此，深度学习中特征学习的关键性因素就是逐层处理方式及其内部的特征变换。也正是由于这两个因素，深度模型成为我们的一种很自然的选择结果，图 1.8 展现了深度卷积神经网络的三次非线性特征变换。由此可见，深度学习整体上是一个分层计算的训练机制，即每次只训练一层网络。数据、模型的规模以及具有逐层处理机制和特征变换的特征学习机制需求使得深度学习成为一种必然。而逐层处理机制、特征的变换与复杂度足够高成为深度神经网络能够成功的关键原因。

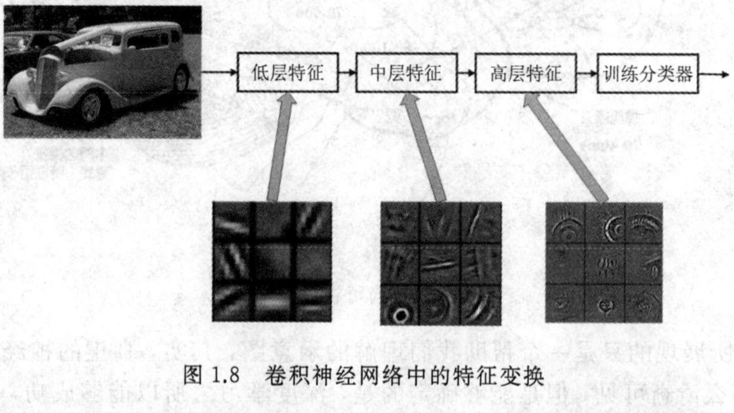

图 1.8　卷积神经网络中的特征变换

总而言之，深度学习是一种复杂度高的机器学习模型，其基于大数据进行特征学习、协同学习、上下文学习，以完成分类、预测等任务。

1.3 为什么采用深度学习

一个机器学习模型的复杂度实际上与它的容量(模型的容量是指其拟合各种函数的能力)有关，而容量又与它的学习能力有关。因此，学习能力和复杂度是相关联的。换句话说，我们可以通过增加一个学习模型的复杂度来提升其学习能力。那么，如何增加其复杂度?对神经网络而言，加宽和加深是两种显而易见的方式。网络加宽实际上是增加了一些计算单元，即增加了函数个数；而网络加深，同时增加了计算单元和网络嵌入程度。因此，从提升复杂度的角度来讲，加深网络是行之有效的策略。

然而，机器学习的学习能力变强了，系统的结构参数增多了，随之将有可能面临过拟合(overfit)的问题。我们期待的机器学习算法是通过数据集学习到数据的一般规律，实现能够预测未来的能力。而有时算法将数据本身的特性学习到了，却将这种特性当作一般规律使用，若出现过拟合现象，则是由于模型的学习能力太强造成的。因此，我们通常不太愿意用过于复杂的模型来探寻数据的一般规律。

那现在我们为什么可以用这样的模型呢?其因素有很多。首先，我们拥有的数据量很大。如果我们只有三千组数据，那么学到的特性一般不太可能是一般规律，但倘若有三千万组数据，那么这些数据里面的特性本身可能就已经是一般规律。为了缓解模型过拟合，加大数据规模将是一个关键性的解决策略。此外，计算能力日益强大的设备为我们进行模型的训练提供了硬件支持。近年来，经过大量训练的复杂模型技巧和算法的涌现，也使得利用诸如此类的复杂模型成为可能。

总而言之，大规模的数据、强力的计算设备和有效的训练技巧等，使得使用诸如深度神经网络等此类复杂度高的模型拟合数据的一般规律以达到分类、识别和决策等特定任务成为可能。

1.4 深度学习的应用

自2012年深度学习突破了传统图像识别技术的瓶颈并取得了ILSVRC(ImageNet Large Scale Visual Recognition Challenge)比赛的冠军开始，深度学习被推广到了越来越多的领域。

1.4.1 计算机视觉

计算机视觉为人工智能的发展开拓了新道路，而神经网络和深度学习的最新进展亦极大地推动了视觉识别系统的发展。因此，计算机视觉是最早利用深度学习技术来实现突破的领域。

计算机视觉任务包括图像分类、定位、检测、重构等，并且衍生出了一大批非常具有实际应用价值的领域，如人脸识别、图像分类和检索、目标识别、监控、生物识别和智能汽车等。

图像分类和检索是计算机视觉最重要的应用之一(如图 1.9 所示)，现在，在大规模图像分类与识别数据集上，基于深度学习方法的分类精度已经超过了人类水平。

图 1.9　图像分类

目标识别与分割技术不仅能定位目标的位置，还能精确地表示目标的轮廓，该技术已广泛应用于无人驾驶车中，用于识别和检测车辆与行人(如图 1.10 所示)。

图 1.10　目标识别及分割

目标识别技术还广泛应用于航天和航空遥感影像领域。如图 1.11 所示，在遥感影像上应用目标识别与分割算法，可识别和分割遥感影像中的地物类别。

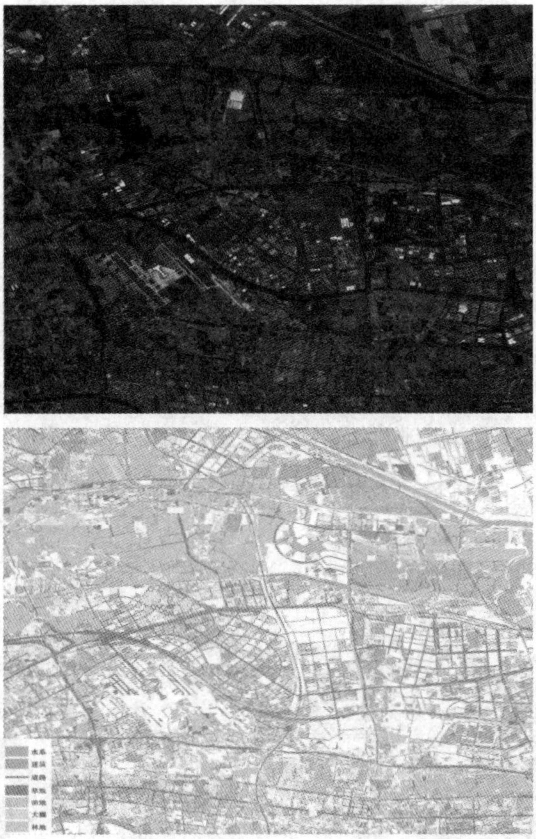

图 1.11　遥感影像目标识别

目前，智能监控摄像机还搭载了目标跟踪技术，可实时跟踪目标并绘制目标轨迹，例如行人跟踪(如图 1.12 所示)。

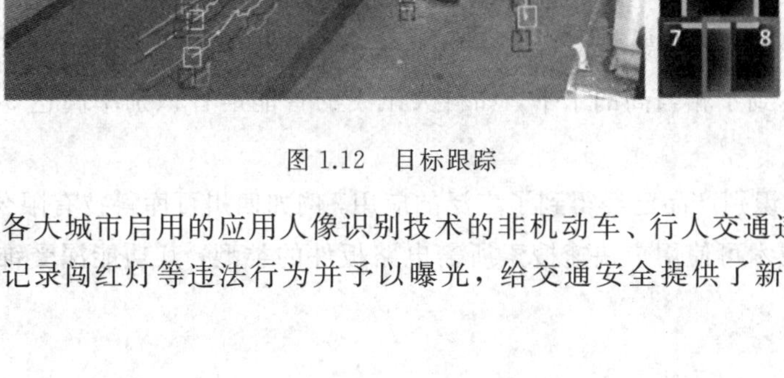

图 1.12　目标跟踪

当前，全国各大城市启用的应用人像识别技术的非机动车、行人交通违法行为抓拍系统，通过拍摄和记录闯红灯等违法行为并予以曝光，给交通安全提供了新的技术手段(如图 1.13 所示)。

图 1.13　非机动车、行人交通违法行为抓拍系统

此外，深度学习在图像风格迁移等艺术类场景中也有一些应用，如图 1.14 所示。

图 1.14　图像风格迁移

1.4.2　语音识别

在语音识别领域利用深度学习技术所取得的成果也是突破性的。随着 2009 年深度学习在语音识别领域的引入及基于传统的混合高斯模型(GMM)在 TIMIT 等公开数据集上的错误率逐年降低，深度学习在语音识别领域的应用引起了业界的广泛关注，出现了谷歌 Google Now、苹果 Siri、微软 Skype、科大讯飞语音识别等基于深度学习算法的产品。这些产品的性能已达到了相当高的水平，如科大讯飞的智能语音识别率高达 98%，支持 22 种方言。

当前，语音识别产品已经得到了广泛的应用，例如四川百库科技有限公司在其 APP 中通过语音识别技术可使用户快速搜索所需电路板件的类型，其功能深受维修人员欢迎(如图 1.15 所示)。

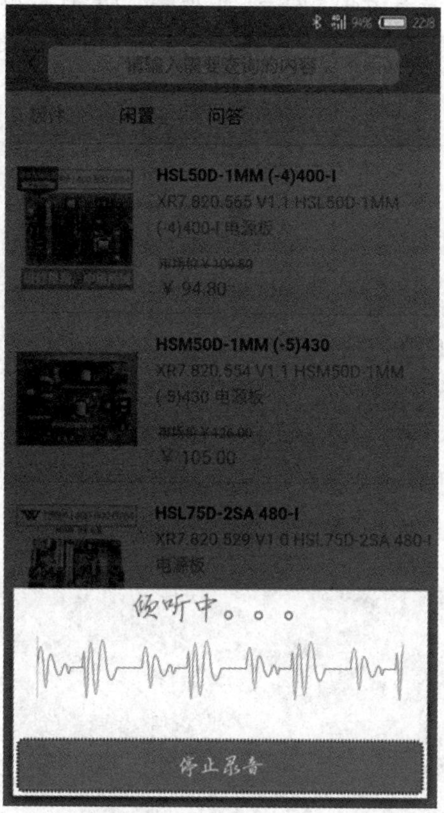

图 1.15　语音识别

1.4.3　自然语言处理

在自然语言处理(Natural Language Processing，NLP)领域中，深度学习亦有非常广泛的应用，如语言模型、机器翻译、词性标注、实体识别、文档摘要、情感分析、广告推荐、搜索排序和问答等都取得了突出的成就。

在自然语言处理中，最棘手的问题就是区别语言中很多词语的相似性，例如，西红柿和番茄是同一种食物——西红柿。对于我们人类来说，区分和处理并不是难事，但对于机器来说就不同了。西红柿和番茄在电脑中的编码可能完全不一样，所以计算机就无法理解。为此，人们建立了大量的语料库，以刻画自然语言中单词之间的关系。

利用深度学习解决各类自然语言处理问题的基础是词向量，因而使用深度学习来提取特征的关键技术便是如何自动提取词向量。通过对自然语言中单词的逐层抽象、递归迭代和近似表达，深度学习在机器翻译中取得了很好的成绩。2017 年，在主要语言上使用深度学习算法的翻译质量比传统算法提高了 55%～85%。情感分析是深度学习另外一个非常典型的应用，其核心是从一段自然语言中分析、评价和估计满意度。同年，深度学习算法在斯坦福大学开源的 Sentiment Treebank 数据集上将语句层面的情感分析正确率提升到了 85.4%。

2018 年，谷歌 AI 团队新发布的 BERT 模型在机器阅读理解顶级水平测试 SQuAD1.1 中表现出了惊人的成绩。此外，在分类、问答、推理等 NLP 任务测试中该模型也有不俗的成绩，是深度学习在自然语言处理领域取得的一项重大突破。毋庸置疑，这开启了自然语言处理的一个新时代！

习　题

1. 什么是深度学习？
2. 试述深度学习崛起的原因。
3. 举例说明生活中深度学习的应用场景。

第 2 章　深度学习的基础知识

深度学习的学习和理解往往需要很多基础知识的支撑，如数学基础、机器学习基础等。本章主要从泛化误差、神经网络结构、数据准备、超参数与验证集、规模与特征工程及损失函数等方面来进行阐述。

2.1 泛化误差

在机器学习中，常涉及统计领域的一些基本概念，如点估计、偏差和方差等。

2.1.1 点估计

根据样本X_1，X_2，…，X_n来估计参数θ，就是要构造适当的统计量$\hat{\theta}$。$\hat{\theta}$是样本X_1，X_2，…，X_n的函数，即$\hat{\theta}=\hat{\theta}(X_1, X_2, \cdots, X_n)$。根据样本的值求出$\hat{\theta}$的值后，就可将其用作参数$\theta$的估计值。由于参数$\theta$是数轴上的一个点，因此用$\hat{\theta}$估计$\theta$就相当于用一个点来估计另一个点，称这样的估计为点估计。

点估计的方法有很多，下面我们主要介绍常用的两种估计方法：矩估计和最大似然估计。

1. 矩估计方法

矩估计方法的建立是基于一种简单的“替换”思想，主要是一种采用样本矩来估计总体矩的方法。假设总体分布为$f(x; \theta_1, \theta_2, \cdots, \theta_k)$，$\theta_i$为总体分布的待估参数，则它的矩(分为原点矩和中心矩，此处我们以原点矩为例)有如下两种定义：

(1) 连续型m阶矩：

$$\alpha_m=\int_{-\infty}^{\infty} x^m f(x; \theta_1, \theta_2, \cdots, \theta_k)\mathrm{d}x \tag{2.1}$$

(2) 离散型m阶矩：

$$\alpha_m=\sum_{i=1}^{n} x_i^m f(x; \theta_1, \theta_2, \cdots, \theta_k) \tag{2.2}$$

由式(2.1)和式(2.2)可以看出，矩依赖于θ_1，θ_2，…，θ_k。此外，当样本n较大时，α_m将接近由样本估计的原点矩$\hat{\alpha}_m$，则

$$\alpha_m=\alpha_m(\theta_1, \theta_2, \cdots, \theta_k)\approx\hat{\alpha}_m=\sum_{i=1}^{n}\frac{x_i^m}{n} \tag{2.3}$$

式(2.3)中，$m=1, 2, \cdots, k$，将近似值改为等式，得到方程组如式(2.4)所示。

$$\alpha_m(\theta_1, \theta_2, \cdots, \theta_k)=\hat{\alpha}_m, \ m=1, 2, \cdots, k \tag{2.4}$$

该方程组的解$\hat{\theta}_i=\hat{\theta}_i(X_1, X_2, \cdots, X_n)$就作为$\theta_i$的估计，其中$i=1, 2, \cdots, k$。倘若我

们要估计以参数$\theta_1, \theta_2, \cdots, \theta_k$为变量的函数$g(\theta_1, \theta_2, \cdots, \theta_k)$，则用$g(\hat{\theta}_1, \hat{\theta}_2, \cdots, \hat{\theta}_k)$来估计$g(\theta_1, \theta_2, \cdots, \theta_k)$。

2. 最大似然估计方法

最大似然估计方法是通过对已知数据的评估来确定模型参数的方法，换句话说，模型是存在的，而参数未知，需要进行估计。

设$x_1, x_2, \cdots, x_n$为独立同分布的采样，f为我们选择的服从独立同分布的模型，θ为模型的参数。因此，参数为θ的模型f产生上述采样可表示如下：

$$f(x_1, x_2, \cdots, x_n|\theta) = f(x_1|\theta) \times f(x_2|\theta) \times \cdots \times f(x_n|\theta) \tag{2.5}$$

在式(2.5)中，$x_1, x_2, \cdots, x_n$为已知的样本，θ为未知的参数，故似然可定义为

$$L(\theta \mid x_1, x_2, \cdots, x_n) = f(x_1, x_2, \cdots, x_n \mid \theta) = \prod_{i=1}^{n} f(x_i \mid \theta) \tag{2.6}$$

在实际应用中，我们往往对式(2.6)两边取对数，可得

$$\ln L(\theta \mid x_1, x_2, \cdots, x_n) = \sum_{i=1}^{n} \ln f(x_i \mid \theta) \tag{2.7}$$

其中，$\ln L(\theta|x_1, x_2, \cdots, x_n)$称为对数似然。定义$\hat{l} = \frac{1}{n}\ln L$，称为平均对数似然，最大似然就是平时所说的最大平均对数似然，即

$$\hat{\theta}_{\text{mle}} = \underset{\theta \in \Theta}{\arg\max}\, \hat{l}(\theta|x_1, x_2, \cdots, x_n) \tag{2.8}$$

2.1.2 偏差和方差

学习算法的泛化误差(generalization error)也称为预测误差或测试误差，主要由偏差(bias)、方差(variance) 和噪声(noise)组成。在评估学习算法性能时，噪声具有不可约减(irreducible)的特性，因此我们将重点关注偏差与方差。

偏差代表的是预测值(估计值)的期望与真实值之间的差距。偏差越大，背离真实数据就越多。方差代表的是预测值的变化范围与离散程度，即预测值和期望值之间的距离。方差值越大，则代表数据的分布越不集中。我们可通过靶心图来对偏差和方差进行直观的描述，如图 2.1 所示。

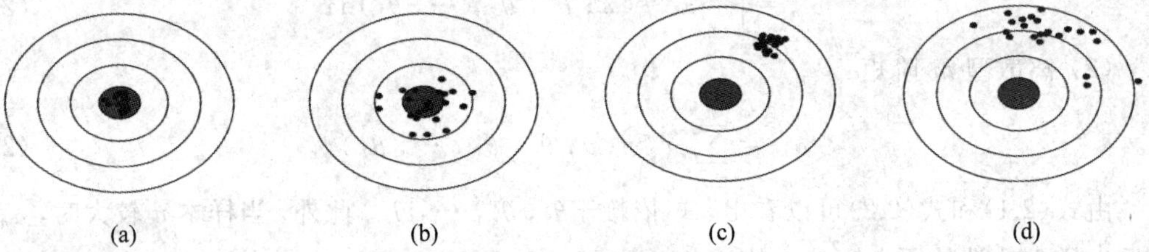

图 2.1 偏差与方差对比图

在图 2.1 中，靶心代表算法的正确预测值，实心点则代表根据每个数据集训练出的模型对样本的预测值。图(a)、(b)中的点相比图(c)、(d)中的点来说偏离靶心区域较小，因此图(a)、(b)中的点偏差较小；图(a)、(c)中的点相比图(b)、(d)中的点来说较集中，因此图(a)、(c)中的点方差较小。

直观分析之后，我们进一步通过公式来理解泛化误差与偏差、方差以及噪声之间的关系。表 2.1 中定义了所用符号的含义。

表 2.1　符号含义

符号	含义
x	测试样本
D	数据集
y_D	x 在数据集中的标记
y	x 的真实标记
f	训练集 D 学习到的模型
$f(x;D)$	由训练集 D 学到的模型 f 对 x 的预测输出
$\bar{f}(x)$	模型 f 对 x 的期望预测输出

设模型 f 对测试样本 x 的预测输出为 $f(x;D)$，则期望预测为

$$\bar{f}(x)=E_D[f(x;D)] \tag{2.9}$$

式(2.9)中所求的预测期望是针对数据集 D 的，f 对 x 的预测值取期望，也被称为平均预测。对数据集 D 所产生的方差定义为

$$\mathrm{var}(x)=E_D[(f(x;D)-\bar{f}(x))^2] \tag{2.10}$$

噪声表示为实际标记与真实标记之间的偏差，即 y_D-y，其方差 ε 满足

$$\varepsilon^2=E_D[(y_D-y)^2] \tag{2.11}$$

偏差为期望预测与真实标记之间的误差，其定义为

$$\mathrm{bias}(x)=\bar{f}(x)-y \tag{2.12}$$

我们以回归学习为例，对于训练集 D，定义学习算法的平方误差期望如下：

$$\mathrm{Err}(x)=E[(y_D-f(x;D))^2]=E(f;D) \tag{2.13}$$

算法的期望泛化误差分解如下：

$$\begin{aligned}
E(f;D)&=E[(y_D-f(x;D))^2]=E_D[(f(x;D)-y_D)^2]\\
&=E_D[(f(x;D)-\bar{f}(x)+\bar{f}(x)-y_D)^2]\\
&=E_D[(f(x;D)-\bar{f}(x))^2]+E_D[(\bar{f}(x)-y_D)^2]+\\
&\quad E_D[2(f(x;D)-\bar{f}(x))(\bar{f}(x)-y_D)]\\
&=E_D[(f(x;D)-\bar{f}(x))^2]+E_D[(\bar{f}(x)-y_D)^2]\\
&=E_D[(f(x;D)-\bar{f}(x))^2]+E_D[\bar{f}(x)-y+y-y_D)^2]\\
&=E_D[(f(x;D)-\bar{f}(x))^2]+E_D[(\bar{f}(x)-y)^2]+E_D[(y-y_D)^2]+\\
&\quad 2E_D[(\bar{f}(x)-y)(y-y_D)]\\
&=E_D[(f(x;D)-\bar{f}(x))^2]+(\bar{f}(x)-y)^2+E_D[(y-y_D)^2]\\
&=\mathrm{var}(x)+\mathrm{bias}^2(x)+\varepsilon^2
\end{aligned}$$

即

$$E(f;D)=\mathrm{var}(x)+\mathrm{bias}^2(x)+\varepsilon^2 \tag{2.14}$$

由式(2.14)可知，方差、偏差(平方)和噪声之和即为泛化误差。

总之，在规模相同的情况下，不同类型的数据集在学习性能上的差异即为方差，如式(2.10)，其反映的是数据扰动对算法造成的影响；在当前任务上，任何学习算法所能达到的期望泛化误差的下界即为噪声，如式(2.11)，主要体现的是学习问题本身的难度；学习算法的真实结果和期望预测之间的偏离程度即为偏差，如式(2.12)，描述的是学习算法本身的拟合能力。在实践中，偏差与方差都尽可能小是不易满足的。因此，我们将偏差与方差的冲突称为偏差-方差窘境 (bias-variance dilemma)，如图 2.2 所示。

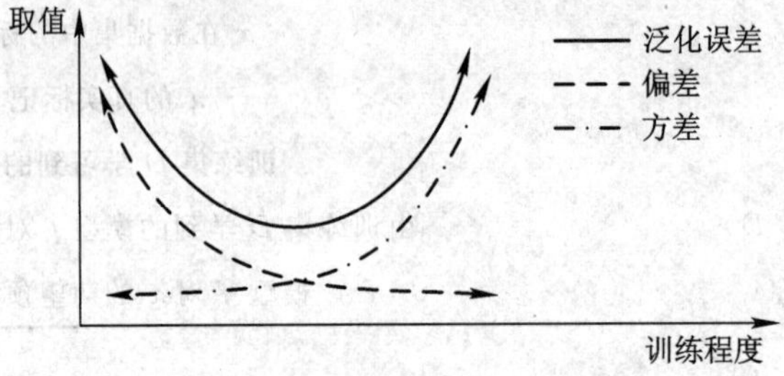

图 2.2　泛化误差、偏差、方差

对于一个给定的学习任务，训练初期的训练不足，将导致学习器的拟合能力不够强，也会造成偏差比较大。另外，对于数据集扰动，拟合能力不强也会引起学习器的显著变化，也就是欠拟合的情况。学习器的拟合能力会随着训练程度的加深而逐渐增强，从而逐渐学到训练数据的扰动，当学习器被充分训练后，它的拟合能力会非常强，哪怕一个训练数据的轻微扰动也会使学习器产生显著变化。

2.2　神经网络结构

2.2.1　神经元

生物神经元由树突、细胞体、轴突、突触等部分组成，如图 2.3 所示。通常情况下，一个神经元具有多个树突，主要用来接收传入信息；神经元上的轴突仅有一条，其尾端有许多轴突末梢，它通过跟其他神经元的树突连接来传递信号。根据神经元的生物机理，通过建立数学模型，可形成人工神经网络的基本计算单元。

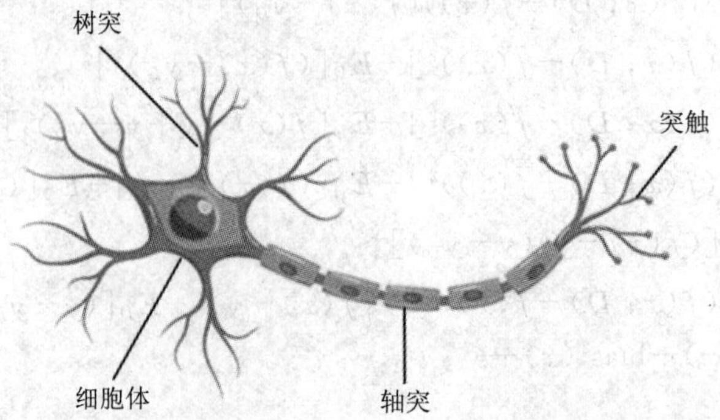

图 2.3　神经元的结构

虽然神经元之间的连接复杂，但是信息的传递却准确无误。生物学家发现了神经元的一些行为：神经元能够被抑制而平静，也能够被激活而兴奋，能够爆发和平稳，可以产生抑制后的反冲，且有自适应性。神经元的信息处理与传递机制具有如下特性：神经元的抑制和兴奋特性、传递的阈值特性、信息综合特性、神经元与突触的数模转换功能。

根据生物神经元的行为和信息处理与传递机制，可以建立相应的数学模型。这个神经元模型包含了输入、输出与计算功能。输入对应于神经元的树突，输出对应于神经元的轴突，计算对应于细胞体中的细胞核，其结构如图 2.4 所示。

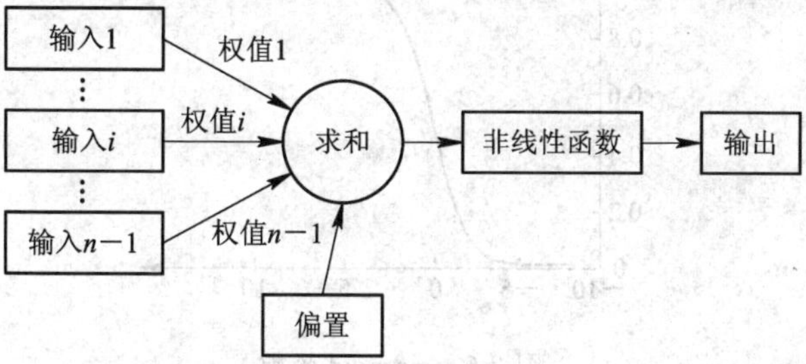

图 2.4　神经元的文字数学模型

权值越大，表示输入对输出的影响越大，所以权值不同，输入对输出的影响也不同。在输入与权值进行加权求和时，为了更符合生物神经元的传递阈值特性，通常在这里加入偏置，再通过非线性函数，得到输出。

如果不使用非线性函数，则输出都是输入的线性组合，不会因神经网络的层数变化而受到影响。因此将非线性函数引入神经元模型，不仅可使神经网络能够无限逼近任意非线性函数，而且还可以将神经网络应用到非线性模型中。

我们将上述文字模型转换成一般的符号模型，如图 2.5 所示。

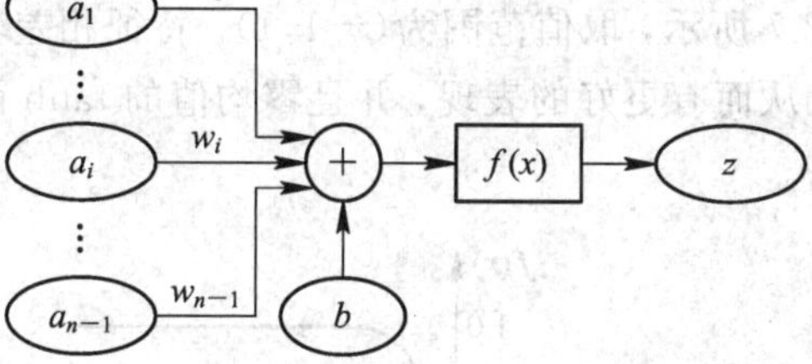

图 2.5　神经元的数学模型

输入：

$$x=\sum_{i=1}^{n-1} w_i a_i + b = \sum_{i=1}^{n} w_i a_i \qquad (a_n=1,\ w_n=b)$$

输出：

$$z=f(x)$$

2.2.2　激活函数

在 $z=f(x)$ 中，$f(x)$ 是激活函数，下面我们主要介绍三种常用的激活函数。

1. sigmoid 函数

sigmoid 函数也叫 logistic 函数，它的公式为

$$f(x)=\frac{1}{1+e^{-x}} \tag{2.15}$$

sigmoid 函数曲线如图 2.6 所示。

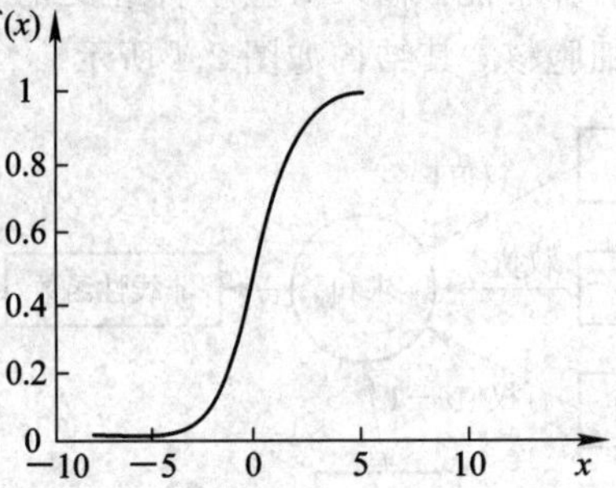

图 2.6 sigmoid 函数

sigmoid 函数主要用于隐藏层神经元输出、二分类、输出概率等，它能够将实数映射到(0，1)区间。但 sigmoid 函数有一些缺点，即激活函数计算量大，反向传播计算误差梯度时，由于求导涉及除法，因此在反向传播时，容易出现梯度消失，从而无法完成深层网络的训练。

2. tanh 函数

tanh 函数又称双曲正切函数，它的公式为

$$f(x)=\tanh(x)=\frac{e^{x}-e^{-x}}{e^{x}+e^{-x}} \tag{2.16}$$

可见，$\tanh(x)=2\text{sigmoid}(2x)-1$。

tanh 函数曲线如图 2.7 所示，取值范围为(−1,1)。特征相差较大时，tanh 函数会随着循环不断扩大特征效果，从而有更好的表现，并且零均值的 tanh 函数在实际应用中的表现效果也比 sigmoid 函数好。

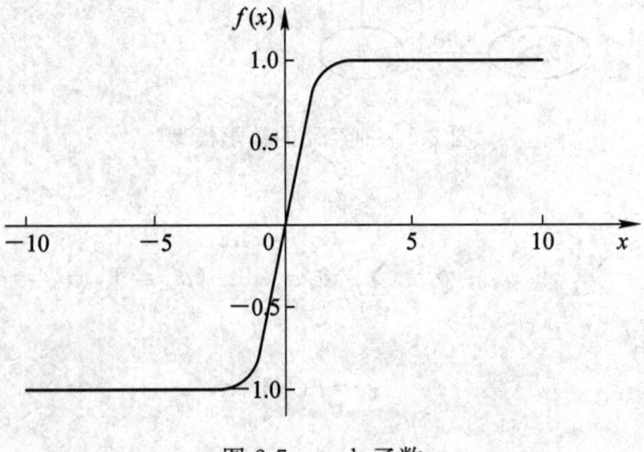

图 2.7 tanh 函数

3. ReLU 函数

ReLU(Rectified Linear Unit)函数的公式为

$$\varphi(x)=\max(0, x) \tag{2.17}$$

ReLU 函数曲线如图 2.8 所示，当输入信号小于 0 时，输出等于 0；当输入信号大于 0 时，输出与输入相等。但 ReLU 函数也有“脆弱”的一面，例如，在训练过程中，一个非常大的梯度流过一个 ReLU 神经元，经过参数更新后，该神经元的权值 w 会变得很大，导致其他神经元的输出可能变为 0，从而这些神经元不再对任何数据激活，出现“坏死”现象。

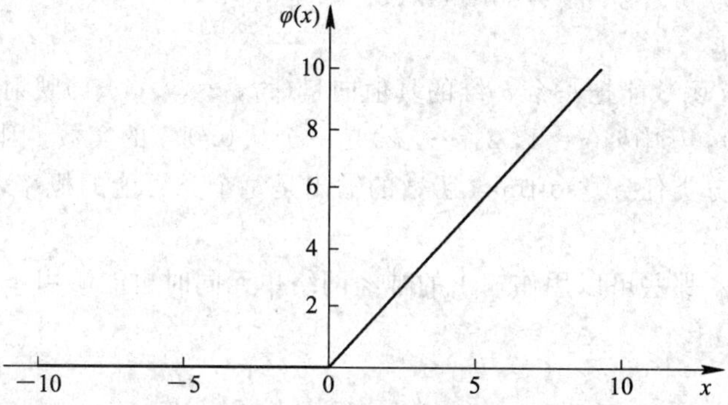

图 2.8　ReLU 函数

4. 其他函数

除上述介绍的常用激活函数以外，在深度神经网络中，还有一些其他常用的激活函数，如 softmax、Leaky ReLU、PReLU、ELU、Maxout 等等。其中，Leaky ReLU 函数的公式为

$$f(x)=\begin{cases} x & x\geqslant 0 \\ \dfrac{x}{a} & x<0,\ a\in(1, +\infty) \end{cases}$$

PReLU 函数的公式为

$$f(x)=\begin{cases} x & x\geqslant 0 \\ ax & x<0 \end{cases}$$

式中，a 是一个从均匀分布中随机抽取的数值。

ELU 函数的公式为

$$f(x)=\begin{cases} x & x\geqslant 0 \\ a(\mathrm{e}^x-1) & x<0 \end{cases}$$

在实际应用中，可根据各个函数的优缺点来选择。

2.2.3　隐藏单元

隐藏单元一般由输入向量 $\boldsymbol{x}$ 经过仿射变换 $\boldsymbol{z}=\boldsymbol{w}^{\mathrm{T}}\boldsymbol{x}+\boldsymbol{b}$，再由非线性函数 $g(\boldsymbol{z})$输出。隐藏单元主要包括仿射变换 $\boldsymbol{z}=\boldsymbol{w}^{\mathrm{T}}\boldsymbol{x}+\boldsymbol{b}$ 和激活函数 $g(\boldsymbol{z})$。

在深度学习模型中，整流线性单元作为隐藏单元是极好的默认选择，由于整流线性单元与线性单元的相似程度高，因此它易于优化。整流线性单元使用的激活函数为 $g(z)=$

max{0, z}，它表示当输入为负值时，输出为 0，整流线性单元不会被激活；当输入为正值时，输出为其输入值，整流线性单元被激活，此时它的一阶导数为 1，即梯度一致。

2.2.4 输出单元

sigmoid 和 softmax 是两种重要的输出函数，相对应的输出单元都存在饱和问题，分别出现在 sigmoid 输入过大或过小和 softmax 某个预测特别大时。

softmax 函数如下所示：

$$b_i = \text{softmax}(z_i) = \frac{\exp(z_i)}{\sum_i \exp(z_i)} \tag{2.18}$$

可见，softmax 函数能把一个 k 维的真值向量(z_1，z_2，…，z_k)映射成一个 k 维的实向量(b_1，b_2，…，b_k)，其中b_i(i=1，2，…，k)是一个从 0 到 1 的实数，因此我们可以通过设置b_i的大小完成多分类任务。softmax 函数的输出是每个类可能的概率，如果可能性太多，则会导致运算过大。

值得一提的是，那些可以用作输出的神经网络单元同时也能够用作隐藏单元。

2.2.5 架构设计

架构(architecture)是指网络的整体结构，主要包括网络的单元个数以及这些单元之间的连接方式。

大多数神经网络被组织成层(单元组)，这些层将被布置成链式结构，而该结构中的每一层都是前一层的函数。在这种结构中，第一层由 $\boldsymbol{h}^{(1)}=g^{(1)}(\boldsymbol{w}^{(1)\mathrm{T}}\boldsymbol{x}+\boldsymbol{b}^{(1)})$给出；第二层由 $\boldsymbol{h}^{(2)}=g^{(2)}(\boldsymbol{w}^{(2)\mathrm{T}}\boldsymbol{h}^{(1)}+\boldsymbol{b}^{(2)})$给出，第三层、第四层等依次类推。

网络的深度和每一层的宽度将是链式架构所考虑的主要问题。倘若只有一个隐藏层，网络也能够很好地适应训练集，则网络的层数越多，每一层使用的单元数就越少，参数也越少，也就很容易泛化到测试集，但是这种网络往往很难对其优化。

万能近似框架是由具有隐藏层的前馈神经网络所提供的。一个前馈神经网络可以通过拥有至少一层足够数量的具有“挤压”性质的激活函数(例如 sigmoid 函数)的隐藏层以及线性输出层来以任意精度无限近似一个有限维空间到另一个有限维空间的 Borel 可测函数，该定理被称为万能近似定理。

但是，我们可以通过加深网络模型来减少表示期望函数的单元数，从而减少泛化误差。因此，我们应该使用简单的函数以及更深的网络模型来构建神经网络框架，避免使用复杂庞大的单模型。

2.3 数据准备

之前我们已经了解到，机器学习的两大主要挑战是欠拟合以及过拟合。欠拟合是指模型在训练集上产生较大误差，而过拟合是指模型在训练集与测试集上所得的结果相差太大，表现为高方差。训练数据集过小是使模型造成过拟合的原因之一。

准备更多的数据对模型进行训练，是解决过拟合的一种有效方法，可使机器学习模型泛化得更好。但是时时刻刻准备足够多的训练数据是困难的，而且可能获取更多数据的成本会很高。对此，我们可以通过创建“假”数据并添加到训练集中来解决这个问题。创建新的“假”数据相对来说就简单多了。

2.3.1　噪声注入

1. 输入层噪声注入

将噪声注入神经网络的输入层，这是数据增强的一种表现形式。将小幅值随机噪声作用于输入，对于许多分类或是回归任务，都有较好的效果，此外，将随机噪声添加到输入中可以提高神经网络的健壮性。相对部分模型来说，将方差极小的噪声加入到输入数据与对权重施加范数惩罚的效果是一样的。

2. 隐藏层噪声注入

通常情况下，噪声注入这一方式比简单地收缩参数显得更加强大，也可将其视为在多个抽象层上进行数据集的增强，特别是将噪声加入隐藏单元时效果会更为显著。此外，后面介绍的 Dropout 也是一种强大的正则化策略，不仅计算便捷而且功能强悍，该过程是先与噪声进行相乘然后构建新输入。

3. 权重噪声注入

还有一种噪声的使用方法，即将噪声加入到权重。此方法在循环神经网络领域应用较为广泛。

将噪声加到权重的正则化方式也被称为关于权重的贝叶斯推断的随机实现。权重在贝叶斯的学习过程中被看作是不确定的，并且其不确定性可以用概率分布来进行表达。这种将噪声加入到权重之中的随机方法，可以有效针对不确定性。

在特定环境与假设下，将噪声加入到权重与传统的正则化形式是等价的，旨在提高所对应的学习函数的鲁棒性。

4. 输出噪声注入

在很多情况下，数据集的 y 标签不可避免地发生有一些错误。而那些错误的 y 将会导致 $\log p(y|x)$ 无法最大化，就好比我们在抄写题目的时候发生了错误，而却不停地从错误题目出发，不断地进行计算与验证，却始终无解或误解。那么，我们如何预防这种情况的发生呢？直接对标签上的噪声进行建模可以有效地解决这个问题。

2.3.2　数据扩充

在前文中，我们已经学习了通过噪声的注入可以达到数据增强的效果。此外，数据扩充还有很多其他常用的方法，例如：

(1) 翻转：包括水平翻转、垂直翻转、水平垂直翻转等。

(2) 旋转：按照一定角度将原图旋转后当作新图像。

(3) 尺度变换：通过将图像扩大或缩小一定的倍数作为新图像。

(4) 截取：截取分为两类，一是随机截取，二是监督式截取。随机截取是指在原图中随机挑选位置并截取图像块作为新图像。监督式截取是指只截取含有明显语义信息的图像块。

(5) Fancy PCA(主成分分析)：通过对所有训练数据进行主成分分析后，再根据得到的特征向量以及特征值随机计算一组数据，作为扰动加入到原训练数据中去。

当我们测试机器学习的性能时，极其重要的一点是考虑该机器学习所采用的数据集。一般情况下，利用人工设计出来的数据扩充方法可以极大地提高机器学习的泛化性能。所以，我们在比较两种算法的性能孰优孰劣时，必须严格执行控制变量的对照实验。例如，在比较机器学习的甲算法与乙算法时，应该保证由人工所设计出来的数据集增强方法对于甲、乙这两种算法的效果是一模一样的。如果甲算法表现优异，而乙算法在没有数据集增强方法的情况下性能低下，那么很可能是数据集增强方法起了很大的性能提升作用，并不是因为乙算法本身是个很差的算法。

还值得一提的是，数据增强方法在特定的应用领域有其特殊的处理方法，例如，在图像目标识别中，将一些小的目标进行复制，拷贝到图像的多个位置，以使算法对小目标具有良好的多目标识别性能。

另外，还需要注意的是，在有些情况下判断是否做到了妥当地控制实验变量，需要我们主观上来判断。举个例子，将高斯噪声添加到输入被视为一种普通而适用的操作，而随机地截取图像的操作则被看成是一种单独的预处理步骤。

2.4 超参数与验证集

我们知道，参数值的选择是由模型根据数据自动学习出来的，比如深度学习中的权重、偏差等。而超参数是我们根据一定的经验自己设置的参数，一般无法从数据中学到。例如，学习速率、迭代次数、层数、神经元个数等这些超参数在深度学习中应用较多；多项式的次数是多项式回归中的超参数，它可作为容量超参数。

当我们遇到很难优化的问题时，往往会将其设为学习算法的超参数。对于不适合在训练集上训练学习的选项来说，必须将其设为超参数，这种情况我们在算法学习中会常常遇到。假若在某个训练集上学习超参数，所学习的超参数总是趋向于最大可能的模型容量(拟合各种函数的能力)，必然会导致过拟合。为了解决该问题，我们需要一个验证集(validation set)样本，而训练算法观察不到该样本。

如果有一个测试集，它是由与训练数据相同分布的样本组成的，则该测试集可以估计学习过程完成之后产生的学习器的泛化误差。值得注意的是，测试样本不能以任何形式参与到模型的选择中，包括设定超参数，基于此，验证集不能使用测试集中的样本。因此，从训练数据中构建验证集是最佳的选择。通常，训练数据可划分成两个不相交的子集，其中一个为训练集，用来学习参数；另外一个作为验证集，用来估计训练过程中或者训练结束后的泛化误差，并且更新超参数。一般情况下，训练集占总的训练数据的80%，而验证集占20%。使用验证集更新超参数，其泛化误差会比训练集误差小，因此会低估泛化误差。所以，在优化完所有的超参数之后，一般会通过测试集来估计泛化误差。

在数据不是很充足的时候，我们可能要使用“交叉验证”的训练策略，也就是重复地使用数据。我们将样本数据进行切分，得到多组不同的训练集和测试集，所谓“交叉”，就是某次训练集中的某样本在下次可能成为测试集中的样本。

2.5　规模与特征工程

2.5.1　规模

在前文中，我们提到过可以采用扩大数据规模的方式来克服模型过拟合问题，那么数据规模与机器学习算法的性能又有什么关系呢？图 2.9 所示的是数据规模与机器学习算法性能之间的关系图，图中横轴代表完成任务的数据规模，纵轴代表机器学习算法的性能，诸如垃圾邮件过滤的准确率、广告点击预测的准确率、无人驾驶中判断其他车辆位置的准确率等。把经典机器学习算法(如 SVM、逻辑回归等)的性能表现做成数据量的一个函数，它的性能一开始会随着数据的增加而上升，但一段时间之后，它的性能进入平稳期，即使数据规模增加也不会引起性能的提高，原因是这些模型无法处理海量数据。

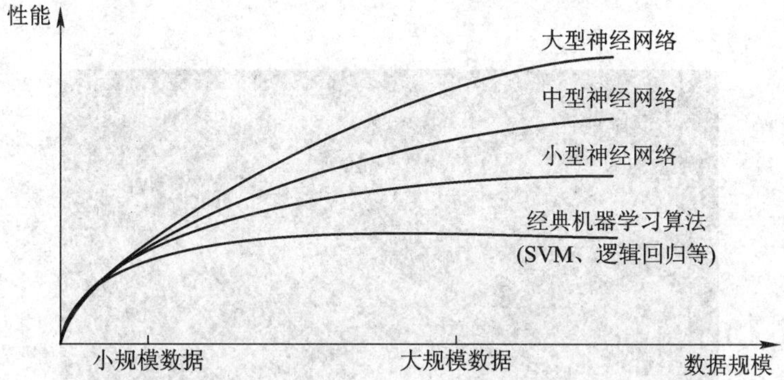

图 2.9　数据规模与机器学习算法性能之间的关系

在数据量相对较少的阶段，经典机器学习算法表现出了良好的性能。而当我们进入数字化时代后，数据量呈现喷进式增长趋势，单纯依靠传统学习算法已经无法完成。因此需要构建机器学习模型，从而更好地处理大规模数据。

就神经网络模型而言，对同一个神经网络按照不同规模进行训练，其性能表现很可能像图 2.9 中所呈现的那样。当然并不是说一味地增加网络的规模就能提升算法性能，一方面是特征的“近似等价”层级效果存在信息损耗的问题，损耗累计必然会造成性能下降(诸如残差网络(ResNet)等模型针对此类问题已有一些解决方案)。另一方面，模型规模的增大，需要训练的参数必然会增加，其训练成本也一定会相应增加。若数据规模不增加，则其样本量对于所需参数量也可能会不足。因此，这里的高性能需要海量数据和规模足够大的能发挥数据规模优势的神经网络模型这两方面的支持，即数据规模与神经网络规模保证了模型的高性能。

2.5.2　特征工程

特征工程不像模型与算法那样具有特定的步骤，它更多地依靠工程中的经验与权衡，因此也被认为是数据分析过程中最耗时耗力的工作。

特征是由数据中抽取出来的对任务有用的信息，其表现形式可以是文本数据或图像等。深度学习实际上就是利用海量的训练数据以及通过构建具有多个隐藏层的机器学习模型来学习训练数据中的相关特征，从而达到提高分类或者预测准确性的目的。

特征工程是特征学习的基础，特征工程的目的就是从数据中获取更为有用的特征，其过程包括特征提取、特征构造、特征选择。

1. 特征提取

特征提取是在原始数据的基础上自动地构建新的特征，并通过映射或变换的方法，将模式空间的高维特征(向量)变成特征空间的低维特征。在传统的特征提取中，可将原始特征转换为一组具有明显物理意义或统计意义的特征。在任务设计时，若直接对原始数据建模，会发现数据中包含许多冗余信息，因此需要通过特征提取来对原始数据进行降维，将其特征集合缩小到可以进行建模的范畴。例如，若数据形式为表格，可以使用主成分分析法、聚类等映射方法进行特征提取；若数据形式为图像，可以对其边缘或纹理特征进行提取，图 2.10 所示是一个低质量的指纹细节点(中心点、端点、分叉点)残缺的特征提取结果。

图 2.10 图像特征抽取

2. 特征构造

特征构造指的是根据原始数据构建新特征的过程。特征构造意味着从现有的数据中构造一种新特征表示，生成的新特征更能体现目标特征。例如，表格式数据需要将特征进行组合或对特征进行分解、切分来构造新的特征；文本数据需要针对特定问题的文本指标设计特征。

特征构造需要对实际样本数据进行处理，思考数据的结构、业务逻辑以及将特征数据作为模型的输入形式，其具有灵活性与艺术性的特点，往往需要人工创建。例如对非法集资活动的判别，就涉及怎样对数据进行转换，以构造出诱利性的特征。

特征构造没有具体可循的标准，通常需要根据特定应用场景进行分析。例如分析一个公司的盈利能力，我们可以借助杜邦分析、财务比率分析等进行特征选择。

3. 特征选择

特征选择是指从特征集合中挑选一组对于问题最重要的特征子集，从而达到降维的效果。特征的选取对模型的准确率影响很大。因此对于那些对解决问题不重要的或者冗余的特征，我们需要将其剔除。特征选择算法可以使用评分的方法来进行排序，也可以通过反复试验来搜索出特征子集。

特征选择方法可分为过滤法、包装法与集成法。

1）过滤法

过滤法是指通过设定相关阈值，来剔除那些根据特征统计特性或者特征与目标值的关联度进行排序后未达标的特征。常用的过滤法包括方差过滤、基于统计相关性的过滤、基于互信息的过滤等。

方差过滤是基于数据变异的，变异程度越大，说明数据包含的信息越多，则越该被保留。如“太阳是从东方升起”这种特征不含任何信息。

基于统计相关性的过滤是根据特征与目标变量的关联程度来进行特征选择，包括假设检验、相关系数法等。

基于互信息的过滤是根据互信息可以表示两个变量之间的不相关程度的特性，利用互信息优化来寻找与目标变量高度相关的特征。

2）包装法

有时多个变量在一起时才能显出与目标有相关性的特征，此种情况就可采用包装法来选取特征。比如，一个企业的办公场所与空壳公司可能没有显著关联，公司法人也可能与空壳公司没有显著关联，但将它们联合起来就能很好地将空壳公司判断出来。

包装法一般根据目标函数采用递归特性消除法(Recursive Feature Elimination，RFE)来进行特征筛选，即根据一个机器学习模型采取多轮训练，每一轮训练结束后根据目标函数与特征的关系来删除对应特征，如按权值系数平方值最小的原则消除对应的特征，再基于新的特征集进行下一轮训练，以此类推，直到剩下的特征均满足此目标函数。

3）集成法

应用一些模型算法可以判断特征对问题影响的程度，比如决策树模型，在解决问题时需融合特征选择的功能。因此，我们可以通过诸如决策树模型来进行特征的重要性排序，从而可以用于特征的选择。这样的方法被称为集成法。嵌入法也可以认为是一种集成法。

嵌入法通过使用特征全集来进行特征选择，这有别于 RFE 通过不停地筛掉特征来进行特征选择。嵌入法通常采用 L_1 或者 L_2 正则化来选择特征。在回归问题求解中，目标函数中的正则化惩罚项越大，那么模型的系数就会越小。当正则化惩罚系数越来越大时，部分特征系数会慢慢趋近于零，当然在此过程中我们会发现有一部分特征的系数更容易先变成 0，因此对于这部分特征系数我们可以先剔除掉，也就是说，我们选择特征系数较大的特征。

2.6　损失函数

损失函数(loss function)用来估量模型的预测值 $f(x)$ 与真实值 y 的不一致程度，损失函数越小，一般就代表模型的鲁棒性越好。在深度学习中，损失函数扮演着重要的角色，正是损失函数指导了模型的学习，通过最小化损失函数，可使模型达到收敛状态，减少模型预测值的误差。构造损失函数是实现正则化的一种重要途径。

1. 交叉熵

对于同一随机变量 x，假设有两个单独的概率分布 $p(x)$和 $q(x)$，则可以用 KL 散度来衡量这两个分布的差异。其中，p 往往用来表示样本的真实分布，比如[1，0，0]表示当前样本属于第一类；q 用来表示模型所预测的分布，比如[0.6，0.3，0.1]。

相对熵的定义为

$$D_{\mathrm{KL}}(p\,||\,q)=\sum_{j=1}^{n}p(x_j)\log\left(\frac{p(x_j)}{q(x_j)}\right) \tag{2.19}$$

$D_{\mathrm{KL}}(p||q)$的值越小，表示 q 分布和 p 分布越接近。

由 KL 散度的定义可得

$$D_{\mathrm{KL}}(p\,||\,q)=\sum_{j=1}^{n}p(x_j)\log\,(p(x_j))-\sum_{j=1}^{n}p(x_j)\log\,(q(x_j)) \tag{2.20}$$

等式的前一部分恰巧就是 p 的熵，等式的后一部分就是交叉熵 $H(p,q)$，即

$$H(p,q)=-\sum_{j=1}^{n}p(x_j)\log(q(x_j)) \tag{2.21}$$

这是对 softmax 函数输出使用的交叉熵损失函数，对于 sigmoid 函数的二分类输出，使用的交叉熵损失函数为

$$H(p,q)=-\sum_{j=1}^{n}p(x_j)\log(q(x_j))+(1-p(x_j))\log(1-q(x_j)) \tag{2.22}$$

使用交叉熵作为损失函数时，表示的是实际输出(概率)与期望输出(概率)的距离，也就是交叉熵的值越小，两个概率分布就越接近。

2. Focal 损失函数

Focal 损失函数是针对二分类问题，基于交叉熵进行改进的。其主要是解决正负样本之间的不平衡问题，如负样本比正样本的数量大得多的问题。为了统一正、负样本的损失函数表达式，首先定义

$$p_t=\begin{cases}p & \text{正样本}(y=1)\\ 1-p & \text{负样本}(y=0)\end{cases}$$

其中，p 表示预测样本属于 1 的概率，p_t表示被预测为对应的正确类别的置信度，如果p_t接近 1，表明分类正确而且是易于分类的样本。

基于p_t，Focal 损失函数定义为

$$\mathrm{FocalLoss}=-\alpha_t(1-p_t)^{\gamma}\log p_t \tag{2.23}$$

其中，α_t为平衡正负样本的参数，α_t 可取比较小的值以降低负样本的权重；而参数 $\gamma(\geqslant 0)$的设置是为了降低易分类样本的权重；当图片被错分时，p_t会很小，$1-p_t$接近于 1，所以损失受到的影响不大。

3. 均方误差

1) *和方差(SSE)*

在统计学中，SSE 用于计算拟合数据与样本数据对应点的误差的平方和，计算公式为

$$\mathrm{SSE}=\sum_i w_i(y_i-\hat{y}_i)^2 \tag{2.24}$$

其中，y_i 是真实数据，$\hat{y}_i$ 是拟合数据，$w_i>0$。当 SSE 接近于 0 时，说明模型选择和拟合更好，数据预测也越成功。

2）均方误差(MSE)

MSE 是预测数据和样本数据对应点误差的平方和的均值，即 SSE/n 的比值，和 SSE 区别不大，其计算公式为

$$\mathrm{MSE}=\frac{\mathrm{SSE}}{n}=\frac{1}{n}\sum_i w_i(y_i-\hat{y}_i)^2 \tag{2.25}$$

其中，n 为样本的个数。当 $w_i=1$ 时，式(2.25)即为 L_2 损失。L_1 损失(Mean Absolute Error，MAE)为

$$\mathrm{MAE}=\frac{1}{n}\sum_i w_i\,|\,y_i-\hat{y}_i\,| \tag{2.26}$$

4. IoU 损失函数

IoU 类的损失函数用于目标检测，其基于预测框(模型的预测结果)和标注框(样本的标注结果)之间的 IoU。记预测框为 A，标注框为 B，则对应的 IoU 可表示为

$$\mathrm{IoU}=\frac{A\cap B}{A\cup B} \tag{2.27}$$

即两个框的交集和并集的比值。IoU 损失函数定义为

$$\mathrm{Loss_{IoU}}=-\ln\mathrm{IoU} \tag{2.28}$$

也可以采用另一种表达形式：

$$\mathrm{Loss_{IoU}}=1-\mathrm{IoU} \tag{2.29}$$

IoU 反映了预测框和标注框的重叠程度。当两个框不重叠时，IoU 恒等于 0，这在目标检测的边界框回归中显然是不合适的，于是出现了一些 IoU 损失函数的改进型。

1）GIoU 损失函数

GIoU 可表示为

$$\mathrm{GIoU}=\mathrm{IoU}-\frac{C-(A\cup B)}{C} \tag{2.30}$$

其中，C 表示两个框的最小外接矩阵面积。

GIoU 损失函数定义为

$$\mathrm{Loss_{GIoU}}=1-\mathrm{GIoU} \tag{2.31}$$

2）DIoU 损失函数

DIoU 比 GIoU 更符合目标框回归的机制，它将目标与 anchor 之间的距离、重叠率以及尺度都考虑了进去，使得目标框回归变得更加稳定，不会像 IoU 和 GIoU 一样出现训练过程中的发散等问题。

DIoU 损失函数定义为

$$\mathrm{Loss_{DIoU}}=1-\mathrm{IoU}+\frac{\rho^2(b,b^{\mathrm{gt}})}{c^2} \tag{2.32}$$

其中，b、b^{gt} 分别代表了预测框和真实框的中心点，且 ρ 表示的是两个中心点间的欧氏距离，c 代表的是能够同时包含预测框和真实框的最小闭包区域的对角线距离。在 DIoU 的

基础上进一步提出的 CIoU 考虑到了目标框回归损失三要素，即重叠区域、中心点距离、长宽比。

3) CIoU 损失函数

CIoU 损失函数定义为

$$\text{Loss}_{\text{CIoU}}=1-\text{IoU}+\frac{\rho^2(b, b^{\text{gt}})}{c^2}+\alpha v \tag{2.33}$$

其中，α 是权重函数，v 用来度量长宽比(长为 h，宽为 w)的相似性，且

$$\alpha=\frac{v}{(1-\text{IoU})+v} \tag{2.34}$$

$$v=\frac{4}{\pi^2}\left(\arctan\frac{w^{\text{gt}}}{h^{\text{gt}}}-\arctan\frac{w}{h}\right)^2 \tag{2.35}$$

2.7 模型训练中的问题

在深度学习的各种优化问题中，神经网络训练技术优化的难度是最高的，因为训练模型不仅要训练常规数据，有时还需要训练一些对抗数据，导致在训练深度模型的过程中出现一些问题，这些问题也是目前深度学习模型面临的比较典型的挑战，如局部最优问题、鞍点和平坦区域问题、悬崖问题、长期依赖问题、非精确梯度问题、理论的局限问题等。

1. 局部最优问题

在深度学习模型中可以将凸优化问题的求解简化为凸函数的局部极小值的求解，将凸函数优化求解的任意一个局部极小值点都当作全局最小值点。但是有这种情况出现：该凸函数的底部区域比较平坦，其局部极小值点不唯一，即不存在唯一的全局最小值点，换句话说，这种凸函数的所有局部极值点都是可行解。所以在求解凸优化问题的深度学习过程中，任一局部极值点的近似都可以视作可接受解，这也是为什么几乎每个深度学习模型都有多个可行解的原因。

下面我们引入模型“是否可辨认”的概念。深度学习模型的训练离不开大量数据样本，足够大的训练数据集能帮助我们唯一确定模型的一组参数，此时得到的深度学习模型的参数唯一，称该模型可辨认。但是模型可能具有多组等效参数，导致一个深度学习模型的参数不唯一，而且若交换这些等效参数可以得到多个等价模型，则称该模型不可辨认。若一个深度神经网络模型存在不可辨认问题，则训练该模型时会得到大量局部极小值，这些局部极小值的代价函数值相同，从而导致代价函数的优化难度极大增加，该问题又称局部最优问题。

目前，神经网络存在大量代价值很高的局部极小值点问题，这个问题尚未解决。但是经过研究人员的大量研究发现，可以通过画神经网络梯度范数随时间变化的变化图，来检测是否是因为存在大量局部极小值导致模型难以继续优化，画出该梯度变化图以后，若发现其梯度范数并没有缩小到一个很小的值，则可以说在该神经网络模型的训练过程中不会出现局部极小值问题。假如神经网络的空间维度很高，那么该局部极小值检测方法也无能为力，因为在高维空间中，许多不是局部极小值的结构也具有很小的梯度，这就导致了很难证明是否是局部极小值问题造成了深度学习的优化问题。

2. 鞍点和平坦区域问题

鞍点(如图 2.11 所示)指函数中那些梯度为零的点。因为极值点的梯度为零，所以极值点属于鞍点，但是梯度为零的点不一定是极值点，因此梯度为零的点也不一定是鞍点，这也是很多高维非凸函数的局部极小值点数量少于鞍点数量的原因之一。简单来说，鞍点可以看作深度学习的代价函数在某个横截面上的局部极值点，包括局部极小值点和局部极大值点。明确了鞍点的定义以后，我们就需要理解鞍点及其周围点的代价值了，这里举个例子进行简要说明。Hessian 矩阵在局部极小值点处仅有正特征值，但是在鞍点处同时具有正特征值和负特征值，这就出现了正特征值和负特征值的代价值不同的情况，鞍点的代价值比位于正特征值对应的特征向量方向上的点要小，而比位于负特征值对应特征向量方向上的点要大，一般情况下，鞍点的代价值是比较大的。这就是代价函数的鞍点问题。

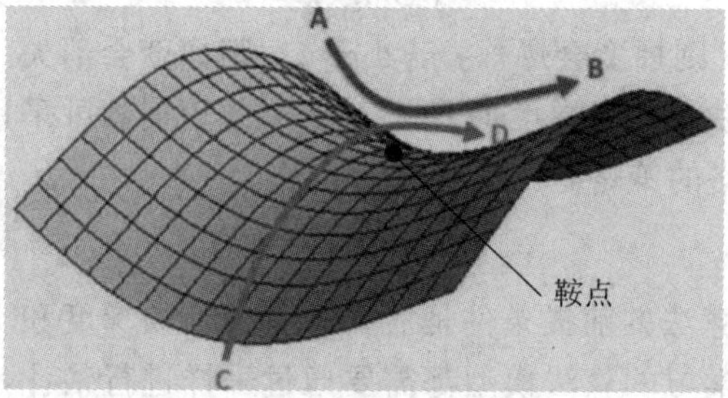

图 2.11　鞍点

鞍点激增对于训练算法来说有哪些影响呢？对于只使用梯度信息的一阶优化算法而言，鞍点附近的梯度通常会非常小，在许多情况下梯度下降似乎可以逃离鞍点。鞍点对于牛顿法来说是一个问题，其目标是寻找梯度为零的点。梯度下降法却并不是明确寻找临界点，而只是往“下坡”方向移动。而对于高维空间来讲，鞍点会激增，这或许也说明了在神经网络训练中采用梯度下降而不是二阶方法的原因。除了极小值和鞍点，还存在其他梯度为零的点，也可能存在恒值的、宽且平坦的区域，梯度和 Hessian 矩阵都是零。这种退化的情形会出现梯度消失的现象，这也是所有数值优化算法的主要问题。在凸问题中，一个宽而平坦的区间肯定包含全局极小值，但这样的区域可能会对应着代价函数中一个较高的值，而难以实现模型优化的目的，这就是深度学习训练过程中的平坦区域问题。

3. 悬崖问题

对于多层神经网络的代价函数来说，经常存在像悬崖一样的区域，该区域的代价函数值斜率较大，这种区域一般是由几个较大的权重相乘产生的。循环神经网络模型经常涉及多个因子的相乘，而且每个因子对应一个时间步长，在长期时间序列累积的情况下，会产生大量相乘因子，所以在循环神经网络的代价函数中，很容易出现悬崖结构，导致悬崖问题。悬崖问题是指在神经网络的优化过程中，遇到斜率很大的悬崖结构时，如果更新梯度，会很大程度地改变参数值，这也是梯度爆炸的一种原因。但是可以通过跳过这类悬崖结构来尽量避免悬崖问题。此外，遇到悬崖结构时，无论从上还是从下接近该悬崖结构，都会导致网络的优化比较难，目前可以使用启发式梯度截断方法来尽量避免悬崖问题。

4. 长期依赖问题

深度神经网络结构包含很多隐藏层，这种比较深的结构会导致计算图很深，致使模型丧失学习先前信息的能力，从而导致该神经网络的训练过程出现长期依赖问题。在循环神经网络中也存在长期依赖问题，因为循环神经网络在一段时间序列内，会在各个时刻重复相同操作，而且共享模型参数，最后得到一个非常深的计算图，这便是循环神经网络中的长期依赖问题。长期依赖的根本问题在于梯度会在经过许多阶段传播后倾向于消失或者爆炸。

比如，假设计算图中存在一个重复与矩阵 $\boldsymbol{W}$ 相乘的过程，那么 t 步后，相当于乘以 $\boldsymbol{W}^t$。设 $\boldsymbol{W}$ 有特征值分解

$$\boldsymbol{W}=\boldsymbol{V}\text{Diag}(\boldsymbol{\lambda})\boldsymbol{V}^{-1}$$

则

$$\boldsymbol{W}^t=\boldsymbol{V}\text{Diag}(\boldsymbol{\lambda})^t\boldsymbol{V}^{-1}$$

若特征值 λ_i 大于 1，则梯度会爆炸；若小于 1，则梯度会消失。

梯度爆炸是很好解决的，当梯度向量大于某个阈值时，可采用缩放梯度向量的办法。对于梯度消失，残差网络的策略是一个解决的办法。

5. 非精确梯度问题

很多深度学习优化算法的前提条件是需要知道精确的梯度和 Hessian 矩阵。在实际应用中，几乎每一个深度学习的算法模型都需要通过采样进行估计，如通过小批量的训练样本来估计梯度，则梯度值以及 Hessian 矩阵量都会受噪声的影响。有时在最小化目标函数的过程中，梯度也很难求解，此时只能求解近似梯度，所以计算的梯度并不是非常精确的。针对此类问题，很多神经网络训练算法都考虑到了梯度估计的缺陷，通过选择比真实损失函数更易估计的代理损失函数，来尽量避免非精确梯度问题的出现，如对比散度就是用来近似玻尔兹曼机中难以处理的对数似然梯度的一种技术。

6. 理论的局限问题

神经网络，特别是深度神经网络，其构造一般是通过设置更多参数和使用更大的网络来找到可行解，在模型训练过程中，我们只是将函数值下降到一个足够小的值以获得良好的泛化性能，而并不需要精确的极小值点。目前，对优化算法是否能得到任何目标函数的最优解的理论分析还是比较困难的，这类问题称为深度学习理论的局限性问题。

习　题

1. 试述梯度下降中学习率对神经网络训练的影响。

2. 试分析什么因素会导致模型出现如图 2.1(d)所示的高偏差和高方差情况。

3. 如果限制一个神经网络的总神经元数量为 N，层数为 L，每个隐藏层的神经元数量为 $N-1$，层数为 $L-1$，试分析该网络参数数量和层数 L 的关系。

第 3 章　深度学习的基本算法

通俗地说，机器学习中的学习，指的是从含有很多特征的数据集中学习知识和经验，以完成与该类型数据相关的某些任务(如目标识别、分类等)。学习算法就是实现机器学习的一套运算规则或方法。神经网络训练属于机器学习，随着神经网络深度的增加，形成了深度学习的概念，含有深度神经网络的机器学习算法称为深度学习算法，如 RNN、CNN、GAN 等采用的学习方法就属于深度学习算法。

3.1　经典算法

3.1.1　监督学习

监督学习是根据具有标记的训练样本，调整算法的参数使网络模型达到所要求性能的过程。监督学习所使用的每一个样本都有一个对应的标签(label)，算法的目的是通过学习将样本和标签之间进行关联。拿鸢尾花卉数据集来说，花卉类别就是样本的标签。通过监督学习，可以将鸢尾花卉的四种特征(花瓣长度、花瓣宽度、萼片长度、萼片宽度)和类别(山鸢尾、杂色鸢尾、维吉尼亚鸢尾)关联起来。监督学习也称为有师学习。

下面介绍几种监督学习算法。

1. 逻辑回归模型

设 X 是连续随机变量，若 X 具有下列分布函数 $F(x)$ 和密度函数 $f(x)$：

$$F(x)=P(X\leqslant x)=\frac{1}{1+e^{-\frac{x-\mu}{\gamma}}} \tag{3.1}$$

$$f(x)=F'(x)=\frac{e^{-\frac{x-\mu}{\gamma}}}{\gamma\left(1+e^{-\frac{x-\mu}{\gamma}}\right)^2} \tag{3.2}$$

则称 X 服从逻辑分布(logistic distribution)。其中，μ 为位置参数，$\gamma>0$ 为形状参数。

$F(x)$ 和 $f(x)$ 的图形如图 3.1 所示。$F(x)$ 的图形是一条 S 形状的曲线，属于 logistic 函数，曲线关于 $\left(\mu, \frac{1}{2}\right)$ 为中心成反对称，即

$$F(-x+\mu)-\frac{1}{2}=-F(x+\mu)+\frac{1}{2} \tag{3.3}$$

$F(x)$ 曲线的增长速度在两端呈现较慢趋势，而在中心附近则呈现较快趋势。形状参数 γ 的大小与曲线在中心附近的增长速度相关联。

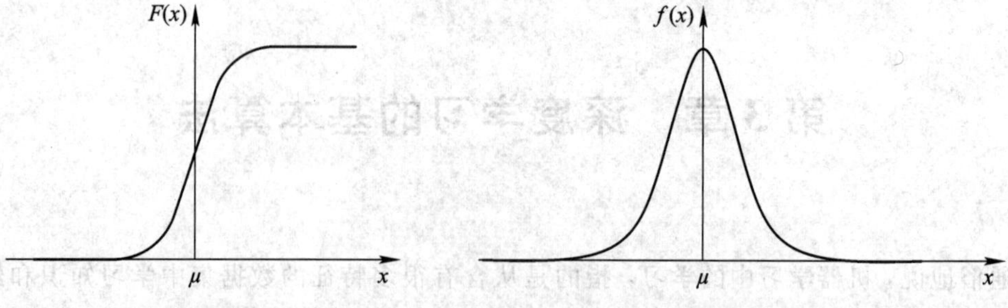

图 3.1　逻辑分布的分布函数和密度函数

通常，逻辑回归模型都泛指二项逻辑回归模型（binomial logistic regression model），它是一种使用条件概率分布 $P(Y|X)$ 进行表示并且使用参数化逻辑分布作为形式的分类模型，随机变量 $X\in\mathbf{R}$，$Y\in\{0, 1\}$。在二分类任务中，对于给定的输入实例 $\boldsymbol{x}$，该模型的条件概率分布如下：

$$P(Y=1|\boldsymbol{x})=\frac{\exp(\boldsymbol{w}^{\mathrm{T}}\boldsymbol{x}+b)}{1+\exp(\boldsymbol{w}^{\mathrm{T}}\boldsymbol{x}+b)} \tag{3.4}$$

$$P(Y=0|\boldsymbol{x})=\frac{1}{1+\exp(\boldsymbol{w}^{\mathrm{T}}\boldsymbol{x}+b)} \tag{3.5}$$

该模型的参数为：$\boldsymbol{w}\in\mathbf{R}^n$，$b\in\mathbf{R}$。其中，$\boldsymbol{w}$ 称为权重向量，b 称为偏置，$\boldsymbol{w}^{\mathrm{T}}\boldsymbol{x}$ 表示 $\boldsymbol{w}$ 和 $\boldsymbol{x}$ 的内积。

对于给定的输入实例 $\boldsymbol{x}$，模型按照式(3.4)和式(3.5)计算 $P(Y=1|\boldsymbol{x})$ 和 $P(Y=0|\boldsymbol{x})$，将两个值中较大的那个类别作为实例 $\boldsymbol{x}$ 的预测类别。

更进一步，我们可以将 $\boldsymbol{w}$ 和 $\boldsymbol{x}$ 改写为 $\boldsymbol{w}=(w^{(1)}, w^{(2)}, \cdots, w^{(n)}, b)^{\mathrm{T}}$，$\boldsymbol{x}=(x^{(1)}, x^{(2)}, \cdots, x^{(n)}, 1)^{\mathrm{T}}$，相应的，二项逻辑回归模型为

$$P(Y=1|\boldsymbol{x})=\frac{\exp(\boldsymbol{w}^{\mathrm{T}}\boldsymbol{x})}{1+\exp(\boldsymbol{w}^{\mathrm{T}}\boldsymbol{x})} \tag{3.6}$$

$$P(Y=0|\boldsymbol{x})=\frac{1}{1+\exp(\boldsymbol{w}^{\mathrm{T}}\boldsymbol{x})} \tag{3.7}$$

除了使用概率来刻画一个事件所发生的可能性外，几率(odds)也经常被拿来使用。那么几率的定义是什么呢？几率其实就是事件的发生概率与不发生概率两者之间的比值。若事件的发生概率为 p，那么该事件的几率则为 $\frac{p}{1-p}$，它的对数几率(log odds)logit 函数则为

$$\mathrm{logit}(p)=\log\frac{p}{1-p} \tag{3.8}$$

对二项逻辑回归而言，由式(3.6)与式(3.7)可得

$$\log\frac{P(Y=1|\boldsymbol{x})}{1-P(Y=1|\boldsymbol{x})}=\boldsymbol{w}^{\mathrm{T}}\boldsymbol{x} \tag{3.9}$$

其中，输出 $Y=1$ 的对数几率与输入 $\boldsymbol{x}$ 呈线性关系，这也是二项逻辑回归的特点之一。

以上就是二项逻辑回归模型的数学原理，接下来介绍如何通过数据集来估计模型的参数。对于给定的数据集 $T=\{(\boldsymbol{x}_1, y_1), (\boldsymbol{x}_2, y_2), \cdots, (\boldsymbol{x}_N, y_N)\}$，其中，$\boldsymbol{x}_i\in\mathbf{R}^n$，

$y_i \in \{0, 1\}$，模型参数可以通过极大似然估计法进行估计。

设

$$P(Y=1|\boldsymbol{x}_i)=\pi(\boldsymbol{x}_i) \tag{3.10}$$

$$P(Y=0|\boldsymbol{x}_i)=1-\pi(\boldsymbol{x}_i) \tag{3.11}$$

似然函数为 $\prod_{i=1}^{N}[\pi(\boldsymbol{x}_i)]^{y_i}[1-\pi(\boldsymbol{x}_i)]^{1-y_i}$，相应的，对数似然函数为

$$\begin{aligned} L(\boldsymbol{w}) &= \sum_{i=1}^{N}[y_i \log\pi(\boldsymbol{x}_i)+(1-y_i)\log(1-\pi(\boldsymbol{x}_i))] \\ &= \sum_{i=1}^{N}\left[y_i \log\frac{\pi(\boldsymbol{x}_i)}{1-\pi(\boldsymbol{x}_i)}+\log(1-\pi(\boldsymbol{x}_i))\right] \\ &= \sum_{i=1}^{N}[y_i(\boldsymbol{w}^{\mathrm{T}}\boldsymbol{x}_i)-\log(1+\exp(\boldsymbol{w}^{\mathrm{T}}\boldsymbol{x}_i))] \end{aligned} \tag{3.12}$$

即

$$L(\boldsymbol{w}) = \sum_{i=1}^{N}[y_i(\boldsymbol{w}^{\mathrm{T}}\boldsymbol{x}_i)-\log(1+\exp(\boldsymbol{w}^{\mathrm{T}}\boldsymbol{x}_i))] \tag{3.13}$$

通过对 $L(\boldsymbol{w})$ 计算极大值就可以得到 $\boldsymbol{w}$ 的估计值。这样接下来我们所需要解决的问题，就是最优化以对数似然函数为目标函数的问题。

假设 $\boldsymbol{w}$ 的极大似然估计值是 $\hat{\boldsymbol{w}}$，那么学习到的逻辑回归模型为

$$P(Y=1|\boldsymbol{x})=\frac{\exp(\hat{\boldsymbol{w}}^{\mathrm{T}}\boldsymbol{x})}{1+\exp(\hat{\boldsymbol{w}}^{\mathrm{T}}\boldsymbol{x})} \tag{3.14}$$

$$P(Y=0|\boldsymbol{x})=\frac{1}{1+\exp(\hat{\boldsymbol{w}}^{\mathrm{T}}\boldsymbol{x})} \tag{3.15}$$

2. 支持向量机

在监督学习算法中，支持向量机(Support Vector Machine，SVM)是非常流行、非常通用且常见的方法之一。与逻辑回归相比，它们的相同之处是均基于线性模型 $\boldsymbol{w}^{\mathrm{T}}\boldsymbol{x}+b$；不同的是 SVM 输出的是类别，而逻辑回归输出的则是类别的概率。具体地说，根据 $\boldsymbol{w}^{\mathrm{T}}\boldsymbol{x}+b$ 的正负，SVM 预测样本所属类别。SVM 旨在求出 n 维空间的最优超平面，用最优超平面将正负类分开，如图 3.2 所示。SVM 是一个非线性分类器函数，两类样本点距离超平面的最近距离越大越好。

SVM 算法将样本间用点积形式表示样本间的相似度这一思想提炼成了核技巧(kernel trick)。我们可以将线性函数 $\boldsymbol{w}^{\mathrm{T}}\boldsymbol{x}+b$ 改写成以下形式：

$$\boldsymbol{w}^{\mathrm{T}}\boldsymbol{x}+b=\sum_{i=1}^{m}\alpha_i \boldsymbol{x}^{\mathrm{T}}\boldsymbol{x}^{(i)}+b \tag{3.16}$$

其中，$\boldsymbol{x}^{(i)}$ 是训练样本，m 是样本的个数。令 $\boldsymbol{\alpha}=(\alpha_1, \alpha_2, \cdots, \alpha_m)$ 表示由系数组成的向量。通过这种改写后，可以将 $\boldsymbol{x}$ 替换为特征函数 $\phi(\boldsymbol{x})$ 的输出，相应的，点积被替换为函数 $k(\boldsymbol{x}, \boldsymbol{x}^{(i)})=\phi(\boldsymbol{x})^{\mathrm{T}}\phi(\boldsymbol{x}^{(i)})$。在 SVM 中，函数 $k(\boldsymbol{x}, \boldsymbol{x}^{(i)})$ 被称为核函数(kernel function)。使用核函数替换点积之后，线性函数进一步可以改写成：

$$f(\boldsymbol{x})=b+\sum_{i=1}^{m}\alpha_i k(\boldsymbol{x},\boldsymbol{x}^{(i)}) \tag{3.17}$$

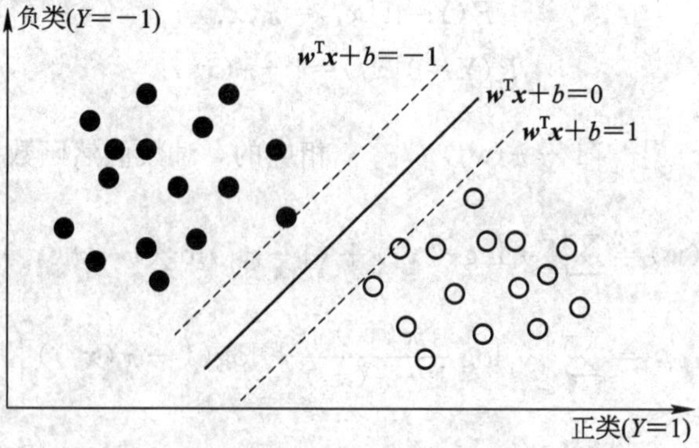

图 3.2 超平面

函数 $k(\boldsymbol{x},\boldsymbol{x}^{(i)})$关于 $\boldsymbol{x}$ 一般是非线性的，关于 $\phi(\boldsymbol{x})$是线性的，$\boldsymbol{\alpha}$ 和 $f(\boldsymbol{x})$之间也是线性关系。核函数可以理解为通过 $\phi(\boldsymbol{x})$来对所有的输入做预处理，然后在新的转换空间学习线性模型，这就是核技巧。

核技巧是 SVM 作为机器学习算法的核心，核技巧将不能线性可分的数据集映射到高维空间，使其变得线性可分(图 3.3 所示)。其强大的原因有以下两个：第一，通过核技巧转化后，可以认为 ϕ 是固定的而仅仅优化 $\boldsymbol{\alpha}$，也就是说决策函数通过优化算法可以被看作是不同空间上的线性函数。这样一来，当所需要学习的关于 $\boldsymbol{x}$ 的函数是非线性模型时，可以使用凸优化技术来保证学习的有效收敛。第二，相比于直接构建 $\phi(\boldsymbol{x})$再计算点积，核函数的实现方法更加高效。在很多数据集中，$\phi(\boldsymbol{x})$往往会有很多维度，如果使用普通的显式方法，往往需要巨大的计算代价。然而，无论 $\phi(\boldsymbol{x})$有多难算，核函数 $k(\boldsymbol{x},\boldsymbol{x}^{(i)})$都只是一个关于 $\boldsymbol{x}$ 的非线性的、易算的函数。

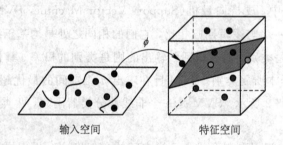

图 3.3 非线性可分到线性可分

对于核函数的选择，最常用的是高斯核：

$$k(\boldsymbol{x},\boldsymbol{x}')=\mathrm{e}^{-\frac{\|\boldsymbol{x}-\boldsymbol{x}'\|^2}{2\sigma^2}} \tag{3.18}$$

该核函数服从标准正态分布。这个核也被称为径向基函数(Radial Basis Function，RBF)核，高斯核对应于无限维空间中的点积。

借由模板匹配(template matching)的角度，我们可以对高斯核的执行原理有一个更加直观的理解。在训练集中，与标签 y 相关的样本 $\boldsymbol{x}$ 被视为类别的模板，对类别的分类归结

为对样本 $\boldsymbol{x}$ 的相似度匹配。当测试样本$\boldsymbol{x}'$到样本 $\boldsymbol{x}$ 的欧氏距离很小、对应的高斯核响应很大时，表明$\boldsymbol{x}'$和 $\boldsymbol{x}$ 具有很高的相似度。接下来，SVM 会给对应的训练标签 y 分配较大的权重。按照这样的方法，SVM 在预测样本的类别时，会先通过训练样本的相似度来给训练标签加权，再将这些标签组合起来。

除了 SVM 外，还有很多线性模型使用核技巧来增强学习过程，这些使用了核技巧的算法统称为核机器(kernel machine)或核方法(kernel method)。

3. 其他简单的监督学习算法

在监督的分类与回归方法中，K 近邻法(K-Nearest Neighbor，K-NN)和决策树是两种简单但比较流行的算法。

1) K 近邻法

K 近邻法的输入选择的是样本的特征向量，它的输出结果则是样本的类别。对于一个给定的数据集，当我们使用 K 近邻法进行分类时，对于一个给定样本 $\boldsymbol{x}$，K 近邻法会根据其 k 个最近邻的训练样本的类别，通过多数表决等方式对新的输入样本的类别进行预测，如果这 k 个最近邻样本参数属于某一类别，则判定该输入样本 $\boldsymbol{x}$ 也属于这个类别。因此，在学习过程中，K 近邻法会通过训练集来划分特征向量空间，并作为其分类的“模型”。由此可以看出，K 近邻法的学习过程是一种隐式过程。

2) 决策树

在分类问题中，决策树模型是用来描述对样本分类时其分类过程的树形结构。决策树由结点和有向边组成，结点又分成内结点和叶结点两种类型。内结点对应样本的一个特征或属性，叶结点则表示样本的一个类别。用决策树分类时，从根结点开始，对样本的某一特征进行测试，根据测试结果，将样本分配到其对应的子结点，此时每个子结点对应该特征的一种取值。按照这样的方法，递归地对样本进行测试并分配子结点，直到到达叶结点为止，最后的叶节点即为该样本所对应的类别。图 3.4 所示是一个简单的决策树的示意图，该决策树根据贷款用户的房产、婚姻和平均月收入情况来预测其是否具有偿还贷款的能力。图中椭圆形表示内结点，三角形表示叶结点。

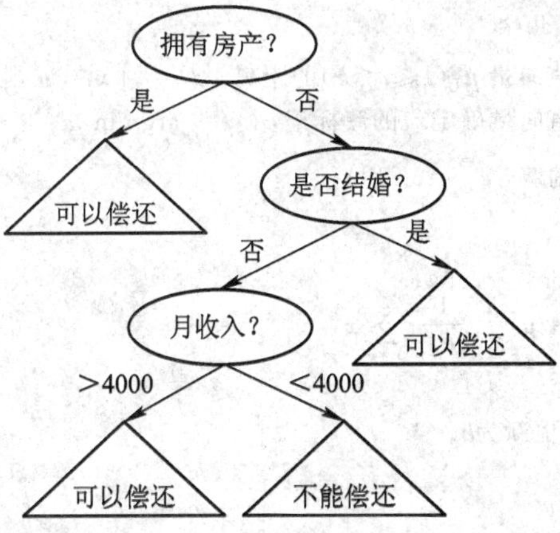

图 3.4　决策树示意图

3.1.2 无监督学习

无监督学习与有监督学习最大的区别是，无监督学习训练集中的样本不带任何标记信息，无监督学习通过对这些样本的学习，来揭示样本特征的内在性质及规律。聚类(clustering)学习是一种典型的无监督学习方式。

聚类指的是将数据集中的样本划分为若干个互不相交的子集，每个子集称为一个"簇"。形象地看，每个"簇"对应于一个类别，通过这样的划分，数据集被分成了若干个类。需要注意的是，这些类别对于聚类算法而言事先是未知的，聚类算法形成的簇结构中，每个簇所对应的"类别"的概念是由使用者来定义的。K 均值(K-means)算法是聚类算法中的一个著名算法，对于样本集 $\boldsymbol{x}=\{\boldsymbol{x}_1, \boldsymbol{x}_2, \cdots, \boldsymbol{x}_m\}$，K 均值算法针对聚类所得簇 $\{\boldsymbol{c}_1, \boldsymbol{c}_2, \cdots, \boldsymbol{c}_k\}$ 的最小化平方误差为

$$E=\sum_{i=1}^{k}\sum_{x\in c_i}\|\boldsymbol{x}-\boldsymbol{\mu}_i\|_2^2 \tag{3.19}$$

其中，$\boldsymbol{\mu}_i=\frac{1}{|\boldsymbol{c}_i|}\sum_{x\in c_i}\boldsymbol{x}$ 是簇 $\boldsymbol{c}_i$ 的均值向量。式(3.19)在一定程度上表示了簇内样本围绕簇均值向量的紧密程度，簇内样本相似程度越高，E 值越小。

若对式(3.19)最小化，需要考察样本集所有可能的簇划分，才能得到其最优解，而这是一个 NP 难问题。因此，K 均值以近似最优解来替代理论最优解，近似最优解通过贪心策略迭代优化求得。其算法流程如表 3.1 所示，第 1 步对均值向量初始化，第 4～8 步为针对当前簇均值向量的样本划分，第 9～14 步为均值向量迭代更新，当第 15 步判断迭代不再改变聚类所得簇时，得到的簇划分即为所求得的近似最优簇划分。

表 3.1 贪心策略迭代优化

输入：样本集 $\{\boldsymbol{x}_1, \boldsymbol{x}_2, \cdots, \boldsymbol{x}_m\}$，聚类簇数 k
1：从样本集中随机选择 k 个样本作为初始均值向量 $\{\boldsymbol{\mu}_1, \boldsymbol{\mu}_2, \cdots, \boldsymbol{\mu}_k\}$
2：repeat
3：令 $\{\boldsymbol{c}\}_i=\varnothing\ (1\leqslant i\leqslant k)$
4：for $j=1, 2, \cdots, m$ do
5：计算样本 $\boldsymbol{x}_j$ 与各均值向量 $\boldsymbol{\mu}_i\ (1\leqslant i\leqslant k)$ 的距离，$d_{ji}=\|\boldsymbol{x}_j-\boldsymbol{\mu}_i\|_2$
6：根据距离最近的均值向量确定 $\boldsymbol{x}_j$ 的簇标记，$\lambda_j=\underset{i\in\{1,2,\cdots,k\}}{\operatorname{argmin}}\ d_{ji}$
7：将样本 $\boldsymbol{x}_j$ 划入相应的簇，$\boldsymbol{c}_{\lambda j}=\boldsymbol{c}_{\lambda j}\cup\boldsymbol{x}_j$
8：end for
9：for $i=1, 2, \cdots, k$ do
10：计算新的均值向量，$\boldsymbol{\mu}'_i=\frac{1}{\lvert\boldsymbol{c}_i\rvert}\sum_{x\in c_i}\boldsymbol{x}$
11：if $\boldsymbol{\mu}'_i\neq\boldsymbol{\mu}_i$ then
12：将当前均值向量 $\boldsymbol{\mu}_i$ 更新为 $\boldsymbol{\mu}'_i$
13：end if
14：end for
15：until 当前均值向量均未更新
输出：簇划分 $\{\boldsymbol{c}_1, \boldsymbol{c}_2, \cdots, \boldsymbol{c}_k\}$

3.1.3　半监督学习

设想有这样一个训练数据集，其中 l 个样本$\{(\boldsymbol{x}_1, \boldsymbol{y}_1), (\boldsymbol{x}_2, \boldsymbol{y}_2), \cdots, (\boldsymbol{x}_l, \boldsymbol{y}_l)\}$是带标记的样本，而其余的 u 个样本$\{\boldsymbol{x}_{l+1}, \boldsymbol{x}_{l+2}, \cdots, \boldsymbol{x}_{l+u}\}$是不带标记的样本。若 $l \ll u$，即带标记的样本远远少于不带标记的样本，如果使用传统的监督学习，则会产生以下两个问题：仅仅使用带标记的样本构建模型，不带标记的样本所包含的信息被浪费了；由于带标记的样本数量较少，得到的模型泛化能力不佳。

半监督学习就是解决上述问题的学习算法，其思想是在带标记的样本上使用监督学习构建模型，并作一些将未标记样本所揭示的数据分布信息与类别标记相联系的假设，再让该模型通过未标记样本来提升学习性能，并且这个过程可以不用依赖于与外界的交互，是一个自动进行的过程。在半监督学习中，基于“相似的样本拥有相似的输出”这个本质性的基本假设，将数据分布信息与类别标记相联系，在模型假设正确的情况下，无类标签的样例对改进学习性能有帮助，聚类假设和流形假设是最常见的假设。

聚类假设就是假设数据存在簇结构，同一个簇的样本被当作同一个类别，当两个样本属于同一聚类簇时，它们的标签极有可能相同。聚类假设与低密度分离假设相似，分类决策边界穿过稀疏数据区域，可以有效避免将稠密数据区域的样例分到决策边界两侧。

流形假设就是假设数据分布在一个流形结构上，邻近的样本拥有相近的输出值。当两个样例位于低维流形中的一个小局部域邻域内时，它们的类标签相似。流形假设可以看作是聚类假设的推广，其对输出值没有限制，可以用于更多类型的学习任务。

下面介绍几种半监督学习算法。

1. 生成模型(generate models)算法

生成模型算法的依据是：假设一个模型，有标签样本 $\boldsymbol{x}$ 与无标签样本 $\boldsymbol{y}$ 的分布 $p(\boldsymbol{x}, \boldsymbol{y}) = p(\boldsymbol{y})\ p(\boldsymbol{x}|\boldsymbol{y})$中，$p(\boldsymbol{x}|\boldsymbol{y})$是已知的条件概率分布，由样本“感染”的思想，大量未经标记数据的联合分布就可以被确定。生成模型算法的流程图如图 3.5 所示。

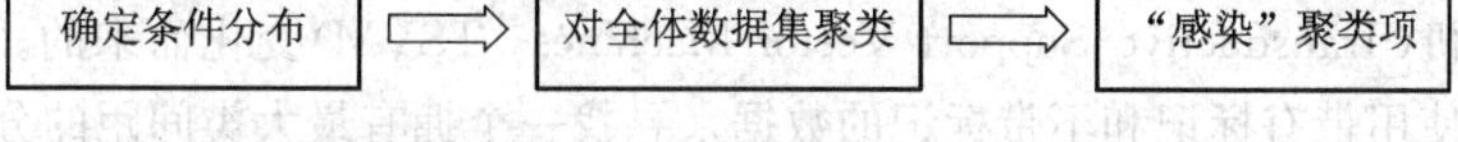

图 3.5　生成模型算法

半监督学习方法能够对已标记的和未标记的数据样本进行聚类，在聚类的结果中，可以根据每一类中所含有的已标记数据实例来确定该聚类全体的标签。更进一步地，考虑到聚类算法可能存在误差，我们可以考虑表决法，根据聚类结果中某已标记分类的样本多少来决定是否“感染”。通过这种算法标记位于聚类边缘的样本，可以提高小样本标记的准确性。

2. 自训练(self-training)算法

自训练算法的思想是：首先用监督学习算法训练带有标记的数据，得到一个分类器；然后通过这个分类器对未标识的数据进行分类；最后根据分类结果，将可信程度较高的未标记数据及其预测标记加入训练集，这样可以扩充训练集规模，通过重新学习就能得到新的分类器。自训练算法示意图如图 3.6 所示。

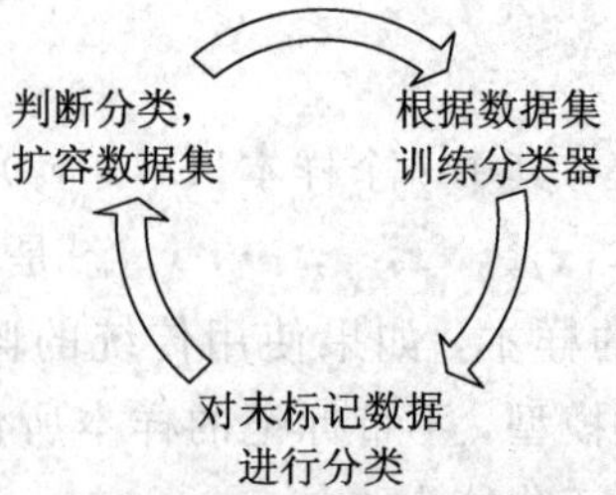

图 3.6　自训练算法示意图

3. 联合训练(co-training)算法

联合训练算法的思想是：首先根据已标记数据的两组不同特征，划分出两个数据集；然后通过训练这两个不同的数据集，得到两个分类器；最后通过这两个分类器分类无标识数据集，同时给出分类可信程度的概率值。联合训练算法示意图如图 3.7 所示。

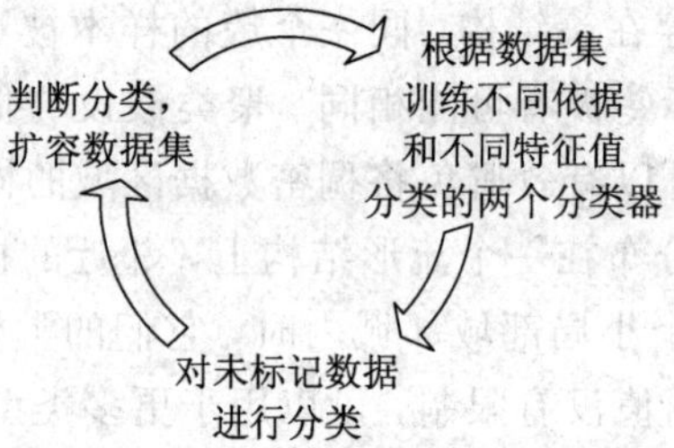

图 3.7　联合训练算法示意图

需要注意的是，不同分类器给出的概率值不同，可根据概率值的高低分类加入数据集，重新生成判别器，逐步提升判别器泛化能力。

4. 半监督支持向量机(S3VM)算法

半监督支持向量机(Semi-supervised support Vector Machines，S3VM 或 S3VMs)是由直推学习支持向量机(Transductive Support Vector Machines，TSVM)变化而来的。半监督支持向量机算法同时使用带有标记和不带标记的数据来寻找一个拥有最大类间距的分类面。

图 3.8 所示为 S3VM 的示意图，其中空心图形代表未标识数据，实心图形(圆形、正方形)代表已标记数据。类似于支持向量机的原理，S3VM 使用最大-最小理论生成分类面。

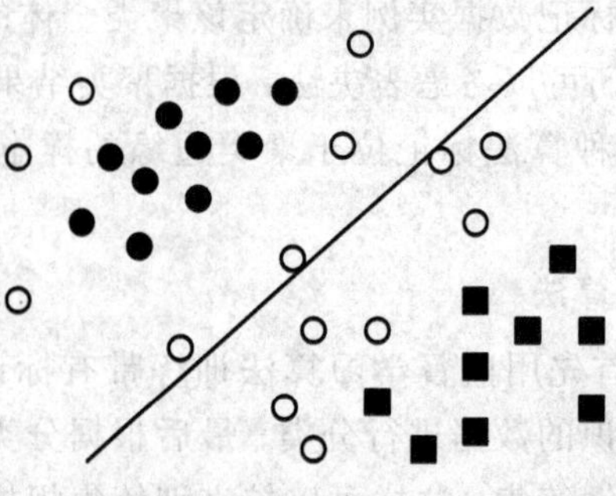

图 3.8　半监督支持向量机示意图

5. 基于图论的方法

基于图论的方法的思想是：首先从训练样本中构建图，图的顶点表示已标记和未标记的训练样本，两个顶点 $\boldsymbol{x}_i$、$\boldsymbol{x}_j$ 之间的边是无向的，用于表示两个样本的相似性(样本的相似性度量)；然后根据图中的度量关系和相似程度，构造聚类图；最后根据已标记的数据信息去标记未标记数据。基于图论的算法流程图如图 3.9 所示。

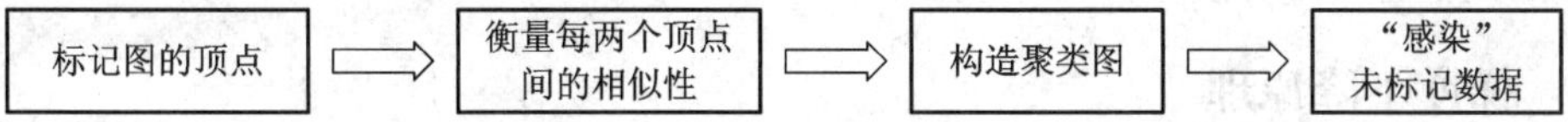

图 3.9　基于图论的算法流程

3.1.4　强化学习

强化学习的目的是取得最大化的预期利益，并且强调如何基于环境而行动。马尔可夫决策过程(Markov Decision Process，MDP)常常被用以描述强化的学习任务：机器处于环境 E 中，X 代表状态空间，其中的每个状态 $x \in X$ 则是机器所感知到的环境，A 表示动作空间，由机器所能采取的动作构成。若某个动作 $a \in A$ 作用在当前状态 x 上，那么环境会通过潜在的转移函数 P 并按照某种概率从当前状态转移到另一个状态，与此同时，环境会根据潜在的“奖赏”(reward)函数 R 反馈给机器一个奖赏(或惩罚)。图 3.10 所示是强化学习的简单示意图。

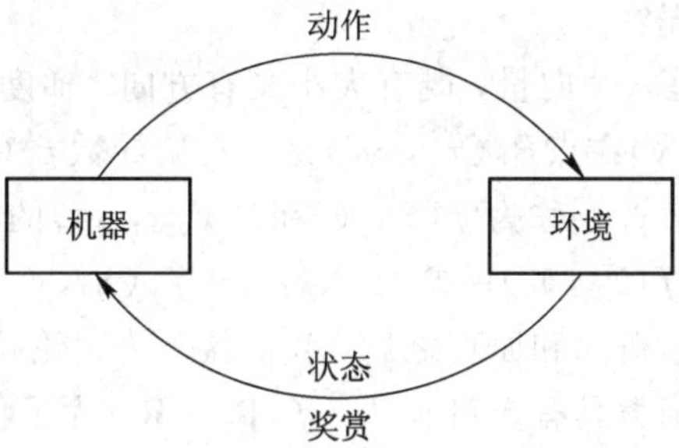

图 3.10　强化学习的简单示意图

通过强化学习的不断训练，机器将会“习得”具体环境中对于某项活动的一个最优“策略”(policy)π，根据这个策略，在状态 x 下就能得知要执行的动作 $a=\pi(x)$。策略通常有两种表示方法。一种是将策略表示为函数 π：$X \rightarrow A$，确定性策略常用这种表示。另一种是用概率表示 π：$X \times A \rightarrow R$，随机性策略常用这种表示，$\pi(x, a)$为状态 x 下选择 a 的概率，这里必须满足 $\sum_a \pi(x, a)=1$。

通过长时间执行这一策略后得到的累计奖赏，我们可以知道这个策略的好坏。强化学习的目的就是要找到一个通过长时间的累积可以使得奖赏最大化的策略。到此，强化学习与监督学习的区别已经比较明显了。在强化学习中，没有监督学习中的“标记”动作，也就是说，机器并不知道某个状态下的正确动作，只有得到最终结果后，才能通过奖惩来衡量之前的动作是否正确。因此，在某种程度上来说，强化学习是“延迟标记信息”的监督学习。

3.2 梯度下降算法

在深度学习算法中梯度下降(GD)算法是必不可少的，本节重点介绍随机梯度下降(SGD)算法、批量梯度下降(BGD)算法和小批量梯度下降(MBGD)算法。在学习这三种算法之前，先了解一下梯度下降的原理。

3.2.1 梯度下降原理

1. 方向导数

梯度与方向导数有关，方向导数就是一个具体的数，反映的是 $f(x, y)$ 在 P_0 点沿某一方向的变化率。

以二维空间为例，若函数 $u=f(x, y)$ 在点 (x_0, y_0) 处可微，则函数 $f(x, y)$ 在点 (x_0, y_0) 处沿某一方向 $l_0=(\cos\alpha, \cos\beta)$ 的方向导数存在，定义为

$$\frac{\partial u}{\partial l}=\frac{\partial u}{\partial x}\cos\alpha+\frac{\partial u}{\partial y}\cos\beta \tag{3.20}$$

其中，各偏导数均为在点 (x_0,y_0) 处的值。

2. 梯度

在平面上确定的某一点可能存在无数个方向导数，那么我们如何找到其中一个方向导数来描述函数最大变化率呢?

首先，我们知道梯度是一个向量，既有大小又有方向。梯度的定义如下：

设二元函数 $z=f(x, y)$ 在点 $P_0(x_0, y_0)$ 处存在偏导数 $f'_x(x_0, y_0)$ 和 $f'_y(x_0, y_0)$，则向量 $[f'_x(x_0, y_0), f'_y(x_0, y_0)]$ 称为 $f(x, y)$ 在 $P_0(x_0, y_0)$ 的梯度，记作：

$$\nabla f(x_0,y_0)=f'_x(x_0,y_0)\boldsymbol{i}+f'_y(x_0,y_0)\boldsymbol{j} \tag{3.21}$$

在了解了上述几个基本概念和原理之后，我们接下来讨论梯度下降法。

通常情况下最小化的函数具有多维输入，$f:\mathbf{R}^n\rightarrow\mathbf{R}$，为了使“最小化”的概念有意义，需要将输出转化为一维的标量。对于多维函数 f，为了使其最小化，我们希望找到使 f 下降最快的方向。首先，计算方向导数如下：

$$\min_{\boldsymbol{u},\boldsymbol{u}^{\mathrm{T}}\boldsymbol{u}=1}\boldsymbol{u}^{\mathrm{T}}\nabla f(\boldsymbol{x})=\min_{\boldsymbol{u},\boldsymbol{u}^{\mathrm{T}}\boldsymbol{u}=1}\|\boldsymbol{u}\|_2\|\nabla f(\boldsymbol{x})\|_2\cos\varphi \tag{3.22}$$

其中，$\boldsymbol{u}$ 是单位向量，$\nabla f(\boldsymbol{x})$ 为梯度，φ 是单位向量 $\boldsymbol{u}$ 与梯度之间的夹角。将 $\|\boldsymbol{u}\|_2=1$ 代入式(3.22)并忽略与 $\boldsymbol{u}$ 无关的项，可得到 $\min_{\boldsymbol{u}}\cos\varphi$，因此在 $\boldsymbol{u}$ 与梯度方向相反时 $\cos\varphi$ 取得最小。简单来说，梯度向量指向上坡，负梯度向量指向下坡，我们可以在负梯度方向上移动位置，以减小 f 的值，不断迭代以达到函数 f 的极小值。这种寻优方法被称为最速下降法(method of steepest descent)。

在一次梯度下降后，自变量 $\boldsymbol{x}$ 按照如下公式更新：

$$\boldsymbol{x}'=\boldsymbol{x}-\alpha\nabla f(\boldsymbol{x}) \tag{3.23}$$

其中 α 称为学习率(也称为步长)，它表示在下降过程中可以设置不同的步长。最常见的做法是把它设置为常数，在深度学习中，更常用的是随机梯度下降法。有时，我们还可设置步长使方向导数消失。此外，也可通过计算不同 α 时目标函数 $f(\boldsymbol{x}-\alpha\nabla f(\boldsymbol{x}))$ 的大小来选

择最优的学习率，这种策略叫作线性搜索。

虽然现在梯度下降更多地应用于连续空间中的优化问题，但通过每次移动一小步找到最优点的思想也可以逐渐推广到离散空间。

在深度学习算法中，梯度下降法用于对网络结构参数(一般是网络连接权重)的学习。

假设 $h(\boldsymbol{x};\boldsymbol{\theta})$ 为网络输出，$J_{(x,y)}(\boldsymbol{\theta})=J(h(\boldsymbol{x};\boldsymbol{\theta}),y)$ 为网络的损失函数，其中，$\boldsymbol{x}$ 为网络的输入，y 为网络的期望输出，$\boldsymbol{\theta}=(\theta_1,\theta_2,\cdots,\theta_n)$ 为网络结构参数。学习参数 $\boldsymbol{\theta}$ 的梯度下降的步骤如下：

(1) 对于 $\boldsymbol{\theta}$，其梯度表达式如下：

$$\frac{\partial}{\partial\boldsymbol{\theta}}J(h(\boldsymbol{x};\boldsymbol{\theta}),y) \tag{3.24}$$

(2) 步长 α 乘以梯度就得到当前位置下降的距离，即

$$\alpha\frac{\partial}{\partial\theta_i}J(h(\boldsymbol{x};\boldsymbol{\theta}),y) \tag{3.25}$$

(3) 确定所有的 θ_i，若梯度下降的距离都小于 ε(预先设定的很小的值)，则更新停止，即当前所有的 $\theta_i(i=1,2,\cdots,n)$ 为最后的结果。否则执行步骤(4)。

(4) 更新所有的 θ_i，更新公式如下：

$$\theta_i=\theta_i-\alpha\frac{\partial}{\partial\theta_i}J(h(\boldsymbol{x};\boldsymbol{\theta}),y) \tag{3.26}$$

θ_i 更新之后，转到步骤(1)。

3.2.2 随机梯度下降算法

1. 原理

假设训练的数据集有 m 个样本，当采用随机梯度下降算法进行训练学习时，网络连接权重的更新仅仅选取一个样本 $(\boldsymbol{x}^{(j)},y^{(j)})$，对应的更新公式是：

$$\boldsymbol{\theta}=\boldsymbol{\theta}-\alpha\frac{\partial}{\partial\boldsymbol{\theta}}J(h(\boldsymbol{x}^{(j)};\boldsymbol{\theta}),y^{(j)}) \tag{3.27}$$

随机梯度下降算法能收敛的原因在于，它是对真实的数据集采样得到样本数据，这些样本数据对于训练数据的分布的拟合是近似的，所以梯度下降可看作是用样本数据来近似所有数据的分布的过程，它是可收敛的，而且一般都能收敛到最小值、极小值或鞍点处，最小值、极小值或鞍点的梯度都为零，因此便于收敛计算。

2. 收敛的充分条件

对于随机梯度下降算法，在进行 m 个训练样本的随机采样并进行梯度估计时会引入噪声源，而且这类噪声源在极小值点处也不会消失，当计算的批量梯度值下降到极小值点处时，整个模型的代价函数的真实梯度值会很小，之后几乎达到零值。要保证随机梯度下降算法能收敛，需要保证收敛的充分条件，即

$$\sum_{k=1}^{\infty}\varepsilon_k=\infty \quad 且 \quad \sum_{k=1}^{\infty}\varepsilon_k^2<\infty$$

随机梯度下降算法在数据集足够大的情况下，还能实现在处理训练数据集之前就收敛到最终测试数据集的固定误差要求范围内。

3. 学习率的确定方法

学习率的确定方法对模型的高效训练非常重要，目前常通过监测目标函数的值随时间变化的学习曲线来确定最佳的学习率。在实际应用中，随机梯度下降算法的学习率一般会线性衰减，如果通过线性策略确定学习率，则第 k 次迭代时的学习率 ε_k 的计算方法如下：

$$\varepsilon_k=(1-\alpha)\varepsilon_0+\alpha\,\varepsilon_\tau\tau \tag{3.28}$$

其中 $\alpha=k/\tau$，ε_0 表示初始学习率，ε_τ 表示第 τ 次迭代的学习率，τ 表示需要反复遍历训练集的迭代次数，有的模型中 τ 值可达几百次。ε_τ 值大约等于 ε_0 值的 1%，ε_0 的设置比较灵活，但是要注意的一点是它的初值不能太大，也不能太小。若初始学习率 ε_0 值太大，则模型的学习曲线会剧烈振荡，这种现象会使模型的代价函数急剧增加；另一方面，若初始学习率 ε_0 值太低，会导致学习过程很缓慢，从而使学习过程的代价非常高。所以综合考虑总训练时间和最终代价，一般将初始学习率的值设为高于迭代 100 次左右后模型达到最好效果时的学习率。通俗地讲，先进行模型的几轮迭代，在这几轮迭代中选取一个迭代效果最好的学习率，再选择一个比该学习率更大的学习率，将该学习率作为初始学习率可以极大地防止振荡现象。

4. 额外误差

模型优化算法的额外误差指当前代价函数超出最低可能代价的量，额外误差影响着优化算法的收敛率。当采用随机梯度下降算法解决模型的凸问题时，每一轮迭代过后都会产生一定的额外误差，经过 k 步迭代后累积的额外误差的量级为 $O(1/\sqrt{k})$，在强凸的情况下额外误差为 $O(1/k)$。

5. 收敛速度

如果数据集足够大，随机梯度下降算法只需使用少量样本数据来计算梯度就能实现学习率的快速更新并快速收敛，大多数优化算法都具有这一性质，但是快速收敛的代价可能是增加常数倍的 $O(1/k)$ 的额外误差。

3.2.3 批量梯度下降算法

使用梯度下降算法更新权重时，若采用整个训练数据，则被称为批量梯度下降算法。它能将所有训练样本的损失函数实现最小化，最终所获得的解也就是全局的最优解。

相比于梯度下降来说，其更新公式如下：

$$\theta_i=\theta_i-\alpha\sum_{j=0}^{m}\frac{\partial}{\partial\,\theta_i}J(h(\boldsymbol{x}^{(j)};\boldsymbol{\theta}),\ y^{(j)}) \tag{3.29}$$

其中，m 为样本数量，$\boldsymbol{x}^{(j)}$ 为第 j 个样本，可见这里用到了所有样本的梯度数据。

理论上说，批量梯度下降法相比随机梯度下降法来说具有更好的收敛率，但是对于批量梯度下降法的泛化误差，它的下降速度小于 $O(1/k)$，虽然收敛速度很快，但很可能是过拟合导致的。

3.2.4 小批量梯度下降算法

小批量梯度下降算法，顾名思义就是采取部分样本进行迭代。相对批量梯度下降算法而言，随机梯度下降算法由于每次仅仅采用一个样本来迭代，训练速度很快，但也导致迭代方向变化很大，不能很快地收敛到局部最优解，此外其解很有可能不是最优的。将两种算法相结合可得到小批量梯度下降算法。

设总样本数为 m，我们从中随机选取 k 个样本，则对应的更新公式如下：

$$\theta_i = \theta_i - \alpha \sum_{j=0}^{k} \frac{\partial}{\partial \theta_i} J(h(\boldsymbol{x}^{(j)};\boldsymbol{\theta}), y^{(j)}) \tag{3.30}$$

小批量梯度下降算法的迭代更新过程如表 3.2 所示。

表 3.2　小批量梯度下降算法

输入：学习率 ε_k（第 k 次迭代的学习率）；初始参数 $\boldsymbol{\theta}$
1：while 不满足停止条件 do 2：从训练数据集中采样取出小批量数据，该小批量数据包含 m 个样本 $\{\boldsymbol{x}^{(1)}, \boldsymbol{x}^{(2)}, \cdots, \boldsymbol{x}^{(m)}\}$ 3：计算梯度估计，$\hat{\boldsymbol{g}} \leftarrow \frac{1}{m} \sum_{j=0}^{m} \frac{\partial}{\partial \boldsymbol{\theta}} J(h(\boldsymbol{x}^{(j)};\boldsymbol{\theta}), y^{(j)})$ 4：应用更新，$\boldsymbol{\theta} \leftarrow \boldsymbol{\theta} - \varepsilon_k \hat{\boldsymbol{g}}$ 5：end while

简而言之，小批量梯度下降算法是先根据数据分布抽取 m 个小批量独立同分布的样本数据，即生成 m 个样本数据，再计算这 m 个样本数据的梯度均值，从而得到梯度的无偏估计。

3.3 动量算法

在 3.2 节中，我们已经学习了深度学习中有关梯度下降的算法及优化，本小节主要学习动量算法。

3.3.1 动量

动量来自物理学，是其中的一个物理量概念。在深度学习模型的优化求解过程中，动量表示迭代优化量，即参数值（如梯度、权重、学习率等）的更新量，这些参数值在优化过程中是不断进行更新的，通过动量的方式可以推动目标值向优化值不断靠近。在模型训练过程中，动量的历史变化值在一个参数值更新过程中继续发挥作用。总体说来，动量在迭代过程中会持续积累，每一轮迭代后，当前动量会乘以一个打折量用于更新参数，从而实现能量衰减。与梯度下降算法相比，动量算法能帮助目标值穿越有着“狭窄山谷”形状的优化曲面，从而无限接近最优点。

评价动量算法性能好坏的一个标准是其爬坡能力的强弱。爬坡能力指的是从鞍点出发，经过若干次迭代后，优化函数从鞍点朝着最优点前进的能力。梯度下降法的转弯能力很强，但是其爬坡能力动力不足，选择在鞍点附近出发，经过几十轮迭代，它几乎不能走出去。动量算法的转弯能力也还可以，其爬坡能力比梯度下降算法要好一点，学习速度也要快一些。

动量算法记录了之前所有迭代的动量，其梯度呈指数级衰减，并且能保持在该方向持续前进，所以该算法在处理曲率比较高、梯度值比较小并带噪声的梯度时，学习速度比较快，也正是因为这一特性，动量算法能解决 Hessian 矩阵的病态条件和随机梯度的方差问题，如图 3.11 所示。

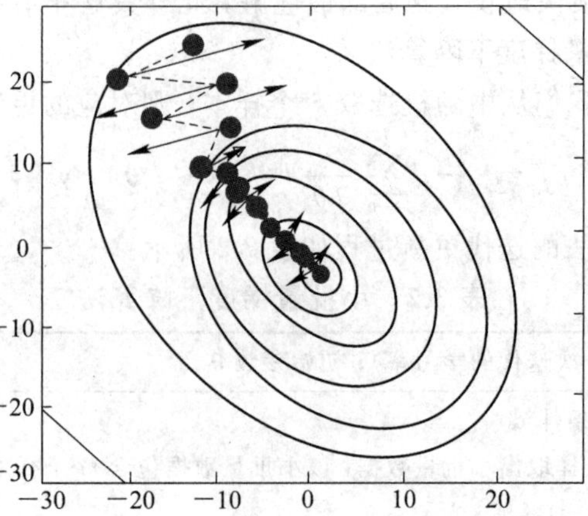

图 3.11 动量算法的梯度下降过程

图 3.11 中，等高线表示的是二次损失函数，即具有病态条件的 Hessian 矩阵的图形。横跨轮廓的虚线表示动量学习过程所走的路径，它的目标是找到该二次损失函数的最小值。图中虚线路径的每个步骤的箭头，表示梯度下降在该点的操作。如果一个二次函数带有病态条件，那么该二次函数会很像一个又长又窄的山谷或边很陡峭的峡谷，采用动量算法的话，动量可以纵向穿过峡谷，而采用一般的梯度下降算法的话，训练过程会在峡谷的窄轴上来回穿梭，不存在动量的梯度下降行为。

下面详细介绍带动量的随机梯度下降算法的原理，该算法是引入一个变量 $\boldsymbol{v}$，让其充当速度角色，$\boldsymbol{v}$ 在这里表示参数在参数空间前进的速度，包括方向和速率，其值等于负梯度的指数衰减平均值。如果在带动量的随机梯度下降算法中假设粒子的质量是单位质量，那么速度向量 $\boldsymbol{v}$ 可看作该粒子的动量，速度 $\boldsymbol{v}$ 的更新规则如下：

$$\begin{cases}\boldsymbol{v} \leftarrow \alpha \boldsymbol{v} - \varepsilon \cdot \nabla_{\boldsymbol{\theta}} \left[\dfrac{1}{m} \sum_{i=1}^{m} J(h(\boldsymbol{x}^{(i)};\boldsymbol{\theta}), y^{(i)}) \right] \\ \boldsymbol{\theta} \leftarrow \boldsymbol{\theta} + \boldsymbol{v} \end{cases} \tag{3.31}$$

其中，$\alpha \in [0,1]$是超参数，表示梯度衰减速度；$\boldsymbol{x}^{(i)}$ 表示样本数据输入；$\boldsymbol{\theta}$ 表示输入的权重参数；$h(\boldsymbol{x}^{(i)};\boldsymbol{\theta})$表示与$\boldsymbol{x}^{(i)}$ 对应的实际输出；$y^{(i)}$ 表示与$\boldsymbol{x}^{(i)}$ 对应的期望输出；$\nabla_{\boldsymbol{\theta}}$表示权重为$\boldsymbol{\theta}$ 时的梯度值；ε 表示迭代过程使用的学习率；$J(\cdot)$为损失函数或目标函数。通过式(3.31)可以看出，$\boldsymbol{v}$ 积累了梯度元素 $\nabla_{\boldsymbol{\theta}} \left[\dfrac{1}{m} \sum_{i=1}^{m} J(h(\boldsymbol{x}^{(i)};\boldsymbol{\theta}), y^{(i)}) \right]$。可以发现当 ε 固定不变时，α 值增大，之前梯度对现在方向的影响也会随之增大。但是实际上，学习率 ε 是随着时间不断调整更新的，α 也是随着时间不断调整更新的，一般情况下，初始 α 值比较小，随着迭代过程的进行，α 值会逐渐变大，而且经过大量实践证明，随着迭代过程的进行，收缩 ε 值比调整 α 值更重要。

可以将带动量的随机梯度下降算法视为牛顿动力学中连续时间下粒子的运动，这种物理类比有助于理解动量和梯度下降法的实现过程。粒子在任意时间点的位置记为 $\theta(t)$，此时粒子受到净力 $f(t)$的作用，该力对粒子加速，从而将该牛顿动力学方程视作位置的二阶微分方程：

$$\frac{\mathrm{d}^2}{\mathrm{d}t^2}\theta(t) = f(t) \tag{3.32}$$

如果再引入表示粒子在时间 t 处速度的变量 $v(t)$，可将牛顿动力方程学重写为一阶微分方程：

$$\frac{\mathrm{d}}{\mathrm{d}t}\theta(t)=v(t) \tag{3.33}$$

$$\frac{\mathrm{d}}{\mathrm{d}t}v(t)=f(t) \tag{3.34}$$

将 $\theta(t)$和 $v(t)$作为带动量的随机梯度下降算法的变量，可通过数值模拟求解微分方程得到这两个变量。式(3.33)和式(3.34)解释了动量更新的基本形式，就好比一个正比于损失函数的负梯度 $-\nabla_{\boldsymbol{\theta}}J(\boldsymbol{\theta})$的力，推动着模型中的粒子朝着损失函数的代价下降的方向前进。动量算法中不止有损失函数的梯度这唯一的力。带动量的小批量梯度下降算法的迭代更新过程如表 3.3 所示。

表 3.3　带动量的小批量梯度下降算法

输入：学习率 ε，动量参数 α，初始参数 $\boldsymbol{\theta}$，初始速度 $\boldsymbol{v}$
1：while 不满足停止条件 do
2：从训练数据集中采样取出小批量数据，该小批量数据包含 m 个样本$\{\boldsymbol{x}^{(1)}, \boldsymbol{x}^{(2)}, \cdots, \boldsymbol{x}^{(m)}\}$，其中与 $\boldsymbol{x}^{(i)}$对应的目标是 $y^{(i)}$
3：计算梯度估计，$\boldsymbol{g} \leftarrow \nabla_{\boldsymbol{\theta}}\left[\frac{1}{m}\sum_{i=1}^{m}J(h(\boldsymbol{x}^{(i)}, \boldsymbol{\theta}), y^{(i)})\right]$
4：计算速度更新，$\boldsymbol{v}\leftarrow\alpha\boldsymbol{v}-\varepsilon\boldsymbol{g}$
5：应用更新，$\boldsymbol{\theta}\leftarrow\boldsymbol{\theta}+\boldsymbol{v}$
6：end while

在表 3.3 带动量的小批量梯度下降算法中，算法的步长由梯度序列的大小和排列决定，当大量连续的梯度都指向同一个方向时的步长最大。若动量算法计算的梯度值总是 $\boldsymbol{g}$，那么算法会在 $-\boldsymbol{g}$ 方向上持续加速，其中步长大小为$\frac{\varepsilon\|\boldsymbol{g}\|}{1-\alpha}$，只要达到最终速度就停止加速，所以这里将动量的超参数视作$\frac{1}{1-\alpha}$。举个例子，当 $\alpha=0.9$ 时，其对应的最大速度是梯度下降法的 10 倍，在实际应用中，α 的取值一般为 0.5、0.9 和 0.99。

3.3.2　Nesterov 动量算法

Nesterov 动量算法是在动量算法的基础上进行改进提出的，其更新规则如下：

$$\begin{cases}\boldsymbol{v}\leftarrow\alpha\boldsymbol{v}-\varepsilon\cdot\nabla_{\boldsymbol{\theta}}\left[\frac{1}{m}\sum_{i=1}^{m}L(f(\boldsymbol{x}^{(i)};\boldsymbol{\theta}+\alpha\boldsymbol{v}), y^{(i)})\right]\\ \boldsymbol{\theta}\leftarrow\boldsymbol{\theta}+\boldsymbol{v}\end{cases} \tag{3.35}$$

其中，$\boldsymbol{v}$ 表示梯度衰减速度，$\alpha\in[0, 1]$表示动量参数，$\boldsymbol{x}^{(i)}$ 表示样本数据输入，$\boldsymbol{\theta}$ 表示权重参数输入，$\alpha\boldsymbol{v}$ 表示权重的校正因子，$f(\boldsymbol{x}^{(i)};\boldsymbol{\theta}+\alpha\boldsymbol{v})$ 表示与 $\boldsymbol{x}^{(i)}$ 对应的实际输出，$y^{(i)}$ 表示与 $\boldsymbol{x}^{(i)}$

对应的期望输出，ε 表示学习率，速度 $\boldsymbol{v}$ 积累了梯度元素 $\nabla_{\boldsymbol{\theta}}\left[\frac{1}{m}\sum_{i=1}^{m}L(f(\boldsymbol{x}^{(i)};\boldsymbol{\theta}+\alpha\boldsymbol{v}),\ y^{(i)})\right]$。学习率 ε 值是随着时间不断调整更新的，α 值也是随着时间不断调整更新的。Nesterov 动量算法的迭代更新过程如表 3.4 所示。

表 3.4　Nesterov 动量算法

输入：学习率 ε，动量参数 α，初始参数 $\boldsymbol{\theta}$，初始速度 $\boldsymbol{v}$
1：while 不满足停止条件 do
2：从训练数据集中采样取出一个小批量数据，该小批量数据包含 m 个样本 $\{\boldsymbol{x}^{(1)},\ \boldsymbol{x}^{(2)},\ \cdots,\ \boldsymbol{x}^{(m)}\}$，其中与 $\boldsymbol{x}^{(i)}$ 对应的目标为 $y^{(i)}$
3：应用临时更新，$\tilde{\boldsymbol{\theta}}\leftarrow\boldsymbol{\theta}+\alpha\boldsymbol{v}$
4：计算梯度(在临时点)，$\boldsymbol{g}\leftarrow\nabla_{\tilde{\boldsymbol{\theta}}}\left[\frac{1}{m}\sum_{i=1}^{m}L(f(\boldsymbol{x}^{(i)};\ \tilde{\boldsymbol{\theta}}),\ y^{(i)})\right]$
5：计算速度更新，$\boldsymbol{v}\leftarrow\alpha\boldsymbol{v}-\varepsilon\boldsymbol{g}$
6：应用更新，$\boldsymbol{\theta}\leftarrow\boldsymbol{\theta}+\boldsymbol{v}$
7：end while

Nesterov 动量算法和标准动量算法计算梯度的方法是不同的，这也是它们之间的重要区别。Nesterov 动量算法是在施加当前速度之后计算梯度，所以可以这样理解 Nesterov 动量算法，它是在标准动量算法中新增加了一个权重校正因子 $\alpha\boldsymbol{v}$。此外，在凸批量梯度情况下，Nesterov 动量算法在 k 步迭代后，将额外误差收敛率从 $O(1/k)$ 改进到了 $O(1/k^2)$。但是，在随机梯度的情况下，Nesterov 动量算法的收敛率没有得到改进。

3.4　反向传播算法

3.4.1　前馈神经网络

根据神经元的数学模型和网络的拓扑结构，神经网络模型包括前馈网络和反馈网络，不同的网络模型有不同的优势和应用。前馈神经网络(Feedforward Neural Network，FNN)，简称前馈网络，是一种常用的人工神经网络。

前馈神经网络采用一种单向多层结构。其中每一层包含若干个神经元。在此种神经网络中，各神经元可以接收前一层神经元的信号，并产生输出到下一层。第 0 层叫输入层，最后一层叫输出层，其他中间层叫隐藏层(或隐含层、隐层)。隐藏层可以是一层，也可以是多层。整个网络中无反馈，信号从输入层向输出层单向传播，可用一个有向无环图表示，图 3.12 所示的是一个多层前馈神经网络示意图。

模型的宽度、激活函数是神经网络中的重要基本概念。

模型的宽度：网络中的每个隐藏层有很多神经元，可以将其构成一组向量，每个神经元相当于一个元素，隐藏层的维数决定了模型的宽度。每一层可以被当作是向量到向量的单个函数，许多并行操作的神经元组成了一层，每个神经元表示一个向量到标量的函数。

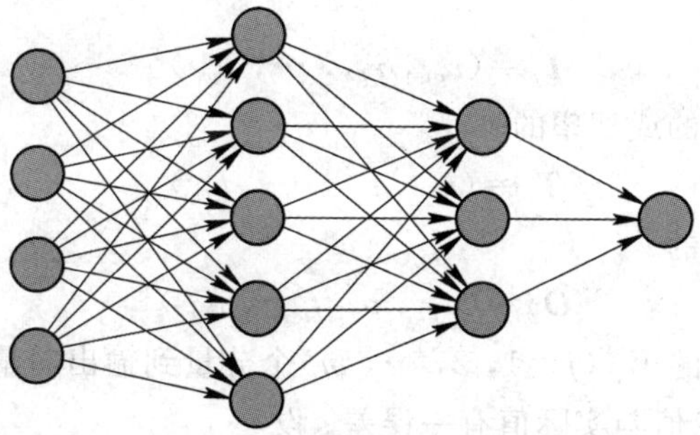

图 3.12　多层前馈神经网络

激活函数：用于计算隐藏层值的函数。

3.4.2　反向传播算法

前馈神经网络的信息是由输入到输出，这称为前向传播。

反向传播(Back Propagation，BP)是“误差反向传播”的简称，该方法要求对每个输入值有想得到的已知输出，计算其损失函数的梯度，用这一梯度来更新权值以最小化损失函数。反向传播被认为是一种监督式学习方法，并且要求人工神经元的激活函数可微。

反向传播算法(BP 算法)类似随机梯度下降算法(SGD 算法)，算法的目的是根据实际的输入与输出数据，计算模型的参数(权系数)。BP 算法主要有两个阶段：激励传播与权重更新。

第 1 阶段：激励传播。传播环节在每次迭代中分为两步：首先在前向传播阶段将训练输入送入网络，从而获得激励响应；之后在反向传播阶段，将激励响应与训练输入对应的目标输出求差，得到的就是隐藏层与输出层之间的响应误差。

第 2 阶段：权重更新。按照以下步骤更新突触上的权重：将输入激励和响应误差进行相乘，这样就可以求出权重的梯度，再将求得的梯度与某个比例相乘后取反，最后再加到权重上。因为这个比例关系到训练过程的速度和效果，所以被称为“训练因子”。梯度的方向是误差变大的方向，我们的目的是更新权重以减小误差，因此要取反。

1. 简单网络的 BP 算法

简单网络示意图如图 3.13 所示。

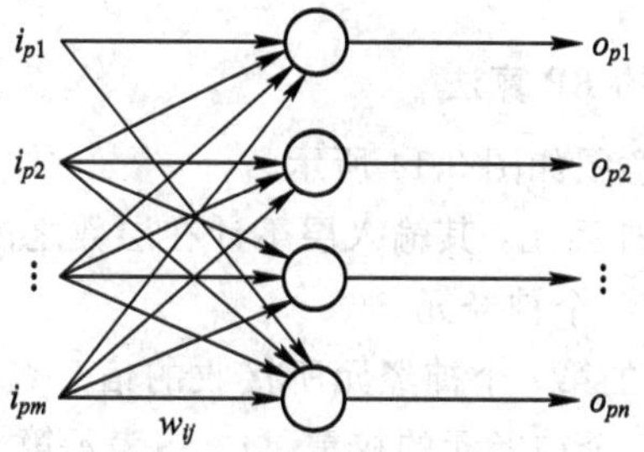

图 3.13　简单网络示意图

假设有 P 个训练样本，即有 P 个输入输出对：

$$(\boldsymbol{I}_p, \boldsymbol{T}_p),\ p=1,\ 2,\ \cdots,\ P \tag{3.36}$$

其中，输入向量为

$$\boldsymbol{I}_p=(i_{p1},\ i_{p2},\ \cdots,\ i_{pm})^{\mathrm{T}} \tag{3.37}$$

目标输出向量为(实际上的或期望的)

$$\boldsymbol{T}_p=(t_{p1},\ t_{p2},\ \cdots,\ t_{pn})^{\mathrm{T}} \tag{3.38}$$

网络输出向量为(理论上的)

$$\boldsymbol{O}_p=(o_{p1},\ o_{p2},\ \cdots,\ o_{pn})^{\mathrm{T}} \tag{3.39}$$

记w_{ij}为从输入向量的第$j(j=1,\ 2,\ \cdots,\ m)$个分量到输出向量的第$i(i=1,\ 2,\ \cdots,n)$个分量的权重，通常理论值与实际值有一误差。设

$$E_p=\frac{1}{2}\|\boldsymbol{T}_p-\boldsymbol{O}_p\|_2=\frac{1}{2}\sum_{i=1}^{n}(t_{pi}-o_{pi})^2 \tag{3.40}$$

$$E=\sum_{p=1}^{P}E_p \tag{3.41}$$

第 i 个神经元的输出可表示为

$$o_{pi}=f\left(\sum_{j=1}^{m}w_{ij}i_{pj}\right) \tag{3.42}$$

其中，$i_{pm}=-1$,$w_{im}=$第 i 个神经元的阈值。特别的，当 f 是线性函数时，有

$$o_{pi}=a\left(\sum_{j=1}^{m}w_{ij}i_{pj}\right)+b \tag{3.43}$$

网络学习的过程就是不断地把目标输出与网络输出相比较，并根据极小原则修改参数w_{ij}，使误差平方和 $\min E$ 达到最小。

Delta 学习规则就是求 E 最小值的梯度最速下降法。

记Δw_{ij}表示递推一次的修改量，则有

$$w_{ij}+\Delta w_{ij}\rightarrow w_{ij} \tag{3.44}$$

$$\Delta w_{ij}=\sum_{p=1}^{P}\eta(t_{pj}-o_{pj})i_{pj}=\sum_{p=1}^{P}\eta\delta_{pj}i_{pj} \tag{3.45}$$

即

$$\Delta w_{ij}=\sum_{p=1}^{P}\eta\delta_{pj}i_{pj} \tag{3.46}$$

$$\delta_{pj}=t_{pj}-o_{pj} \tag{3.47}$$

其中，η 称为学习的速率。

2. 多隐层前馈神经网络的 BP 算法

多隐层前馈神经网络示意图如图 3.14 所示。

(1) 该神经网络有N_0个神经元，其输入层不计在层数之内。若该网络共有 L 层，则输出层为第 L 层，第 k 层就有N_k个神经元。

(2) 设$u_k(i)$表示第 k 层的第 i 个神经元所接收的信息，$w_k(i,j)$表示从第 $k-1$ 层的第 j 个神经元到第 k 层的第 i 个神经元的权重，$a_k(i)$表示第 k 层的第 i 个神经元的输出。

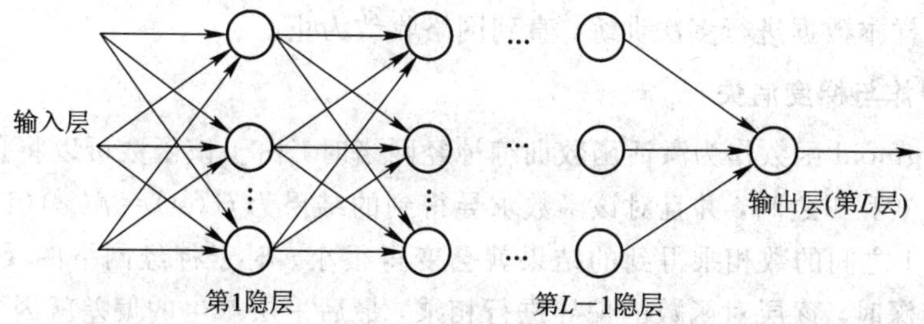

图 3.14　多隐层前馈神经网络

(3) 处于不同层的神经元都有信息交换，但同一层的神经元之间没有信息传输。

(4) 信息传输的方向为输入层→输出层，即为前向网络，没有反向传播信息。

(5) $a_0(j)$表示输入的第 j 个分量。

在上述假定下，网络的输入输出关系可表示为

$$
\begin{cases}
u_1(i)=\sum_{j=1}^{N_0} w_1(i,j)\,a_0(j)+\theta_1(i) & \\
a_1(i)=f(u_1(i)) & 1\leqslant i\leqslant N_1 \\
u_2(i)=\sum_{j=1}^{N_1} w_2(i,j)\,a_1(j)+\theta_2(i) & \\
a_2(i)=f(u_2(i)) & 1\leqslant i\leqslant N_2 \\
\vdots & \\
u_L(i)=\sum_{j=1}^{N_{L-1}} w_L(i,j)\,a_{L-1}(j)+\theta_{L-1}(i) & \\
a_L(i)=f(u_L(i)) & 1\leqslant i\leqslant N_L
\end{cases}
\tag{3.48}
$$

其中，$\theta_k(i)$表示第 k 层的第 i 个神经元的阈值。网络的权重$w_k(i,j)$及阈值 $\theta_k(i)$由网络训练确定。

对于具有多个隐层的前馈神经网络，设激活函数为 sigmoid 函数，且其目标函数取为

$$E=\sum_{p=1}^{P} E_p$$

其中，

$$E_p=\frac{1}{2}\sum_{i=1}^{N_L}(t^{(p)}(i)-a_L^{(p)}(i))^2 \tag{3.49}$$

当每次训练循环都按梯度下降算法学习时，我们以($\boldsymbol{I}_p$, $\boldsymbol{T}_p$)为训练学习数据(其中，$p=1, 2, \cdots, P$)，初始权矩阵$\boldsymbol{W}(0)$通过随机进行确定，网络输出的计算通过学习数据获得，权重通过式(3.50)进行反向修正，直到所有的学习数据被使用完毕。

$$
\begin{cases}
\delta_L^{(p)}(i)=\sum_{j=1}^{N_L}(t^{(p)}(j)-a_L^{(p)}(j))f'(u_L^{(p)}(i)) & \\
\delta_l^{(p)}(i)=f'(u_l^{(p)}(i))\sum_{j=1}^{N_{l+1}}\delta_{l+1}^{(p)}(j)w_{l+1}^{(p-1)}(j,i) & l=L-1,\cdots,2,1 \\
w_l^{(p)}(i,j)=w_l^{(p-1)}(i,j)+\eta\delta_l^{(p)}(i)a_{l-1}^{(p)}(j) & l=L,L-1,\cdots,2,1
\end{cases}
\tag{3.50}
$$

网络采用样本数据进行多次训练，直到网络收敛为止。

3. 梯度爆炸与梯度消失

当采用 sigmoid 函数作为激活函数训练神经网络时，由于该函数可以将负无穷到正无穷的数映射到 0 和 1 之间，并且对该函数求导得到的结果为$f'(x)=f(x)(1-f(x))$，因此，两个 0 到 1 之间的数相乘得到的结果就会变得很小。对于神经网络的反向传播来说，当网络层数较深时，逐层对函数的偏导进行相乘，最后一层产生的偏差就因乘了多个小于 1 的数而越来越小，最终将会变成 0，进而导致较浅层的权重没有更新，也就是梯度消失现象就产生了。

神经网络训练时，如果初始化权值过大，前面的网络层就会比后面的网络层变化快，导致权值越来越大，从而产生梯度爆炸现象。另外，网络层之间的梯度值若大于 1，则重复相乘会产生指数级的增长，也会出现梯度爆炸。出现梯度爆炸有一些细微的信号，比如，模型无法从训练数据中获得更新、模型不稳定、模型损失变成 NaN 等。

梯度消失会使训练学习难以知道参数朝哪个方向移动能够改进代价函数，而梯度爆炸会使学习不稳定。

3.4.3 反向传播算法实例

现在我们来看一个例子，这是两类飞蠓关于翼长和触角长的相关测量情况，数据如表 3.5 所示。

表 3.5　飞 蠓 数 据

翼长	触角长	类别	目标值
1.78	1.14	Apf	0.9
1.96	1.18	Apf	0.9
1.86	1.20	Apf	0.9
1.72	1.24	Af	0.1
2.00	1.26	Apf	0.9
2.00	1.28	Apf	0.9
1.96	1.30	Apf	0.9
1.74	1.36	Af	0.1
1.64	1.38	Af	0.1
1.82	1.38	Af	0.1
1.90	1.38	Af	0.1
1.70	1.40	Af	0.1
1.82	1.48	Af	0.1
1.82	1.54	Af	0.1
2.08	1.56	Af	0.1

上述共有 15 个输入数据，即 $p=1, 2, \cdots, 15$。根据表中数据，构建如图 3.15 所示的

神经网络。

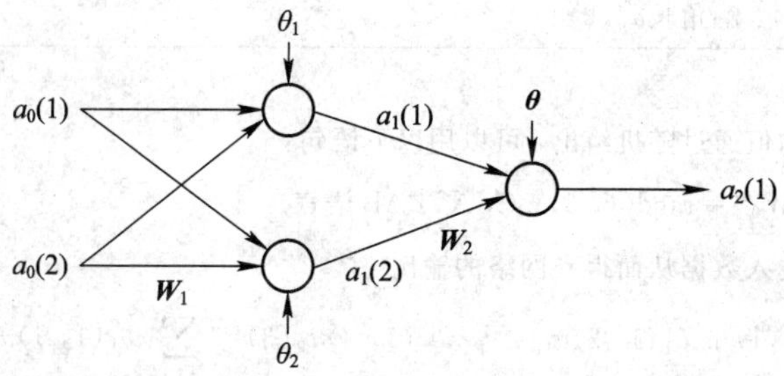

图 3.15　飞蠓神经网络

首先，我们先进行类别数值化：当 $t(1)=0.9$ 时，飞蠓属于 Apf 类；当 $t(2)=0.1$ 时，飞蠓属于 Af 类。网络权重系数矩阵如下：

$$\boldsymbol{W}_1=\begin{bmatrix} w_1(1,1) & w_1(1,2) & w_1(1,3) \\ w_1(2,1) & w_1(2,2) & w_1(2,3) \end{bmatrix}$$

$$\boldsymbol{W}_2=[w_2(1,1) \quad w_2(1,2) \quad w_2(1,3)]$$

其中，$w_i(j,3)=\theta_i(j)$ 为阈值。由此，网络的第一层输出为

$$a_1(1)=f(u_1(1))$$

$$a_1(2)=f(u_1(2))$$

其中：

$$u_1(1)=w_1(1,1)a_0(1)+w_1(1,2)a_0(2)-\theta_1(1)$$

$$u_1(2)=w_1(2,1)a_0(1)+w_1(2,2)a_0(2)-\theta_1(2)$$

式中，$\theta_i(\cdot)$ 为阈值，$f(\cdot)$ 为激活函数。

若令 $a_0(3)=-1$，作为一固定输入，阈值作为固定输入神经元相应的权系数，$w_1(j,3)=\theta_i(j)(j=1,2)$，则有

$$u_1(1)=w_1(1,1)a_0(1)+w_1(1,2)a_0(2)+w_1(1,3)a_0(3)=\sum_{j=1}^{3} w_1(1,j)a_0(j)$$

$$u_1(2)=w_1(2,1)a_0(1)+w_1(2,2)a_0(2)+w_1(2,3)a_0(3)=\sum_{j=1}^{3} w_1(2,j)a_0(j)$$

取激励函数为

$$f(x)=\frac{1}{1+\mathrm{e}^{-x}}$$

则

$$a_1(i)=f(u_1(i))=\frac{1}{1+\exp(-u_1(i))} \quad i=1,2$$

对于第二层，取 $a_1(3)=-1$，$w_2(1,3)=\theta$，则

$$u_2(1)=\sum_{j=1}^{3} w_2(1,j)a_1(j)$$

$$a_2(1)=\frac{1}{1+\exp(-u_2(1))}$$

具体算法如表 3.6 所示。

表 3.6　飞蠓神经网络 BP 算法

输入：飞蠓的翼长 $a_1(1)$、触角长 $a_0(2)$

令 $p=0$

(1) 两个权矩阵的初值通过随机给出，可以用以下语句：

$\boldsymbol{W}_1^{(0)}=\text{rand}(2, 3)$；$W_2^{(0)}=\text{rand}(1, 3)$；(MATLAB 语言)

(2) 使用公式计算输入数据从而得到网络的输出

$u_1(1)=w_1(1, 1)a_0(1)+w_1(1, 2)a_0(2)+w_1(1, 3)a_0(3)=\sum_{j=1}^{3} w_1(1, j)a_0(j)$

$u_1(2)=w_1(2, 1)a_0(1)+w_1(2, 2)a_0(2)+w_1(2, 3)a_0(3)=\sum_{j=1}^{3} w_1(2, j)a_0(j)$

$a_1(i)=f(u_1(i))=\dfrac{1}{1+\exp(-u_1(i))}$，$i=1, 2$

取 $a_1(3)=-1$

$u_2(1)=\sum_{j=1}^{3} w_2(1, j)a_1(j)$

$a_2(1)=\dfrac{1}{1+\exp(-u_2(1))}$

(3) 计算

因为 $f(x)=\dfrac{1}{1+e^{-x}}$，所以 $f'(x)=\dfrac{e^{-x}}{(1+e^{-x})^2}$

$\delta_2(1)=(t(1)-a_2(1))f'(u_2(1))$

$\quad=(t(1)-a_2(1))\dfrac{\exp(-u_2(1))}{[1+\exp(-u_2(1))]^2}$

(4) 取 $\eta=0.1$(或其他正数，可调整大小)，计算 $W_2^{(P+1)}(1, j)$，$j=1, 2, 3$

$W_2^{(p+1)}(1, j)=W_2^{(p)}(1, j)+\eta\delta_2^{(p+1)}(1)a_1^{(p+1)}(j)$，$j=1, 2, 3$

(5) 计算 $\delta_1^{(p+1)}(i)$ 和 $W_1^{(p+1)}(i, j)$

$\delta_1^{(p+1)}(i)=(\delta_2^{(p+1)}(1)\boldsymbol{W}_2^{(p+1)}(1, i))\dfrac{\exp(-u_2(1))}{[1+\exp(-u_2(1))]^2}$

$W_1^{(p+1)}(i, j)=W_1^{(p)}(i, j)+\eta\delta_1^{(p+1)}(i)a_0^{(p+1)}(j)$，$i=1, 2$，$j=1, 2, 3$

(6) $p=p+1$，转(2)

经过参数训练，最后结果如下：

$$\boldsymbol{W}_1=\begin{bmatrix}-5.5921 & 7.5976 & 0.5765\\ -0.5787 & -0.2875 & -0.2764\end{bmatrix}$$

$$\boldsymbol{W}_2=[-8.4075\quad 0.4838\quad 3.9829]$$

即网络模型为

$$u_1(1)=-5.5921\,a_0(1)+7.5976\,a_0(2)-0.5765$$

$$u_1(2)=-0.5787\,a_0(1)-0.2875\,a_0(2)+0.2764$$

$$a_1(i)=\frac{1}{1+\exp(-u_1(i))}\quad i=1, 2$$

$$u_2(1)=-8.4075\,a_1(1)+0.4838\,a_1(2)-3.9829$$

$$a_2(1)=\frac{1}{1+\exp(-u_2(1))}$$

种类检测如下：

对于检测数据(1.40，2.04)，取 $a_0(1)=1.40$，$a_0(2)=2.04$，输入神经网络，以网络输

出结果 $a_2(1)$的值来判定其类型：$a_2(1) > 0.5$，为 Apf 类；$a_2(1) \leqslant 0.5$，为 Af 类。

3.5　弱监督学习

深度学习中的训练样本通常由两部分组成：一个是描述对象的实例或特征向量，一个是表示真值输出的标签。如在分类任务中，标签就是训练样本所属的类别；在回归任务中，标签表示样本对应的实数值。数据集的标注信息又叫该数据集的监督信息，深度学习的成功离不开正确标注的大规模训练数据集，但是由于数据的标注成本一般很高，很多任务很难获得精细化标注的数据集，因此如果能由粗略地标注部分数据而获得高效率的标注数据，那么很多受限于数据集标注的任务就能用深度学习完成了。

如果数据集的标签不可靠，或者数据集的标注不充分，甚至只是局部标记，那么这种以监督信息不完整或不明确的数据为训练对象的学习称为弱监督学习。换句话说，弱监督学习指的是通过数据集较弱的监督信息来学习并构建深度学习模型。目前，弱监督学习分为三类：不完全监督(incomplete supervision)、不确切监督(inexact supervision)、不准确监督(inaccurate supervision)。在不完全监督学习中，其训练集中仅一个很小的子集有标签，其他数据没有标签，例如图像分类任务，其标签是人工标注的，标注费用较高，一般仅标注部分图像的部分监督信息。在不确切监督学习中，其数据集只有粗粒度的标签，仍以图像分类任务为例，虽然希望图像中每个物体都被标注，但是因多种因素的限制，一般只有图片级的标签，如图片有属于哪一类的标签，而没有该类在图片中哪个位置的标注。此外，由于标注者在标注数据集时可能粗心或疲倦，数据集标签里的标注信息不一定都是正确的。

3.5.1　不完全监督学习

不完全监督学习的模型训练过程中拥有大量未标注的数据，只有少量数据有标注。不完全监督学习主要通过主动学习和半监督学习来实现模型的训练。半监督学习在 3.1.3 节已有较详细的介绍，这里重点讲解主动学习算法。

1. 主动学习

主动学习算法首先主动地提出要进行标注的数据，再将选出的数据送到专家那里，让专家进行标注，然后将标注好的数据加入到训练样本集中，用于对算法进行训练。

主动学习算法一般由两部分组成：学习引擎和选择引擎。学习引擎负责维护基准分类器，它使用监督学习算法对系统提供的已标注样例进行学习，从而提高该分类器的性能。选择引擎负责运行样例选择算法去选择一个未标注的样例，将选择的样例交给人类专家进行标注，再将标注后的样例加入到已标注样例集中。学习引擎和选择引擎交替工作，经过多次循环，基准分类器的性能逐渐提高，当满足预设条件时，过程终止。

样例选择算法常用的选择策略是不确定性(uncertainty)准则和差异性(diversity)准则。不确定性准则就是要设法找出不确定性高(即信息熵高)的样本，因为这些样本含有丰富的信息量；样本的差异性可以避免数据冗余。在主动学习中，获得未标注样例的方式主要有两种：基于流的(stream-based)和基于池的(pool-based)。

在基于流的主动学习中，未标记的样例按先后顺序逐个提交给选择引擎，由选择引擎决定是否标注当前提交的样例，如果不标注，则将其丢弃。

在基于池的主动学习中，则需要维护一个未标注样例的集合，由选择引擎在该集合中选择当前要标注的样例。

2. 直推式学习

直推式学习其实是一种特殊的半监督学习，它和(纯)半监督学习的主要区别在于对测试数据(即训练过的模型需要进行预测的数据)的假设不同。(纯)半监督学习假设测试数据是未知的，即不知道测试数据是哪些，未标注数据不一定是测试数据。而直推式学习假设测试数据是事先给出的，其未标记的数据就是最终要用来测试的数据，其学习目的就是在这些数据上取得最佳泛化能力。主动学习、(纯)半监督学习和直推式学习之间的差异如图3.16所示。

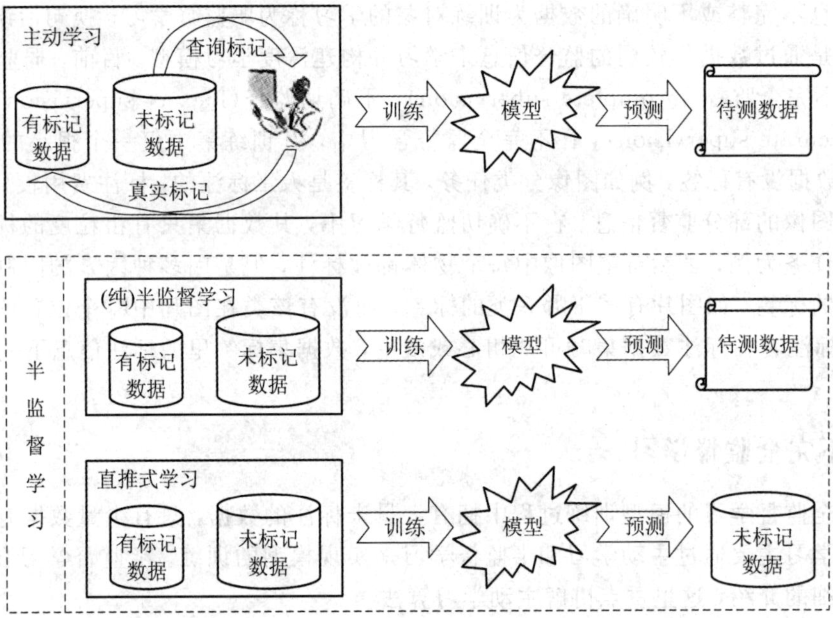

图 3.16　主动学习、(纯)半监督学习和直推式学习

3.5.2　不确切监督学习

不确切监督学习是指在模型训练过程中，使用的训练数据集只有一些有监督信息，而且这些监督信息还不一定准确和精确，即训练数据集只有粗粒度的标注信息。不确切监督学习适用于仅有粗粒度标签信息的场景。一种比较典型的不确切监督学习就是多示例学习。

多示例学习引入了数据包的概念，在学习任务中，将一个真实对象看作一个包(模型的训练数据)，一个包由很多示例组成，比如，一段视频由很多帧图像组成，假如有1000张，如果我们逐张地对每一帧是否有猫进行标注，则太费时费力，所以人们看一遍这个视频，说视频里有猫或者没猫，那么就得到了多示例学习的数据。多示例学习的目标就是训练一个能预测未标注数据集标签值的模型，1000帧的数据不是每一个都有猫出现，只要有一帧有猫，那么我们就认为这个包是有猫的，只有所有的帧都没有猫，这个包才是没有猫的。从这些多示例数据里面学习哪一段视频(1000 张)有猫，哪一段视频没有猫，这就是多示例学习的问题。

示例学习中的示例需要包生成器后天生成。例如，如果一个模型的训练数据是图像，那么从一幅图像中提取的很多小图像块可以作为这个图像的示例；如果一个模型的训练数据是文本文档，那么每个文本文档的章节、段落、句子可以作为该文本文档的示例。图 3.17显示了简单而有效的图像包生成器。

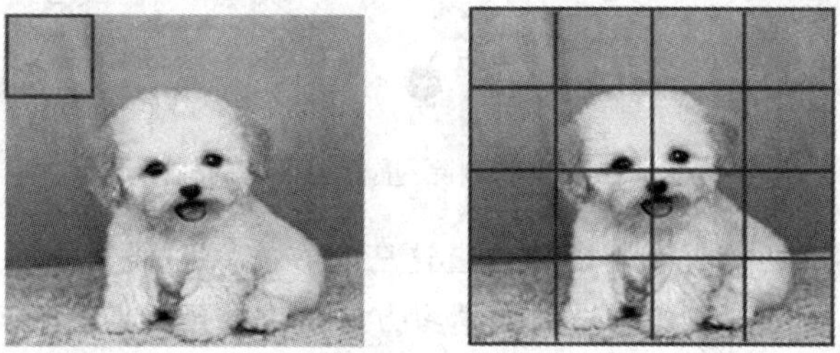

(a) SB　(b) 16个SB

图 3.17　图像包生成器

假设图 3.17(a)的尺寸为 300 ×300，图(a)展示了包生成器模板(单块，Single Blob，SB)的尺寸为 75 ×75。若该单块以无重叠滑动的方式给小狗图片生成示例，如图 3.17(b)所示，将得到 16 个示例，每个示例包含 75 ×75 个像素。若该单块以有重叠滑动的方式给小狗图片生成示例，则会得到更多的示例。

一个优秀的包生成器对深度学习模型的学习效果非常重要，而且已有研究表明一些简单的密集取样包生成器要比复杂的生成器性能更好，但是关于图像包生成器的全面研究目前并不是很全面，有待进一步研究。

3.5.3　不准确监督学习

不准确监督学习是指在模型训练过程中使用的训练数据集的监督信息不总是真值，即标注数据的部分标注信息可能是错误的。出现这种情况的原因有很多，例如标注人员自身水平有限、标注过程粗心等。当标签有噪声时，监督学习就是一种不准确学习。通过众包模式收集的训练数据，通常使用不准确监督学习方式。当标注的标签有噪声时，常常使用不准确监督学习进行处理，目前已有理论研究表明大多数训练数据的标注都存在随机噪声，为减少这种随机噪声的影响，在实际训练过程中常采用识别潜在的误分类样本进行修正的基本思想。基于该思想的一种数据标签修正方法叫作数据编辑(data-editing)，该方法通过构建相对邻域图(relative neighborhood graph)来识别错误标签，一个节点代表一个训练样本，将连接两个不同标签的节点的边称为切边(cut edge)，然后测量一个切边的权重，如果一个示例连接了太多的切边，那么该示例就是可疑的，对于这种可疑的示例，要么删除，要么重新标记，该修正过程如图 3.18 所示。但是数据编辑方法很依赖数据邻域信息，如果数据很稀疏，邻域识别结果将变得不可靠，所以在高维特征空间中该方法的可靠性会变弱。

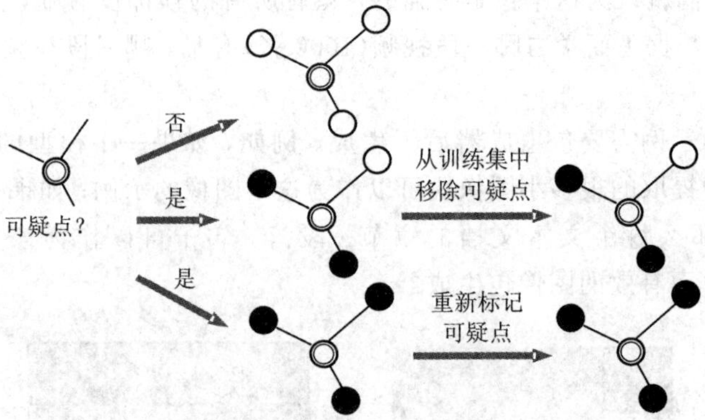

图 3.18　识别和删除/重标记可疑的数据点

不完全监督、不确切监督和不准确监督这三者在实践中通常同时出现。此外，还存在其他类型的弱监督，例如，主要通过强化学习方法解决的延时监督也属于弱监督。

3.6　迁移学习

自 1995 年以来，迁移学习已发展为一个研究领域。知识迁移(knowledge transfer)指一种情境中获得的知识对另一种情境中知识的获得或形成产生的影响，包括正、负迁移和顺向、逆向迁移。迁移学习是在不同但是相似的领域、任务和分布之间进行知识的迁移。迁移学习是一种新的学习方式，从本质上讲，迁移学习就是将已有领域的信息和知识运用于不同但相关领域信息和知识的提取，其目的是将从一个或多个源任务中所抽取出的知识与经验应用到另一个目标域当中，从而满足快速解决问题的需求。

学会学习(learning to learn)、终身学习(life-long learning)、推导迁移(inductive transfer)、知识强化(knowledge consolidation)、知识蒸馏(knowledge distillation)、上下文敏感性学习(context-sensitive learning)、基于知识的推导偏差(knowledge-based inductive bias)、累计/增量学习(increment/cumulative learning)等等，均可以认为是知识迁移的范畴。

3.6.1　迁移学习的相关定义

领域由特征空间(feature space) X 和特征空间的边缘概率分布 $P(x)$ 所组成。如果特征空间或边缘概率分布不同，则表示领域不同。领域可以表示成 $D=\{X, P(x)\}$。领域分为源域(source domain) D_s 和目标域(target domain) D_t。源域是指特征空间和特征空间的边缘分布容易获得的领域，目标域是指待求特征空间的边缘分布的领域。

给定一个领域 $D=\{X, P(x)\}$，一个任务由相应的标签空间 Y 和一个目标预测函数 $f(\cdot)$ 所构成。一个任务就可表示为：$T=\{Y, f(\cdot)\}$。目标预测函数可以通过训练样本学习得到。从概率论角度来看，目标预测函数 $f(\cdot)$ 可以表示为 $P(Y|X)$，则任务可表示成 $T=\{Y, P(Y|X)\}$。

一般情况下，只考虑仅存在一个源域 D_s 和一个目标域 D_t 的情况。其中，源域 $D_s=$

$\{(x_1^s, y_1^s), (x_2^s, y_2^s), \cdots, (x_{n_s}^s, y_{n_s}^s)\}$，$x_i^s$(属于 X_s)表示源域的观测样本，y_i^s(属于 Y_s)表示源域观测样本 x_i^s 对应的标签。目标域 $D_t=\{(x_1^t, y_1^t), (x_2^t, y_2^t), \cdots, (x_{n_t}^t, y_{n_t}^t)\}$，$x_i^t$(属于 X_t)表示目标域观测样本，y_i^t(属于 Y_t)表示目标域 x_i^t 对应的输出。通常情况下，源域观测样本数目 n_s 与目标域观测样本数目 n_t 存在如下关系：$1 \leqslant n_t \leqslant n_s$。

基于以上的符号定义，将迁移学习定义为：在给定源域 D_s 和源域学习任务 T_s、目标域 D_t 和目标域任务 T_t，且 D_s 不等于 D_t 或 T_s 不等于 T_t 的情况下，迁移学习使用源域 D_s 和 T_s 中的知识提升或优化目标域 D_t 中目标预测函数 $f_t(\cdot)$的学习效果。

在迁移学习领域中，通常有三个研究问题：迁移什么、如何迁移与什么时候迁移。

(1) 迁移什么。研究哪些知识能够在不同的领域或者任务中进行迁移学习，即多个不同领域或任务之间有哪些共有知识可以迁移。

(2) 如何迁移。在找到了迁移对象之后，针对具体问题，研究采用哪种迁移学习的特定算法，即如何设计出合适的算法来提取和迁移共有知识。

(3) 什么时候迁移。研究什么情况下适合迁移，迁移技巧是否适合具体应用，其中涉及负迁移的问题。

当领域间的概率分布差异很大时，很难实现迁移学习。当源域和目标域之间没有共同知识或关系，却要在它们之间强行迁移知识，一般是不可能成功的，甚至会影响目标域任务学习的效果，这种现象称为负迁移(negative transfer)。负迁移是旧知识对新知识学习的阻碍作用，应该避免。

3.6.2　迁移学习的分类

1. 基于迁移学习定义的分类

根据源域和目标域及任务的不同，基于迁移学习的定义，我们可以把迁移学习分为推导迁移学习、转导迁移学习和无监督迁移学习等三大类。

1) 推导迁移学习

推导迁移学习使用源域 D_s 和源域学习任务 T_s 中的知识，以提升或优化目标域 D_t 中目标预测函数 $f_t(\cdot)$的学习效果。在推导迁移学习中，源域 D_s 和源域学习任务 T_s、目标域 D_t 和目标域任务 T_t 是给定的，但 T_s 不等于 T_t。

可见，在推导迁移学习中，源任务与目标任务一定不同，目标域 D_t 与源域 D_s 可以相同，也可以不同。在这种情况下，目标域需要一部分带标记的数据用于建立目标域的预测函数 $f_t(\cdot)$。根据源域中是否含有标记样本，可以把推导迁移学习分为两类：

(1) 当源域中有很多标记样本时，推导迁移学习与多任务学习类似。两者的区别在于，通过从源域迁移知识，推导迁移学习只注重提升目标域的效果，但多任务学习同时注重提升源域和目标域的效果。

(2) 当源域没有标记样本时，推导迁移学习与自学习类似。自学习就是用源域无标签的样本集训练稀疏自编码器，或是用有标签的训练样本集训练 softmax 分类器。

2) 转导迁移学习

转导迁移学习利用源域 D_s 和 T_s 中的知识，以提升或优化目标域 D_t 中目标预测函数 $f_t(\cdot)$的学习效果。在转导迁移学习中，源域 D_s 和源域学习任务 T_s、目标域 D_t 和目标域

任务 T_t 是给定的，且 T_s 等于 T_t，但 D_s 不等于 D_t；此外，模型训练时，目标域 D_t 中必须提供一些无标记的数据。

在转导迁移学习中，源任务 T_s 和目标任务 T_t 相同，但领域 D_s 与 D_t 不同。这种情况下，源域有大量标记样本，但目标域没有标记样本。根据 D_s 和 D_t 的不同，可以把转导迁移学习分为两类：

(1) 源域和目标域特征空间不同，即 X_s 不等于 X_t。

(2) 特征空间相同，但边缘概率不同，即 $P(x_s)$不等于 $P(x_t)$。在此情况下，转导迁移学习与领域适应性(domain adaptation)、协方差偏移(covariate shift)问题相同。

3) 无监督迁移学习

无监督迁移学习主要解决目标域中的无监督学习问题，类似于传统的聚类、降维和密度估计等机器学习问题。在无监督迁移学习中，源域 D_s 和源域学习任务 T_s、目标域 D_t 和目标域任务 T_t 是给定的，且 T_s 不等于 T_t，标签空间 Y_t 和 Y_s 不可观测，目标任务与源任务不同但却相关。

综上所述，基于定义的迁移学习分类如表 3.7 所示。

表 3.7　基于定义的迁移学习分类

	D_s、D_t	T_s、T_t	源域标签	目标标签
推导迁移学习	同/不同	不同	有/无	有
转导迁移学习	不同	同	有	无
无监督迁移学习	同/不同	不同	不可观测	不可观测

2. 基于迁移内容的分类

基于迁移的解决方法，样本、特征表达、参数、相关知识都可以用来迁移。按迁移内容来分类，迁移学习可以分为基于实例、基于特征、基于共享参数与基于关系知识等四类学习方法。

1) 基于实例的迁移学习

假设源域中的一些数据和目标域有较多共同特征，通过对源域进行样本迭代赋予权重，筛选出与目标域数据相似度高的数据，然后进行训练学习，这就是基于实例的迁移学习(instance-based transfer learning)。可见基于实例的迁移学习研究的是如何从源域中挑选出对目标域训练有用的实例，从而在目标域中形成可靠的学习模型。比如对源域的有标记数据实例进行有效的权重分配，让源域实例分布接近目标域的实例分布。图 3.19 所示为基于实例的迁移学习的一个例子，利用基于实例的迁移学习可训练出高精度的分类器。典型的模型包括迁移自适应增强(TrAdaBoost)、核均值匹配(kernel mean matching)、密度比估计(density ratio estimation)、自学习(self-taught learning)、多任务结构学习(multi-task structure learning)等。下面以 TrAdaBoost 为例进行介绍。

在图 3.19 中，图(a)中的数据集在目标域中的标注数据非常稀少，不足以训练一个可靠的分类器；如果能找到图(b)中那些辅助数据(小的“＋”或小的“－”)，那么就可以训练出一个高精度的分类器。因为源域数据和目标域数据分布不同，所以存在一些数据会“误导”分类器，比如图(c)中的“－”被分错了 TrAdaBoost 算法，增加了误分类的目标域训练数据的权重，同时减少了误分类的源域训练的权重，可使分类面朝正确的方向移动，得到比较正确的聚类结果，如图(d)所示。

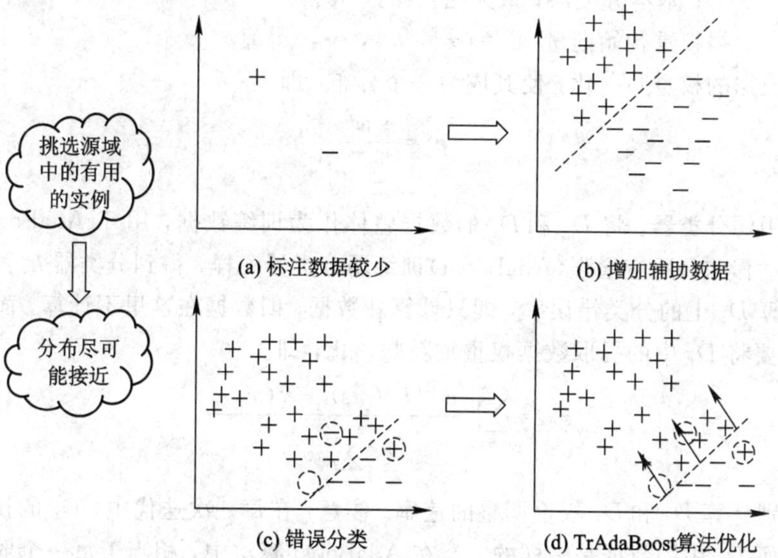

图 3.19　基于实例的迁移学习

在许多实际应用中，训练集和测试集分布相同的假设是不成立的。例如，气象数据随着时间的推移，原来用于训练的前几年数据(旧数据，视为源域数据)的分布与现采集的数据(新数据，视为目标域数据)的分类不完全一样，这样算法的预测准确率就会下降很多。但是新数据的量可能不够，完全抛弃旧数据也太浪费。TrAdaBoost 算法就是一种从旧数据中提取实例的迁移学习方法，即将一部分能用的带有标注的旧数据，结合带有标注的新数据(可能是少量)，构建出更精确的模型。

TrAdaBoost 算法以测试数据空间为基准，其与新数据(new data)有一样的数据分布空间，记为 D_t；而旧数据(old data)是不一样的分布空间，记为 D_s。假设是二分类问题，标签(labels)是 $Y=\{0, 1\}$。整个训练数据空间是

$$X=D_s \cup D_t$$

测试数据集(无标签)是

$$S=\{(x_i^t)\}$$

$$x_i^t \in D_t \quad (i=1, 2, \cdots, k)$$

训练数据集是

$$U \subseteq \{X \times Y\}$$

可将训练数据集分为来自不同分布的数据 D_s 和来自相同分布的数据 D_t，即

$$U_s=\{x_i^s, y(x_i^s)\}$$

$$U_t=\{x_i^t, y(x_i^t)\}$$

全部的训练数据为

$$x_i=\begin{cases} x_i^s & i=1, 2, \cdots, n \\ x_i^t & i=n+1, n+2, \cdots, n+m \end{cases}$$

即有 n 个数据来自 D_s 空间，有 m 个数据来自 D_t 空间。

TrAdaBoost 算法的步骤如下：

输入：U_s、U_t；基本分类器；最大迭代次数 N。

初始化：数据权重初始向量 $\boldsymbol{w}^1=(w_1^1, w_2^1, \cdots, w_{n+m}^1)$。

(1) 将数据的权重归一化，使其成为一个分布，即

$$\boldsymbol{p}^t=\frac{\boldsymbol{w}^t}{\sum_{i=1}^{n+m} w_i^t}$$

(2) 调用弱分类器。将 D_s 和 D_t 的数据整体作为训练数据，用 TrAdaBoost 算法训练弱分类器，过程和自适应增强(AdaBoost)训练弱分类器一样，得到分类器 $h_t: X \to Y$。

(3) 计算 D_t 上的分类错误率，即只计算新数据，旧数据在这里不计算。而且计算错误率的时候需要将 D_t 中的提取数据权重重新归一化，即

$$\varepsilon_t=\sum_{i=n+1}^{n+m} \frac{w_i^t\left|h_t(x_i)-y(x_i)\right|}{\sum_{i=n+1}^{n+m} w_i^t}$$

(4) 分别计算 D_t 和 D_s 权重调整的速率。注意，在每一次迭代中，D_t 的权重调整速率都不一样，而 D_s 中的数据是一样的。β_t 在 AdaBoost 算法中，相当于每一个弱分类器的话语权有多大，β_t 越大，表示该弱分类器话语权越小。β_t 和 β 的计算式如下：

$$\beta_t=\frac{\varepsilon_t}{1-\varepsilon_t}, \beta=\frac{1}{1+\sqrt{2\ln n/N}}$$

(5) 更新数据权重。对于 D_t 中的数据，如果分类错误，则提高权重值，与传统 AdaBoost 算法一致。对于 D_s 中的数据，则相反，如果分类错误，则降低权重值，这是因为分类错误的就认为这部分旧数据与新数据差距太大。权值可按下式计算：

$$w_i^{t+1}=\begin{cases} w_i^t \beta^{\left|h_t(x_i)-y(x_i)\right|} & 1 \leqslant i \leqslant n \\ w_i^t \beta_t^{\left|h_t(x_i)-y(x_i)\right|} & n+1 \leqslant i \leqslant n+m \end{cases}$$

输出：以后半数弱分类器($N/2 \sim N$)的投票为准，即

$$h_f(x)=\begin{cases} 1 & \prod_{t=\lceil N/2 \rceil}^{N} \beta_t^{-h_t(x)} \geqslant \prod_{t=\lceil N/2 \rceil}^{N} \beta_t^{-\frac{1}{2}} \\ 0 & \text{其他} \end{cases}$$

基于实例的迁移学习的特点是方法较简单，实现容易，但权重选择与相似度度量依赖经验，方法适用于源域和目标域的数据分布不同的情况。

2) 基于特征的迁移学习

假设源域和目标域有且仅有一些交叉特征，通过特征映射变换，将两个域的数据变换到同一特征空间，然后进行训练学习，这就是基于特征的迁移学习(feature-based transfer learning)。

在该学习算法中，主要关注的是如何将源域和目标域的数据从原始特征空间映射到新的特征空间中去，并利用这些特征进行知识迁移。通过映射变换，对于特征空间，源域数据与目标域数据的分布相同，从而可以在新的空间中更好地利用源域已有的有标记数据样本进行分类训练，最终对目标域的数据进行分类测试。图 3.20 所示为基于特征的迁移学习

的一个例子，源域和目标域含有一些共同的交叉特征词汇，利用源域的特征标注对目标域数据进行分类训练。

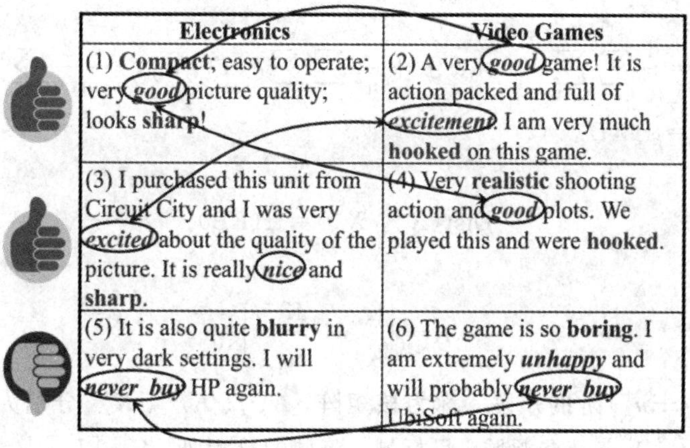

图 3.20　基于特征的迁移学习

基于特征的迁移学习方法的典型模型包括迁移成分分析(Transfer Component Analysis，TCA)、谱特征分析(Spectral Feature Analysis，SFA)、测地线核算法(Geodesic Flow Kernel，GFK)、迁移核学习(Transfer Kernel Learning，TKL)等。下面以香港中文大学杨强教授等人提出的迁移成分分析为例进行介绍。

迁移成分分析(TCA)模型，是学习所有域的公共迁移成分，将不同域中的数据分布差异投影到一个子空间，以显著地减小数据分布的差异。然后，在这个子空间中可以使用标准的机器学习方法来训练跨领域的分类器或回归模型。这种方法是将一个大的矩阵作为输入，然后输出一个小矩阵，在减少数据维度的同时，能达到迁移学习的目的。

现在的任务就是要预测目标数据 x_i^t 对应的标签 y_i^t。首先设 $P(X_s)$ 与 $Q(X_t)$ 分别为源域 X_s 和目标域 X_t 的边缘分布，且 $P(X_s)\neq Q(X_t)$，条件概率分布 $P(Y_s|X_s)\neq P(Y_t|X_t)$。

然后，定义两个随机变量集合之间的一种距离。2006 年，Borgwardt 等人提出了一种再生核希尔伯特空间(Reproducing Kernel Hilbert Space，RKHS)的分布度量准则——最大均值差异(Maximum Mean Discrepancy，MMD)：令 $X=\{x_1, x_2, \cdots, x_{n_1}\}$ 和 $Y=\{y_1, y_2, \cdots, y_{n_2}\}$ 为两个分布 P 和 Q 的随机变量集合，则两个分布的经验估计距离为

$$\text{Dist}(X, Y)=\left\|\frac{1}{n_1}\sum_{i=1}^{n_1}\phi(x_i)-\frac{1}{n_2}\sum_{i=1}^{n_2}\phi(y_i)\right\|_H$$

其中，H 是再生核希尔伯特空间；ϕ：$X\rightarrow H$ 为核函数映射。

再而，分析迁移成分。设 $X'_s=\{x'_s\}=\{\phi(x_i^s)\}$，$X'_t=\{x'_t\}=\{\phi(x_i^t)\}$，$X'=X'_s\cup X'_t$ 分别为源域、目标域、结合域映射后的数据。我们希望找到这样一个映射，使得映射后的数据分布一致，即 $P'(X'_s)=Q'(X'_t)$。根据 MMD 的定义，我们可以利用度量两个域之间的经验均值的距离平方作为分布的距离，即

$$\text{Dist}(X'_s, X'_t)=\left\|\frac{1}{n_1}\sum_{i=1}^{n_1}\phi(x_i^s)-\frac{1}{n_2}\sum_{i=1}^{n_2}\phi(x_i^t)\right\|_H \tag{3.51}$$

为了避免直接求解非线性变换 ϕ，我们将该问题转化为核学习(kernel learning)问题。利用核技巧 $k(x_i, x_j)=[\phi(x_i)]^{\mathrm{T}}\phi(x_i)$，式(3.51)中两个域之间的经验均值距离可以被写为：

$$\begin{aligned}\mathrm{Dist}(X'_s, X'_t) &= \frac{1}{n_1^2}\sum_{i=1}^{n_1}\sum_{j=1}^{n_1}k(x_i^s, x_j^s)+\frac{1}{n_2^2}\sum_{i=1}^{n_2}\sum_{j=1}^{n_2}k(x_i^t, x_j^t)-\frac{2}{n_1 n_2}\sum_{i=1}^{n_1}\sum_{j=1}^{n_2}k(x_i^s, x_j^t)\\ &=\mathrm{tr}(\boldsymbol{KL})\end{aligned}$$

即

$$\mathrm{Dist}(X'_s, X'_t)=\mathrm{tr}(\boldsymbol{KL}) \tag{3.52}$$

其中，

$$\boldsymbol{K}=\begin{bmatrix}\boldsymbol{K}_{s,s} & \boldsymbol{K}_{s,t}\\ \boldsymbol{K}_{t,s} & \boldsymbol{K}_{t,t}\end{bmatrix} \tag{3.53}$$

为$(n_1+n_2)\times(n_1+n_2)$阶的矩阵，称为核矩阵，$\boldsymbol{K}_{s,s}$、$\boldsymbol{K}_{t,t}$、$\boldsymbol{K}_{s,t}$分别为由核函数 $k(x_i, x_j)=[\phi(x_i)]^{\mathrm{T}}\phi(x_i)$ 定义在源域、目标域、跨域的核矩阵。$\boldsymbol{L}=[l_{ij}]$为半正定矩阵，其元素为

$$l_{ij}=\begin{cases}\dfrac{1}{n_1^2} & x_i, x_j\in D_s\\[2mm] \dfrac{1}{n_2^2} & x_i, x_j\in D_t\\[2mm] \dfrac{1}{n_1 n_2} & \text{其他}\end{cases}$$

式(3.52)中的核矩阵 $\boldsymbol{K}$ 可以被分解(特征值分解)为

$$\boldsymbol{K}=(\boldsymbol{K}\boldsymbol{K}^{-1/2})(\boldsymbol{K}^{-1/2}\boldsymbol{K})$$

这种分解通常称为经验核映射(empirical kernel map)。

现考虑使用 $(n_1+n_2)\times m$ 阶的矩阵 $\widetilde{\boldsymbol{W}}$ 将特征变化到 m 维空间（通常 $(n_1+n_2)\gg m$），则得到的核矩阵为

$$\widetilde{\boldsymbol{K}}=(\boldsymbol{K}\boldsymbol{K}^{-1/2}\widetilde{\boldsymbol{W}})(\widetilde{\boldsymbol{W}}^{\mathrm{T}}K^{-1/2}\boldsymbol{K})=\boldsymbol{KW}\boldsymbol{W}^{\mathrm{T}}\boldsymbol{K}$$

即

$$\widetilde{\boldsymbol{K}}=\boldsymbol{KW}\boldsymbol{W}^{\mathrm{T}}\boldsymbol{K} \tag{3.54}$$

其中，$\boldsymbol{W}=\boldsymbol{K}^{-1/2}\widetilde{W}\in\mathbf{R}^{(n_1+n_2)\times m}$。特别的，任意两个数据 x_i和 x_j的核函数为

$$\widetilde{\boldsymbol{K}}=\boldsymbol{k}_x^{\mathrm{T}}\boldsymbol{W}\boldsymbol{W}^{\mathrm{T}}\boldsymbol{k}_x \tag{3.55}$$

其中，$\boldsymbol{k}_x=[k(x_1, x), k(x_2, x), \cdots, k(x_{n_1+n_2}, x)]^{\mathrm{T}}\in\mathbf{R}^{n_1+n_2}$，由此可见，式(3.54)中的核函数给出了未见样本的参数化核估计表示。

至此，根据式(3.54)及迹运算的循环性质 $\mathrm{tr}(\boldsymbol{ABC})=\mathrm{tr}(\boldsymbol{CAB})=\mathrm{tr}(\boldsymbol{BCA})$，两个域之间的经验均值距离式(3.52)可重新写为

$$\mathrm{Dist}(X'_s, X'_t)=\mathrm{tr}((\boldsymbol{KW}\boldsymbol{W}^{\mathrm{T}}\boldsymbol{K})\boldsymbol{L})=\mathrm{tr}(\boldsymbol{W}^{\mathrm{T}}\boldsymbol{KLKW})$$

即

$$\mathrm{Dist}(X'_s, X'_t)=\mathrm{tr}(\boldsymbol{W}^{\mathrm{T}}\boldsymbol{KLKW}) \tag{3.56}$$

最后，进行迁移成分提取。对于式(3.56)，加一个正则项 $\mathrm{tr}(\boldsymbol{W}^{\mathrm{T}}\boldsymbol{W})$ 以控制参数 $\boldsymbol{W}$ 的复杂度，进行最小化得到领域自适应的核学习问题：

$$\begin{cases}\min\limits_{\boldsymbol{W}} \mathrm{tr}(\boldsymbol{W}^{\mathrm{T}}\boldsymbol{W})+\mu\cdot\mathrm{tr}(\boldsymbol{W}^{\mathrm{T}}\boldsymbol{KLKW}) \\ \text{s.t. } \boldsymbol{W}^{\mathrm{T}}\boldsymbol{KLKW}=\boldsymbol{I}\end{cases} \tag{3.57}$$

其中，μ 为权衡参数，$\boldsymbol{I}\in\mathbf{R}^{m\times m}$ 为单位矩阵。

利用拉格朗日乘子法，可将上述优化问题转化为

$$\min_{\boldsymbol{W}} \mathrm{tr}((\boldsymbol{W}^{T}(\boldsymbol{I}+\mu\boldsymbol{KLK})\boldsymbol{W})^{-1}\boldsymbol{W}^{\mathrm{T}}\boldsymbol{KHKW}) \tag{3.58}$$

其中，$\boldsymbol{H}=\boldsymbol{I}_{n_1+n_2}-\dfrac{1}{n_1+n_2}\mathbf{1}\mathbf{1}^{\mathrm{T}}$，为中心矩阵，$\mathbf{1}\in\mathbf{R}^{n_1+n_2}$ 为全 1 的列向量。

类似于核 Fisher 判别，式(3.58)中 $\boldsymbol{W}$ 的解为$(\boldsymbol{I}+\mu\boldsymbol{KLK})^{-1}\boldsymbol{KHK}$ 的前 m 个特征值对应的特征向量。这也是该方法命名为迁移成分分析的原因。

3）基于共享参数的迁移学习

基于共享参数的迁移也称为基于模型的迁移，其假设源域和目标域可以共享一些模型参数。迁移方法是将源域学习到的模型运用到目标域上，再根据目标域学习新的模型。基于共享参数的迁移学习可用于发现源域和目标域之间的共享参数或先验关系，以达到知识迁移的目的。典型的方法包括迁移型嵌入决策树(Transfer EMbedded Decision Tree，TransEMDT)、任务型迁移自适应增强(task TrAdaBoost)、学会学习(learning to learn)、正则化多任务学习(regularized multi-task learning)等，下面以 TransEMDT 为例进行介绍。

TransEMDT 流程框图如图 3.21 所示。

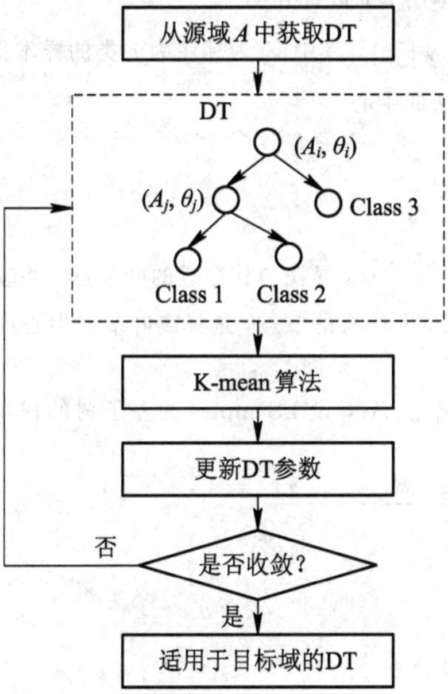

图 3.21　TransEMDT 框架图

对于样本 $\boldsymbol{x}=\{x_1, x_2, \cdots\}$，$A_j$ 是 $\boldsymbol{x}$ 的第 j 个属性，值为 x_j。对于第 i 个叶节点，$\boldsymbol{w}_i$ 的第 j 个元素为

$$w_{ij}=\begin{cases}1 & A_j\in P_i\\ 0 & A_j\notin P_i\end{cases}$$

其中，P_i是从第i个叶节点V_j到根节点的路径。

取所有终端样本计算聚类中心，实例$\boldsymbol{x}$到第i个聚类中心μ_i的距离D为

$$D(\boldsymbol{x},\mu_i,\boldsymbol{w}_i)=\frac{|\boldsymbol{w}_i\cdot\boldsymbol{x}-\mu_i|^2}{\sum_{j=1}^{|\boldsymbol{w}_i|}w_{ij}}$$

其中，$\boldsymbol{w}_i\cdot\boldsymbol{x}=(w_{i1}x_1,w_{i2}x_2,\cdots)$。

于是，实例$\boldsymbol{x}$的标注为

$$j=\text{argmin}_i D(\boldsymbol{x},\mu_i,\boldsymbol{w}_i)$$

最后，样本$\boldsymbol{x}$被重新分配给叶节点V_j，这样就完成了一次 K-mean 值算法。

TransEMDT 中阈值θ的训练算法如表 3.8 所示。

表 3.8　TransEMDT 中阈值θ的训练算法

输入：源域中的标注样本$D_{\text{src}}=\{(x_{\text{src}}^{(i)},y_{\text{src}}^{(i)})\}_{i=1}^{N1}$，其中$y_{\text{src}}^{(i)}$是$x_{\text{src}}^{(i)}$的标签；有$N_1$个标记样本；目标域$D_{\text{tar}}=\{(x_{\text{src}}^{(i)})\}_{i=1}^{N_1}$，没有任何带标记的样本	
1：	(1) 由标注样本D_{src}训练一个树 DT
2：	(2) 对于 DT 每个叶节点，寻找相关属性，构建$\boldsymbol{w}_i$并用于计算叶节点的中心
3：	$t=0$
4：	while $\sum_{j=1}^{m}\sum_{i=1}^{\lvert V_j\rvert}D(x_i^j,\mu_j,w_j)>\text{Thd}$ 或 $t<\text{times}$
5：	(3) 将目标域V_{tar}的每个样本用 DT 进行分类
6：	$V_{\text{tar}}=\{(\text{Label}_j,w_j,\mu_j,V_j)\}_{j=1}^{m}$，其中$V_j$为标注为$j$类的样本集
7：	(4) 初始化一步 K-mean 算法的中心
8：	$\mu_j=\dfrac{w_j\sum_{i=1}^{\lvert V_j\rvert}x_i^j}{\lvert V_j\rvert}$
9：	(5) 对于每个样本，用$D(\boldsymbol{x},\mu_i,\boldsymbol{w}_i)$寻找与其靠近的叶节点，并改变该节点的成员
10：	(6) 以自下而上的方式更新 DT 所有的节点，选择离叶节点中心最近的K个高置信度样本，参与阈值的调整
11：	for 对于 DT 中每个非终端节点A_i，设 LSamples 为左子树的样本，RSamples 为右子树的样本，则更新阈值为
12：	$\theta_i=\dfrac{\text{argmax}_{x\in\text{LSamples}}x_i+\text{argmax}_{x\in\text{RSamples}}x_i}{2}$
13：	end for
14：	$t=t+1$
15：	end while
16：	输出个性化的 DT 模型

4) 基于关系知识的迁移学习

如果两个域是相似的，那么它们会共享某种相似关系。基于关系知识的迁移学习就是

基于这种假设，利用源域学习逻辑关系网络，再应用于目标域上。其关键点在于建立源域和目标域之间的相关知识映射。典型模型有谓词映射和修正(又名 TAMAR)、二阶马尔科夫等，下面以 TAMAR 为例进行介绍。

TAMAR 模型的输入包括两方面：

(1) 源域中的关系数据和在源域中学习到的统计关系模型(如 Markov 逻辑网络)。

(2) 目标域中的关系数据。

输出为一种新的目标域统计关系模型，如 Markov 逻辑网络，其目标就是使其更有效地学习目标域。

算法分为谓词映射与修改映射结构两个阶段。

(1) 谓词映射(predicate mapping)。在源域和目标域中建立谓词之间的映射。建立映射后，可以将源域中的子句转换为目标域。

(2) 修改映射结构(revising the mapped structure)。直接从源域映射的子句可能不完全准确，可能需要修改、扩充和重新加权，以便对目标数据进行正确的建模。

TAMAR 模型的一个实例如图 3.22 所示。图中，映射后的权重需要修改。

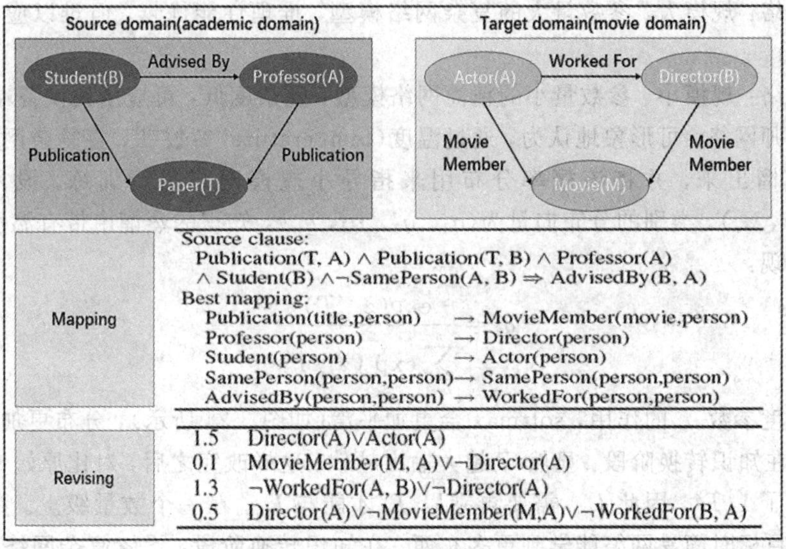

图 3.22　TAMAR 模型实例

3.6.3　知识蒸馏

Hinton 的文章 *Distilling the Knowledge in a Neural Network* 首次提出了知识蒸馏(knowledge distillation)的概念，其通过大型网络(teacher network)提取先验知识(暗知识提取)，将其作为软目标(soft-target)加进总损失(total loss)中，以诱导小型网络(student network)的训练，实现知识迁移。知识蒸馏网络的结构如图 3.23 所示，其包括教师网络与学生网络两部分。

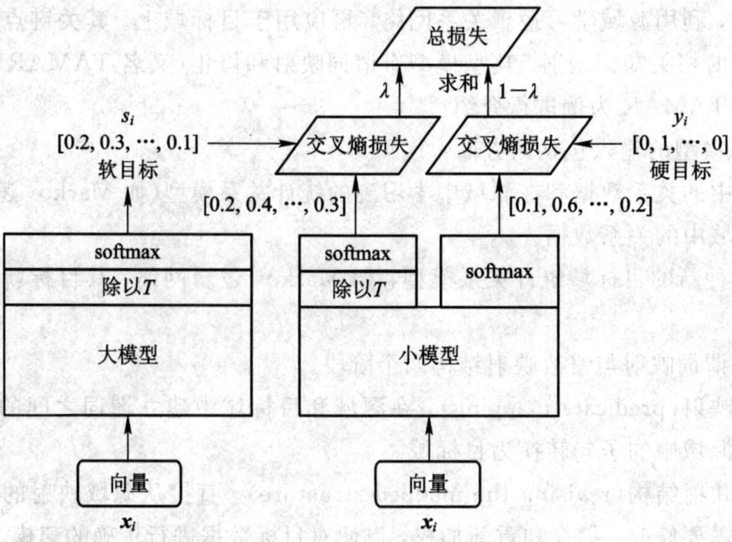

图 3.23 知识蒸馏网络的结构

教师网络：规模大、参数量大的复杂网络模型，推理性能优越，但难以应用到设备端的模型中。

学生网络：规模小、参数量小的精简网络模型，复杂度低，可应用到设备端的模型中。

对于教师网络，可形象地认为，通过温度(temperature)参数 T，将复杂网络结构中的概率分布蒸馏出来，并将该概率分布用来指导小规模网络进行训练。设网络输出为$(z_1, z_2, \cdots, z_n)$，类别的分布向量为$(q_1, q_2, \cdots, q_n)$，知识的蒸馏由带有温度参数 T 的如下公式实现：

$$q_i = \frac{\exp(z_i/T)}{\sum_{j=1}^{n} \exp(z_j/T)}$$

由于温度参数 T 的作用，softmax 会更加平滑(如图 3.24 所示)，分布更加均匀而大小关系不变。在知识转换阶段，显然 T 越大输出越软。这样改完之后，对比原始 softmax，梯度相当于乘了 $1/T^2$，因此 L_{soft} 需要再乘以 T^2 才能与 L_{hard} 在一个数量级上。参数 T 的加入，作为软目标时简易网络能学到更多东西。在知识转换阶段，设置复杂网络与简易网络相同的 T 参数，在此之后再重新将 T 设置为 1。

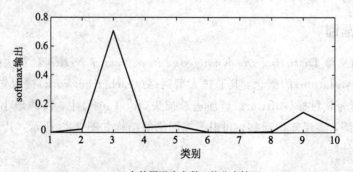

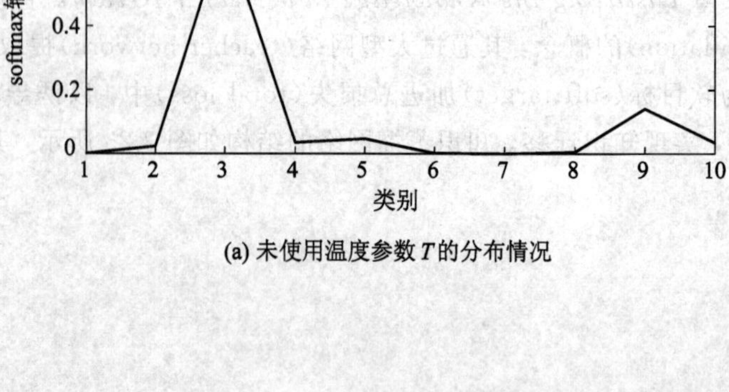

(a) 未使用温度参数 T 的分布情况

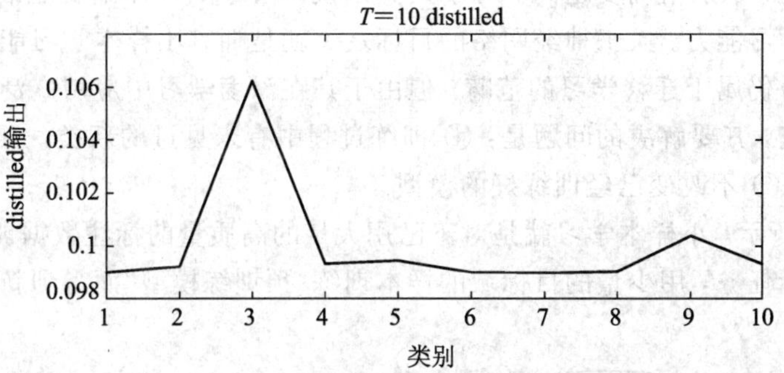

(b) 使用温度参数 T 的分布情况

图 3.24　温度参数 T 的作用

蒸馏过程可归纳如下：

(1) 首先训练大模型：先用硬目标(hard target)，也就是正常的带标签(labeled)的数据训练大模型。

(2) 计算软目标(soft target)：利用训练好的大模型来计算软目标，即大模型“软化后”再经过 softmax 输出。

(3) 训练小模型，在小模型的基础上再加一个额外的软目标的损失函数，通过 $\lambda(0<\lambda\leqslant 1)$来调节两个损失函数的比重。损失函数定义为

$$\text{Loss}=\lambda L_{\text{soft}}+(1-\lambda)L_{\text{hard}}$$

其中，L_{soft}是学生网络和教师网络输出的交叉熵(cross entropy)，L_{hard}是学生网络输出和真实标签的交叉熵。设教师网络输出为$(p_1, p_2, \cdots, p_n)$，学生网络输出为$(q_1, q_2, \cdots, q_n)$，真实标签为$(y_1, y_2, \cdots, y_n)$，则

$$L_{\text{soft}}=\sum_{i=1}^{n} p_i \log\frac{p_i}{q_i},\ L_{\text{hard}}=\sum_{i=1}^{n} y_i \log\frac{y_i}{q_i}$$

(4) 将训练好的小模型(见图 3.25)按常规方式使用。

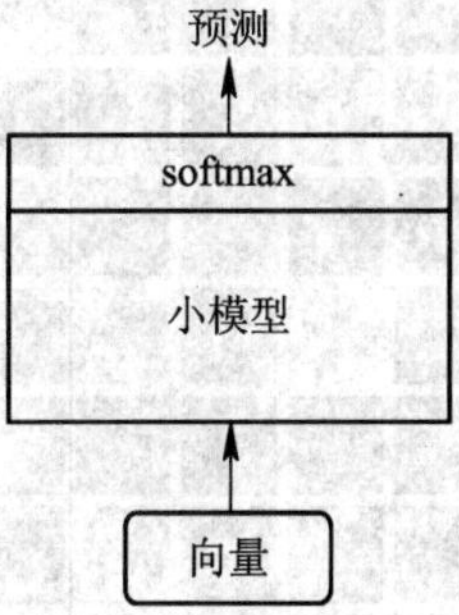

图 3.25　小型网络

3.7　小样本学习

通过训练大量样本数据得到的经典深度学习模型在测试新样本的时候，新样本与训练

样本相似度越高，识别精确度越高。对于人类来说，通过少量样本就能准确识别，这便是人类的小样本学习能力。人工神经网络的目标之一就是拥有小样本学习能力。

小样本学习仍属于迁移学习的范畴，但由于其在深度学习中应用广泛及其特殊性而被提出来专门研究，其要解决的问题是：① 训练过程中有未见过的新类，只能借助每类少数几个标注样本；② 不改变已经训练好的模型。

如图 3.26 所示，小样本学习就是对于已用大量的高质量的标注数据训练好的模型，根据目标域和目标任务，用少量的目标域的样本训练“预训练模型”而得到新模型。

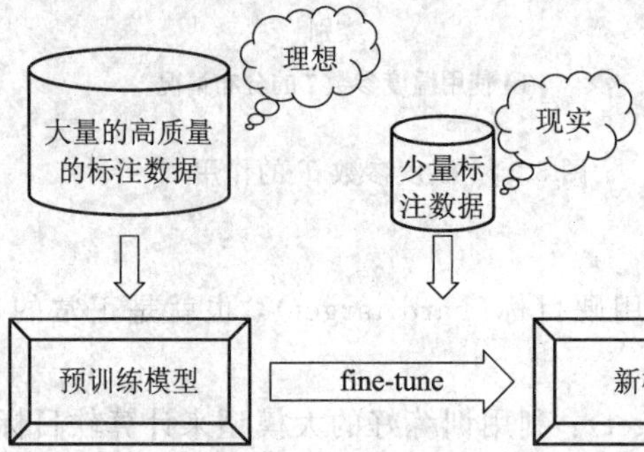

图 3.26 小样本学习示意图

以图像识别和自动标注为例，在传统的深度学习模型训练中，如图 3.27 所示，首先通过左边的训练集(training set)获得模型，然后再对右边的测试集(testing set)进行识别或自动标注。而小样本问题则如图 3.28 所示，我们大量拥有的是上方这 5 类的数据，而新问题(下方这 5 类)只有很少的标注数据。

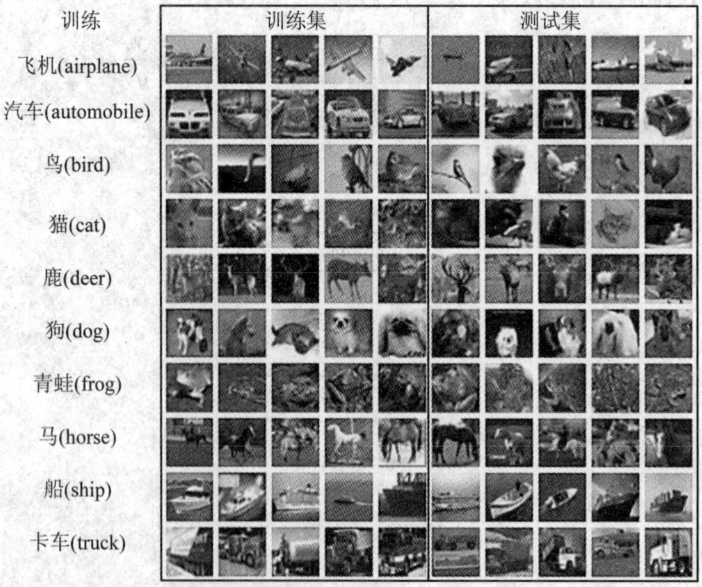

图 3.27 传统的训练集示意图

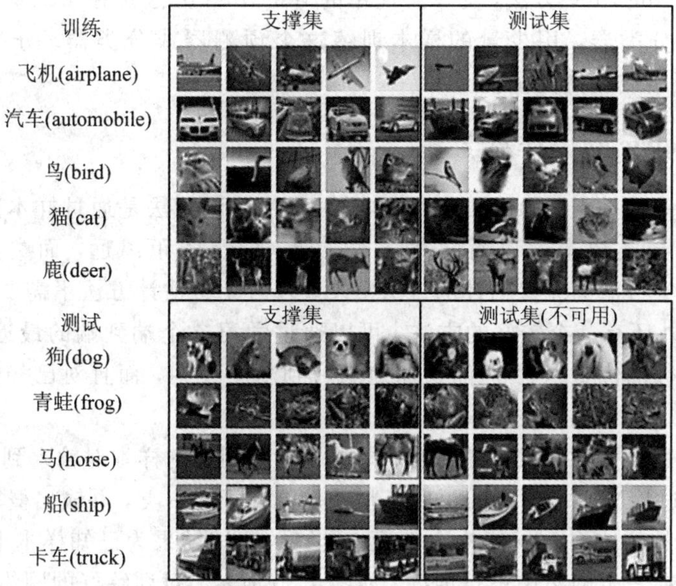

图 3.28 小样本训练集示意图

深度学习中的迁移有很多种形式，如微调(fine-tune)、完全自适应特征共享(fully-adaptive feature sharing)、十字绣网络(cross-stitch network)、联合多任务模型(a joint many-task model)、损失不确定性加权(weighting losses with uncertainty)、多任务学习中的张量分解、水闸网络、生成式对抗网络等等。下面我们分别介绍基于 fine-tune、基于 metric(度量)、基于图神经网络与基于元学习等小样本学习方法。

3.7.1 基于 fine-tune 的小样本学习

基于 fine-tune 的小样本学习是深度迁移学习最简单也是最常用的方法，其由预训练(pre-training)与微调(fine-tune)两个阶段组成。以图像领域为代表，我们很多时候会选择预训练的 ImageNet 对模型进行初始化得到基础网络(预训练模型，如 VGG、ResNet、Inception 等模型都提供了自己的训练参数)；然后根据一定量的标注数据，对基础网络进行训练，微调网络参数得到新的网络，如图 3.29 所示。微调可以是全网络微调，也可以是网络局部微调。一般情况下，fine-tune 要使用很小的学习率。

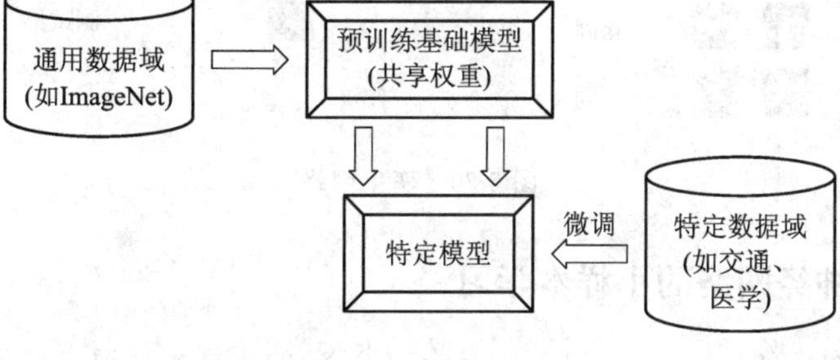

图 3.29 fine-tune CNN

除了上述的 fine-tune 方法，另一种简单的 fine-tune 方法是在预训练模型的某个特征层接入预测器或分类器，用少量的样本训练这个预测器或分类器。分类器可以是一个 softmax、一个网络或支持向量机。

3.7.2 基于 metric 的小样本学习

孪生网络是一种基于 metric 的小样本学习方法，该方法是通过样本间距离分布来建模，这样可以让异类样本远离而同类样本靠近，即类间距离远，而类内距离近。基于 metric 的小样本学习借助无参估计的方法实现，因为无参估计方法不需要优化参数，如 K 最近邻算法。此外还有一个较好的方法，可以通过学习一个端到端的最近邻分类器(它具有带参数和无参数的优点)，不但能快速地学习到新的样本，而且对已知样本也有很好的泛化性。

孪生网络通过组合的方式，将两个不同类或者相同类的样本对输入到一个有监督孪生网络来训练，通过检测样本对间的距离来判断是否属于同一类，并输出概率，训练完以后，将待测样本和已知样本拿到网络中去匹配，最终的测试结果为已知样本上概率最高的类。将相同类的样本在孪生网络中进行训练，如图 3.30 所示。对训练好的网络，可将需要判断的样本与已知类的样本进行匹配测试。

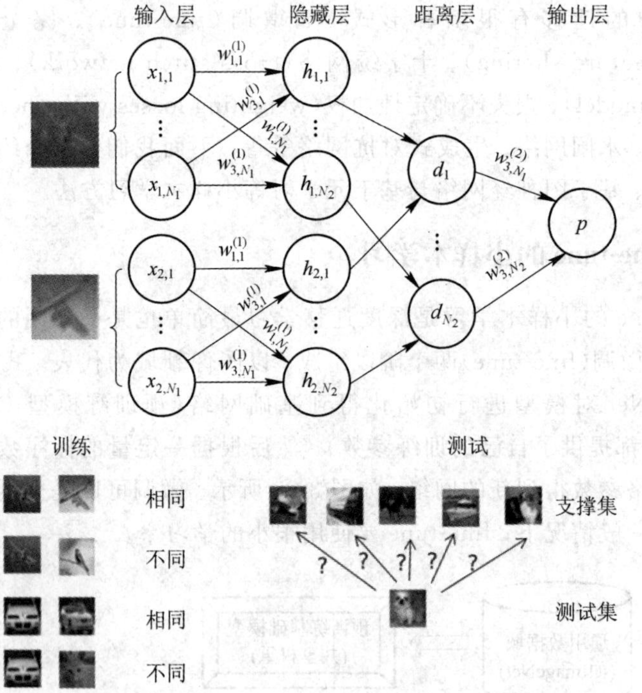

图 3.30 孪生网络

3.7.3 基于图神经网络的小样本学习

基于图神经网络(Graph Neural Network，GNN)的小样本学习定义了一个图神经网络框架，端到端地学习消息传递的“关系”型任务。它将每个样本看成图的节点，并应用了卷积神经网络(CNN)，CNN 采用卷积运算进行特征提取。

在基于图神经网络的小样本学习过程中，以输入 5 个样本为例，在网络第一层的 5 个样本通过边模型$\widetilde{A}$构建了图，如图 3.31 所示，接着通过图卷积获得了节点间的嵌入(embedding)关系，然后在后面的几层继续用$\widetilde{A}$更新图，用图卷积更新节点间的嵌入关系，这样便构成了一个深度 GNN，最后输出样本的预测标签。

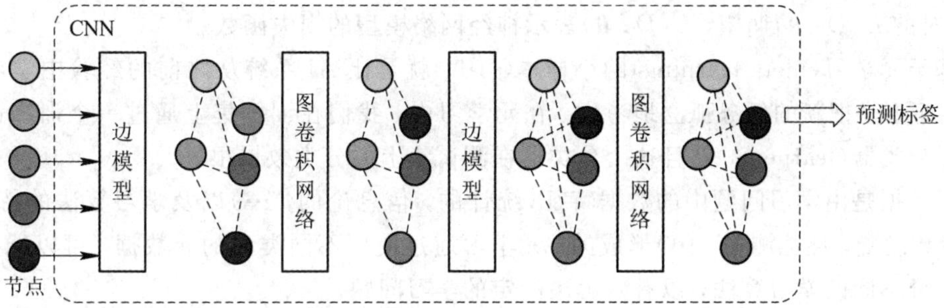

图 3.31　深度 GNN

在构建边模型时，先采用一个 4 层的 CNN 网络获得每个节点的特征向量，然后将节点对 x_i、x_j 的差的绝对值通过 4 层 BN(即 batch_normalization，批标准化)和 Leaky ReLU 的全连接层，获得边的嵌入(embedding)，如图 3.32(a)所示。随后，我们将节点的 embedding和边的 embedding 一起输入图卷积网络，获得更新后的节点的 embedding，如图 3.32(b)所示。

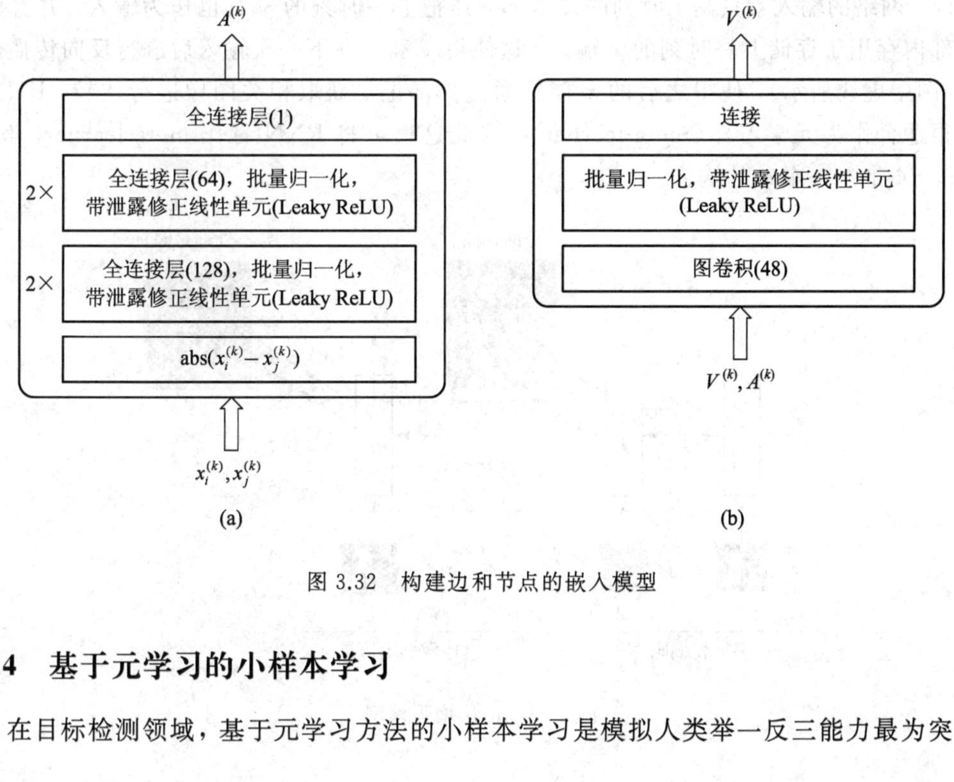

图 3.32　构建边和节点的嵌入模型

3.7.4　基于元学习的小样本学习

在目标检测领域，基于元学习方法的小样本学习是模拟人类举一反三能力最为突出的方法。通常情况下，对于一个神经网络系统，我们试图用数据集 D 训练选择参数，以最小化损失函数 L。而在元学习方法中，我们是通过数据集分布 $p(D)$来选择参数以降低损失函数期望值：

$$\boldsymbol{\theta}^* = \underset{\boldsymbol{\theta}}{\arg\min} E_{D\sim p(D)}[L(D;\boldsymbol{\theta})]$$

其中，$\boldsymbol{\theta}^*$ 表示最终神经网络模型训练得出的参数，$\boldsymbol{\theta}$ 表示模型需要训练的参数，D 是训练数据集，$p(D)$表示数据集分布，$E_{D\sim p(D)}[L(D;\boldsymbol{\theta})]$表示神经网络模型在数据集分布为 $p(D)$时的 $L(D;\boldsymbol{\theta})$期望，$L(D;\boldsymbol{\theta})$表示神经网络模型的损失函数。

基于元学习(meta learning)的小样本学习，就是让 AI 系统从之前的经验中学习新的技能，而不是把新的任务孤立地考虑。在元学习中，我们在训练集上通过一个训练过程产生一个分类器(learner)，并且这个分类器在测试集上的分类效果很好。

元数据是由学习问题中的数据特征(统计的，信息论的，…)以及学习算法的特征(类型，参数设置，性能测量，…)形成的。元学习通过使用不同类型的元数据，可以选择、更改或组合不同的学习算法，以有效解决给定的学习问题。

下面介绍几个经典的基于元学习的小样本学习方法。

1. 基于记忆增强的元学习模型

记忆增强模型(memory-augmented model)是基于记忆的循环神经网络方法，通过权重更新来调节偏置，并且通过学习将表达快速缓存到记忆中来调节输出。

在长短期记忆(Long Short-Term Memory，LSTM)网络等循环神经网络(RNN)模型的基础上，将数据作为序列进行训练，并在测试过程中输入新类样本加以分类。具体来说，如图 3.33 所示，设 $\boldsymbol{x}_t$ 表示在 t 时刻输入的样本数据，y_t 表示与之对应的标记。训练网络模型时，网络的输入不只是 t 时刻的样本 $\boldsymbol{x}_t$，还把上一时刻的 y_{t-1}也作为输入，并且添加了外部内存用于存储上一时刻的 $\boldsymbol{x}$ 输入，这使得 y 和 $\boldsymbol{x}$ 在下一次输入后进行反向传播建立关系(图中虚线所示)，使得之后的 $\boldsymbol{x}$ 能够通过外部记忆获取相关图像进行比较，RNN 的结构很适合作为元学习器(meta-learner)，因此这里可将 RNN 看作 meta-learner。其中，-2 和 -4 是上一次 $\boldsymbol{x}$ 的输入。

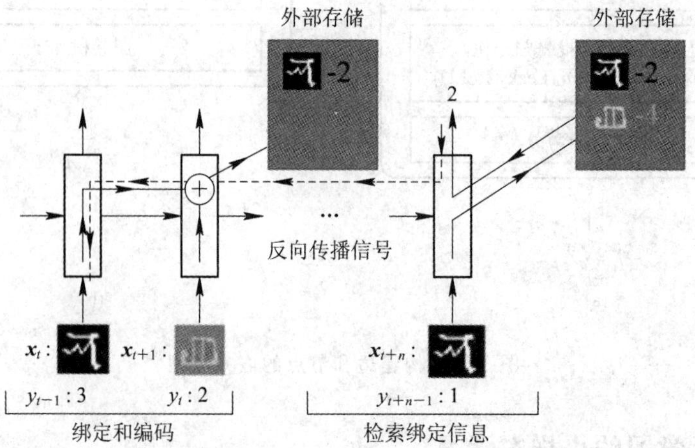

图 3.33　记忆增强模型

记忆增强模型引入了神经图灵机来实现长期记忆能力，共同实现小样本学习任务。神经图灵机的结构如图 3.34 所示。

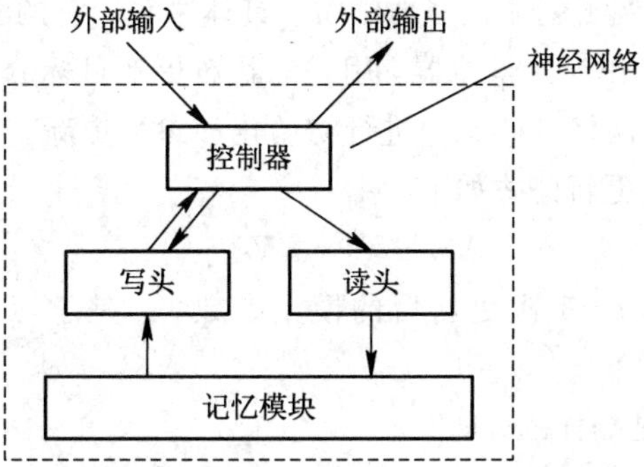

图 3.34　神经图灵机的结构

控制器使用读写与外部内存模块进行交互，它的作用是从内存中检索表征(representations)或者把它们分别放进记忆内存模块里。给定一些输入 $\boldsymbol{x}_t$，控制器产生一个键(key) $\boldsymbol{k}_t$，然后将其存储在矩阵 $\boldsymbol{M}_t$ 的行中。当检索内存时，通过下式计算当前特征向量 $\boldsymbol{k}_t$ 与记忆模块 $\boldsymbol{M}_t$ 中各个向量之间的余弦距离 $K(\boldsymbol{k}_t, \boldsymbol{M}_t(i))$，即

$$K(\boldsymbol{k}_t, \boldsymbol{M}_t(i)) = \frac{\boldsymbol{k}_t \cdot \boldsymbol{M}_t(i)}{\|\boldsymbol{k}_t\| \|\boldsymbol{M}_t(i)\|} \tag{3.59}$$

根据 softmax 函数，用该相似度来产生一个读(read)权向量 $\boldsymbol{w}_t^r$，其第 i 个元素为

$$\boldsymbol{w}_t^r(i) \leftarrow \frac{\exp(K(\boldsymbol{k}_t, \boldsymbol{M}_t(i)))}{\sum_j \exp(K(\boldsymbol{k}_t, \boldsymbol{M}_t(j)))}$$

再由这个权重向量 $\boldsymbol{w}_t^r$ 检索内存 r_t：

$$\boldsymbol{r}_t \leftarrow \sum_i \boldsymbol{w}_t^r(i) \boldsymbol{M}_t(i)$$

控制器将该存储器用作分类器(例如 softmax 输出层)的输入，并用作下一个控制器状态的附加输入。

对于内存的写入，我们将使用权重(usage weight)记为 $\boldsymbol{w}_t^u$，其通过衰减前一个使用的权重，并添加当前读取和写入权重来进行更新：

$$\boldsymbol{w}_t^u \leftarrow \gamma \boldsymbol{w}_{t-1}^u + \boldsymbol{w}_t^r + \boldsymbol{w}_t^w$$

其中，γ 是一个衰减参数。记符号 $m(\boldsymbol{w}_t^u, n)$ 为向量 $\boldsymbol{w}_t^u$ 的第 n 个最小元素，对于给定的时间步长，“最少使用”权重 $w_t^{(l)u}$ 为

$$\boldsymbol{w}_t^{(l)u} = \begin{cases} 0 & \boldsymbol{w}_t^u(i) > m(\boldsymbol{w}_t^u, n) \\ 1 & \text{其他} \end{cases}$$

其中，设置 n 为对内存的读取次数。利用可学习的 sigmoid 门参数，可计算写权重 $\boldsymbol{w}_t^w$：

$$\boldsymbol{w}_t^w \leftarrow \sigma(\alpha) \boldsymbol{w}_{t-1}^r + (1 - \sigma(\alpha)) \boldsymbol{w}_{t-1}^{(l)u}$$

其中，$\sigma(\cdot)$是 sigmoid 函数，且 α 为权重之间插值的门参数标量。根据写入权重，写入内存：

$$\boldsymbol{M}_t(i) \leftarrow \boldsymbol{M}_{t-1}(i) + \boldsymbol{w}_t^w(i) \boldsymbol{k}_t$$

2. 基于优化器的元学习模型

基于优化器的元学习模型设计了一种优化方案，它在只有少量样本的情况下，能高效地学习，使模型通过几个例子就能很好地学习。具体来说，它的学习是基于梯度下降的参数更新算法，采用 LSTM 作为元学习器，用它的状态更新目标分类器的参数，最终学会在新的分类任务上对分类器网络(learner)进行初始化和参数更新。

基于梯度下降的参数更新公式如下：

$$\boldsymbol{\theta}_t=\boldsymbol{\theta}_{t-1}-\alpha_t \nabla_{\boldsymbol{\theta}_{t-1}} L_t \tag{3.60}$$

其中，$\boldsymbol{\theta}_{t-1}$是 learner 在第 $t-1$ 次更新后的模型参数，α_t是学习率，L_t是损失函数，$\boldsymbol{\theta}_t$是 learner 的参数。

这个形式和 LSTM 是一样的，即

$$\boldsymbol{C}_t=\boldsymbol{f}_t * \boldsymbol{C}_{t-1}+\boldsymbol{i}_t * \widetilde{\boldsymbol{C}}_t \tag{3.61}$$

其中，单元状态$\boldsymbol{C}_t$为模型参数，$\boldsymbol{f}_t$为当前损失，$\boldsymbol{C}_{t-1}$为上一时刻的模型参数，$\boldsymbol{i}_t$是输入门参数，$\widetilde{\boldsymbol{C}}_t$为当前梯度。

对于 meta-learner 来说，其目标就是学习 LSTM 的更新规则，然后将其学到的规则应用于更新学习器的参数。元学习器模型重新定义了 $\boldsymbol{i}_t$(输入门参数)以及 $\boldsymbol{f}_t$(遗忘门参数)，具体表达式如下：

$$\boldsymbol{i}_t=\sigma(\boldsymbol{W}_I \cdot [\nabla_{\boldsymbol{\theta}_{t-1}} L_t, L_t, \boldsymbol{\theta}_{t-1}, \boldsymbol{i}_{t-1}]+\boldsymbol{b}_I) \tag{3.62}$$

$$\boldsymbol{f}_t=\sigma(\boldsymbol{W}_F \cdot [\nabla_{\boldsymbol{\theta}_{t-1}} L_t, L_t, \boldsymbol{\theta}_{t-1}, \boldsymbol{f}_{t-1}]+\boldsymbol{b}_F) \tag{3.63}$$

当 learner 陷入局部最优，需要大的改变才能逃脱，即梯度为 0 但损失很大时，我们需要忘记以前的值。需要注意的是，好的初始值能让优化快速收敛。

以训练 miniImageNet 数据集为例，如图 3.35 所示，元学习将数据集划分为训练集 D_{train}与测试集 D_{test}。

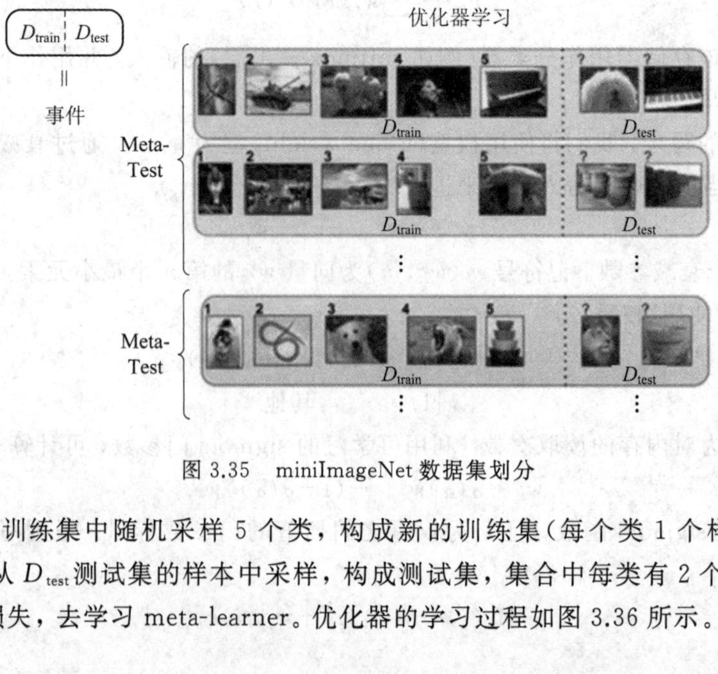

图 3.35　miniImageNet 数据集划分

从 D_{train}的训练集中随机采样 5 个类，构成新的训练集(每个类 1 个样本)，去学习 learner；然后从 D_{test}测试集的样本中采样，构成测试集，集合中每类有 2 个样本，用来获得 learner 的损失，去学习 meta-learner。优化器的学习过程如图 3.36 所示。

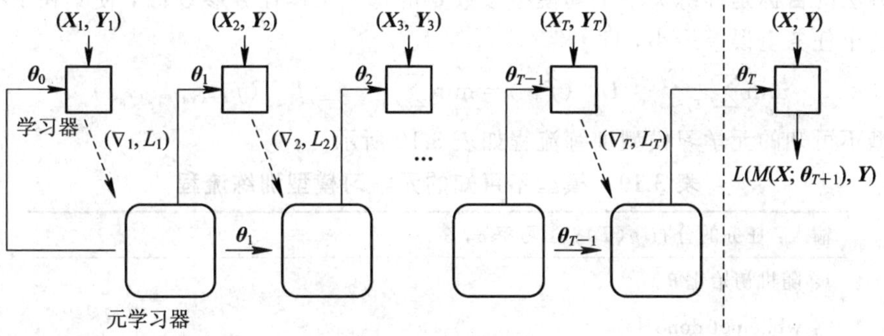

图 3.36　优化器学习

训练流程如表 3.9 所示。

表 3.9　训练流程

输入：元训练集 $D_{\text{meta-train}}$、参数为 $\boldsymbol{\theta}$ 的学习器 M、参数为 $\boldsymbol{\Theta}$ 的元学习器 R
1：$\boldsymbol{\Theta}_0 \Leftarrow$ 随机初始化
2：for $d=1$，n do
3：D_{train}，$D_{\text{test}} \Leftarrow$ 来自 $D_{\text{meta-train}}$ 的随机数据集
4：$\boldsymbol{\theta}_0 \Leftarrow \boldsymbol{C}_0$　　　　//初始化学习器参数
5：for $t=1$，T do
6：$\boldsymbol{X}_t$，$\boldsymbol{Y}_t \Leftarrow D_{\text{train}}$ 中的随机批次
7：$L_t \Leftarrow L(\boldsymbol{M}(\boldsymbol{X}_t;\ \boldsymbol{\theta}_{t-1}),\ \boldsymbol{Y}_t)$　　　　//在训练批次上获得学习器的损失
8：$\boldsymbol{C}_t \Leftarrow R(\boldsymbol{M}(\nabla_{\theta_{t-1}} L_t, L_t);\Theta_{d-1})$　　　　//使用公式(3.61)得到元学习器的输出
9：$\boldsymbol{\theta}_t \Leftarrow \boldsymbol{C}_t$　　　　//更新学习器的参数
10：end for
11：$\boldsymbol{X}$，$\boldsymbol{Y} \Leftarrow D_{\text{test}}$
12：$L_{\text{test}} \Leftarrow L(\boldsymbol{M}(\boldsymbol{X};\ \boldsymbol{\theta}_T),\ \boldsymbol{Y})$　　　　//在测试批次上获得学习器的损失
13：使用 $\nabla_{\boldsymbol{\theta}_{d-1}} L_{\text{test}}$ 更新 $\boldsymbol{\theta}_d$　　　　//更新元学习器的参数
14：end for

3. 模型无关自适应

模型无关自适应(model-agnostic)可以不用关心模型的形式，在不增加元学习新的参数的情况下，使用梯度下降方法在新的任务上对分类器参数进行微调，目标是学习到一个模型。具体来说，就是通过找到一些对任务变化敏感的参数，使得当改变梯度方向时，小的参数改动也会产生较大的损失，如图 3.37 所示。如果参数 $\boldsymbol{\theta}$ 具有敏感性，则它的微小变化也会引起损失 L 的较大变化 ∇L，从而引起下一时刻参数 $\boldsymbol{\theta}^*$ 的较大变化。

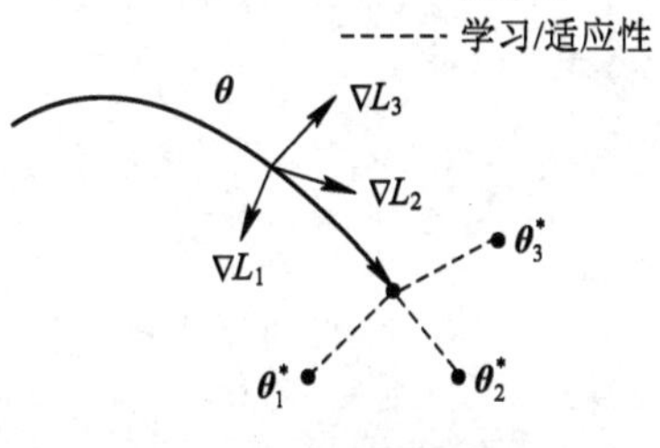

图 3.37　敏感参数变化

该方法的目标是训练关于全局模型参数 $\boldsymbol{\theta}$ 的每个采样任务参数 $\boldsymbol{\theta}'_i$，使其在从 $p(T)$ 上采样的各个任务上误差最小，即

$$\min_{\boldsymbol{\theta}} \sum_{T_i \sim p(T)} L_{T_i}(f_{\boldsymbol{\theta}'_i}) = \min_{\boldsymbol{\theta}} \sum_{T_i \sim p(T)} L_{T_i}(f_{\boldsymbol{\theta}-\alpha \nabla_{\boldsymbol{\theta}} L_{T_i}(f_{\boldsymbol{\theta}})}) \tag{3.65}$$

模型不可知的元学习模型训练流程如表 3.10 所示。

表 3.10　模型不可知的元学习模型训练流程

输入：任务的分布 $p(T)$；学习率 α，β
1：随机初始化 $\boldsymbol{\theta}$
2：while not done do
3：任务 T_i 批采样 $T_i \sim p(T)$
4：for all T_i do
5：对 K 个样本评估 $\nabla_{\boldsymbol{\theta}} L_{T_i}(f_{\boldsymbol{\theta}})$
6：用梯度下降计算更新参数：$\boldsymbol{\theta}'_i = \boldsymbol{\theta} - \alpha \nabla_{\boldsymbol{\theta}} L_{T_i}(f_{\boldsymbol{\theta}})$
7：end for
8：更新 $\boldsymbol{\theta} = \boldsymbol{\theta} - \beta \nabla_{\boldsymbol{\theta}} \sum_{T_i \sim p(T)} L_{T_i}(f_{\boldsymbol{\theta}'_i})$
9：end while

学习算法中，损失函数为平方误差或熵函数，分别如下：

$$L_{T_i}(f_{\phi}) = \sum_{\boldsymbol{x}^{(j)},\, y^{(j)} \sim T_i} \| f_{\phi}(\boldsymbol{x}^{(j)}) - f_{\phi}(y^{(j)}) \|_2^2 \tag{3.65}$$

$$L_{T_i}(f_{\phi}) = \sum_{\boldsymbol{x}^{(j)},\, y^{(j)} \sim L_i} y^{(j)} \log f_{\phi}(\boldsymbol{x}^{(j)}) + (1 - y^{(j)}) \log(1 - f_{\phi}(\boldsymbol{x}^{(j)})) \tag{3.66}$$

小样本学习已引申出 Zero-Shot/Single-Shot/One-Shot/Few-Shot/Low-Shot Learning 的研究。

习　题

1. 利用程序计算第 3.4.3 节实例中的反向传播算法。
2. 小样本学习和传统学习的主要区别是什么？

第 4 章　深度学习中的正则化

当问题的解不存在、不唯一或者不稳定时，此解的结果是否可信？这是在反演计算中必须面对的问题。解决的办法之一，是苏联 Tikonov（吉洪诺夫）等学者提出的解决线性不适定问题的正则化方法，其主要思想是将问题限定在某个较小的范围内，并以“邻近”的适应问题的解去逼近原问题的解。在机器学习中，正则化是用来减少测试误差的策略（代价可能是使训练误差增大）。主流的正则化策略主要是通过在机器学习模型中添加限制参数值的额外约束以及在目标函数中增加所需的惩罚项来实现的。在深度学习领域中，正则化形式包括参数范数惩罚（parameter norm penalties）、约束优化的范数惩罚（norm penalties as constrained optimization）、数据集扩充（dataset augmentation）、噪声稳健性（noise robustness）、半任务学习（semi-task learning）、多任务学习（multi-task learning）、参数绑定与参数共享（parameter binding and parameter sharing）、稀疏表征（sparse representations）、提前终止（early stopping）、Bagging、Dropout、对抗训练（adversarial training）、流形切线（manifold tangent）、套装和其他综合方法（bagging and other ensemble methods）。

4.1　参数范数惩罚

神经网络中的参数主要包括权重和偏置。一般情况下，参数惩罚主要是指对权重做惩罚，而对偏置则无需进行正则惩罚。

4.1.1　L_2参数正则化

L_2正则化也叫权重衰减或 Ridge 回归（岭回归），正则化的方法主要是向目标函数添加一个 L_2 范数（$\|\boldsymbol{x}\|_2=\sqrt{\boldsymbol{x}^{\mathrm{T}}\boldsymbol{x}}$）平方项，尽量让权重接近原点。$L_2$ 正则化形式如下：

$$\widetilde{J}(\boldsymbol{\theta};\ \boldsymbol{x},\ y)=J(\boldsymbol{\theta};\ \boldsymbol{x},\ y)+\frac{\alpha}{2}\|\boldsymbol{w}\|_2^2 \tag{4.1}$$

其中，$J(\boldsymbol{\theta};\ \boldsymbol{x},\ y)$是原目标函数，$\boldsymbol{x}$ 表示输入变量，y 表示输出变量，$\boldsymbol{w}$ 表示权重向量，$\boldsymbol{\theta}$ 表示将 $\boldsymbol{x}$ 映射到 y 的映射参数，α 是系数。

下面来分析一下L_2正则化能给优化过程带来什么样的效果。

假设不存在偏置参数，$\boldsymbol{\theta}$ 就是 $\boldsymbol{w}$，目标函数为

$$\widetilde{J}(\boldsymbol{w};\ \boldsymbol{x},\ y)=J(\boldsymbol{w};\ \boldsymbol{x},\ y)+\frac{\alpha}{2}\boldsymbol{w}^{\mathrm{T}}\boldsymbol{w} \tag{4.2}$$

与之对应的梯度为

$$\nabla_w\widetilde{J}(\boldsymbol{w};\ \boldsymbol{x},\ y)=\nabla_w J(\boldsymbol{w};\ \boldsymbol{x},\ y)+\alpha\boldsymbol{w} \tag{4.3}$$

如果使用单步梯度下降更新权重，可得

$$\boldsymbol{w}\leftarrow\boldsymbol{w}-\varepsilon(\alpha\boldsymbol{w}+\nabla_w J(\boldsymbol{w};\ \boldsymbol{x},\ y)) \tag{4.4}$$

即

$$w \leftarrow (1-\varepsilon\alpha)w - \varepsilon\, \nabla_w J(w;\, x,\, y) \tag{4.5}$$

其中，ε 为学习率，$0 \leqslant \varepsilon \leqslant 1$。

如果没有 L_2 正则化项，则梯度下降权重更新公式为

$$w \leftarrow w - \varepsilon\, \nabla_w J(w;\, x,\, y) \tag{4.6}$$

从式(4.5)与式(4.6)中可以看出，由于 L_2 正则项的加入，在梯度更新之前，都会收缩权重向量，这也是为什么把 L_2 正则化称为权重衰减的原因。

下面我们进一步分析这种单步权重衰减的方式会给整个训练过程带来什么样的影响。在没有 L_2 正则化的情况下，设目标函数取最小训练误差时的权重向量为 w^*，即 $w^* = \arg\min_w J(w)$。对原始目标函数 $J(w)$ 在 $w=w^*$ 邻域内作二次近似，因为 w^* 为最优解，所以目标函数 $J(w)$ 在该点的梯度为 $\mathbf{0}$，即二次近似中没有一阶项，从而有

$$J(w) \approx J(w^*) + \frac{1}{2}(w-w^*)^{\mathrm{T}} H (w-w^*) \tag{4.7}$$

其中，H 为 $w=w^*$ 时的 Hessian 矩阵。$J(w)$ 的梯度为

$$\nabla_w J(w) \approx H(w-w^*) \tag{4.8}$$

根据式(4.3)，加入正则化项的总的目标函数的梯度为

$$\nabla_w \tilde{J}(w) \approx H(w-w^*) + \alpha w \tag{4.9}$$

设加入 L_2 正则项之后的最优解为 $\tilde{w}$，则有

$$\nabla_w \tilde{J}(\tilde{w}) = H(\tilde{w}-w^*) + \alpha\, \tilde{w} = \mathbf{0} \tag{4.10}$$

即最优解的梯度为 $\mathbf{0}$，由式(4.10)解得

$$\tilde{w} = (H+\alpha I)^{-1} H w^* \tag{4.11}$$

因为 H 是实对称的，所以通过特征分解可得

$$H = Q\Lambda Q^{\mathrm{T}}$$

其中，Λ 为特征值的对角矩阵，Q 为由对应特征根的特征向量的标准正交基组成的矩阵，于是

$$\tilde{w} = (H+\alpha I)^{-1} H w^* = (Q\Lambda Q^{\mathrm{T}} + \alpha I)^{-1} Q\Lambda Q^{\mathrm{T}} w^* = Q(\Lambda+\alpha I)^{-1} \Lambda Q^{\mathrm{T}} w^*$$

即

$$\tilde{w} = Q(\Lambda+\alpha I)^{-1} \Lambda Q^{\mathrm{T}} w^* \tag{4.12}$$

从式(4.12)可以看出，权重衰减的结果其实就是优化解 w^* 沿着由 H 的特征向量所定义的轴的方向进行缩放。具体来说，就是根据因子 $B_i = \dfrac{\lambda_i}{\lambda_i+\alpha}$ 缩放与 H 的第 i 个特征向量对齐的 w^* 的第 i 个分量。

(1) 当 $\alpha=0$ 时，$B_i=1$，即不加入 L_2 正则项时，不会进行缩放。

(2) 当 $\alpha \gg \lambda_i$ 时，$B_i \approx 0$，即 α 越大，缩小的幅度越大，对应的分量 w_i^* 将会收缩到几乎为 0。

(3) 当 $\lambda_i \gg \alpha$ 时，$B_i \approx 1$，对应的分量 w_i^* 将会基本保持原来的大小。

通过以上分析可见，每个分量的缩放程度与特征值有较大关系。那么 Hessian 矩阵的特征值具有什么意义呢？矩阵的特征值其实代表着该点附近特征向量方向的凹凸性，凸性

是随着特征值的变大而变强的。你可以形象化地理解为把函数当成一个小山坡，那么陡峭的面对应大的特征值的方向，平缓的面对应着小的特征值的方向。而凸性与优化方法的收敛速度有关，如果正定 Hessian 矩阵的特征值都差不多，则凸性越强，梯度下降的收敛速度越快，反之，收敛速度则越慢。L_2正则化的加入，就是使 Hessian 矩阵的特征值分布变得平缓，以克服优化问题的病态问题，并使权重 $\boldsymbol{w}$ 的取值范围得到约束，以防止过拟合。

如图 4.1 所示，采用 L_2范数进行正则化时，权重 w_1 和 w_2 都被约束在一个 L_2球中，在理想情况下，参数可以在原优化目标函数的等高线与 L_2球的相切处(即 A 点)取得最优解，而不一定是在原优化目标函数最低点 B(最里面)的等高线取得最优解。

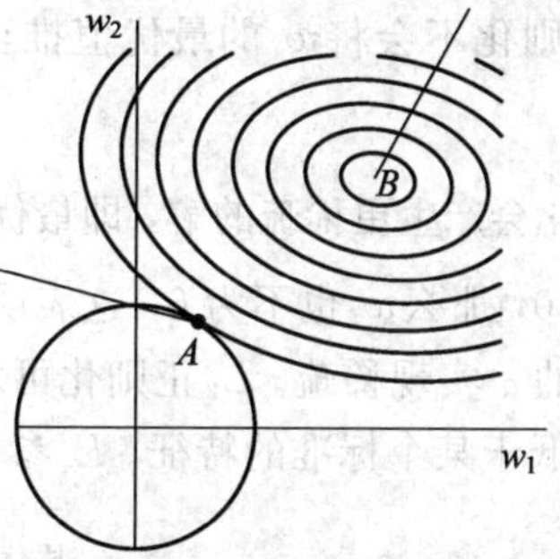

图 4.1　L_2参数正则化优化解效果

4.1.2　L_1参数正则化

L_1正则化也被称为 Lasso 回归，即在目标函数中添加一个 L_1范数($\|\boldsymbol{x}\|_1=\sum_i |x_i|$)，形式如下：

$$\widetilde{J}(\boldsymbol{\theta};\ \boldsymbol{x},\ y)=J(\boldsymbol{\theta};\ \boldsymbol{x},\ y)+\alpha\ \|\boldsymbol{w}\|_1 \tag{4.13}$$

分析 L_1正则化的效果时，其步骤与分析 L_2正则化的步骤相同。式(4.13)对应的梯度为

$$\nabla_w \widetilde{J}(\boldsymbol{\theta};\ \boldsymbol{x},\ y)=\alpha \operatorname{sign}(\boldsymbol{w})+\nabla_w J(\boldsymbol{\theta};\ \boldsymbol{x},\ y) \tag{4.14}$$

可以发现，L_1的正则化效果与 L_2正则化大不相同，L_1正则化对梯度的影响主要是通过添加一项与 sign($\boldsymbol{w}$)同号的常数来实现。这就造成了不一定能得到直接解析解。

由于 L_1惩罚项在完全一般化的 Hessian 矩阵情况下无法得到清晰的代数表达式，如果问题中的数据已被预处理(比如 PCA)，去除了输入特征之间的相关性，那么 Hessian 矩阵是对角矩阵，即 $\boldsymbol{H}=\operatorname{diag}([H_{1,1},\ \cdots,\ H_{n,n}])$，其中每个 $H_{i,j}\geqslant 0$。同式(4.7)一样对 $J(\boldsymbol{\theta};\ \boldsymbol{x},y)$进行二次泰勒展开近似，并将 L_1正则化目标函数的二次近似分解成关于参数的求和：

$$\begin{aligned}\widetilde{J}(\boldsymbol{w};\ \boldsymbol{x},\ y)&=J(\boldsymbol{w};\ \boldsymbol{x},\ y)+\alpha\ \|\boldsymbol{w}\|_1\\&\approx J(\boldsymbol{w}^*;\ \boldsymbol{x},\ y)+\frac{1}{2}(\boldsymbol{w}-\boldsymbol{w}^*)^{\mathrm{T}}\boldsymbol{H}(\boldsymbol{w}-\boldsymbol{w}^*)+\alpha\ \|\boldsymbol{w}\|_1\\&=J(\boldsymbol{w}^*;\ \boldsymbol{x},\ y)+\sum_i\left[\frac{1}{2}H_{i,i}(w_i-w_i^*)^2+\alpha\ \|\boldsymbol{w}\|_1\right]\end{aligned}$$

即

$$\tilde{J}(\boldsymbol{w};\boldsymbol{x},y)=J(\boldsymbol{w}^*;\boldsymbol{x},y)+\sum_i\left[\frac{1}{2}H_{i,i}(w_i-w_i^*)^2+\alpha\|\boldsymbol{w}\|_1\right] \tag{4.15}$$

由$\nabla_w\tilde{J}(\boldsymbol{w};\boldsymbol{x},y)=\boldsymbol{0}$，得到近似代价函数的解析解如下：

$$w_i=\text{sign}(\boldsymbol{w}^*)\max\left\{|w_i^*|-\frac{\alpha}{H_{i,i}},0\right\} \tag{4.16}$$

对每个i，考虑$w_i^*>0$的情况，会有两种可能的结果：

(1) 当$w_i^*\leqslant\frac{\alpha}{H_{i,i}}$时，正则化中$w_i$的最优值是 0。

(2) 当$w_i^*>\frac{\alpha}{H_{i,i}}$时，正则化不会将$w_i$的最优值推至 0，而是在那个方向上移动$\frac{\alpha}{H_{i,i}}$的距离。

相比L_2正则化，L_1正则化会产生更稀疏的解，即最优值中的一些参数为 0。回顾式(4.12)，在L_2正则化中，如果w_i^*不为 0，那么$\tilde{w}_i$也不为 0，这表明L_2正则化不会使参数变得稀疏，而L_1正则化有可能通过足够大的α实现稀疏。L_2正则化可对那些与多数特征不同的分量进行衰减，而L_1正则化则舍弃那些低于某个标准的特征。L_1参数正则化优化解效果如图 4.2 所示。

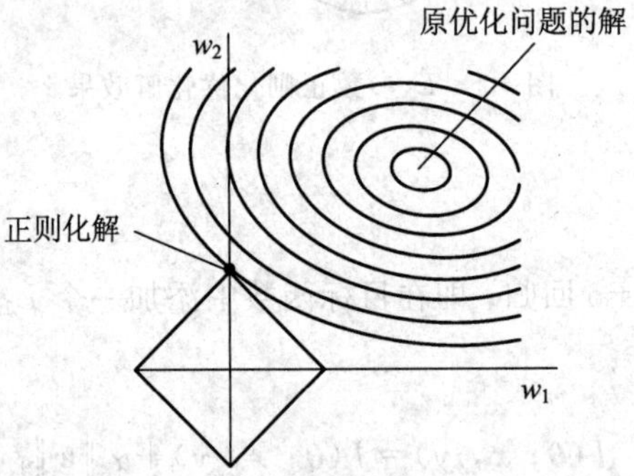

图 4.2　L_1参数正则化优化解效果(解往往在菱形顶点上)

另外，值得一提的是，由于$\|\boldsymbol{x}\|_1$在零点不可导，有人采用 SmoothL1 函数替代$\|\boldsymbol{x}\|_1$，其表达式为

$$\text{SmoothL1}(x)=\begin{cases}0.5\,x^2 & |x|<1\\ |x|-0.5 & \text{其他}\end{cases} \tag{4.17}$$

4.2　参数绑定与参数共享

现有的对参数添加约束或惩罚，是相对于固定的区域或点。L_2正则化(或权重衰减)就是对参数偏离零的固定值进行惩罚。但是有时候我们需要对模型参数之间的相关性进行惩罚，在实际的选择中，我们可能无法准确地知道应该使用哪一种参数，这就需要我们结合相关领域知识，得到模型参数之间的关联，以确定合适的参数值。

在实际的选择中，有些参数值应当彼此接近，在如下情形中，有两个都是执行相同的分类任务(具有相同类别)的模型，它们的差别仅仅在于输入分布的不同。例如，参数为

$w^{(A)}$ 的模型 A 和参数为 $w^{(B)}$ 的模型 B，它们都是将输入映射到两个不同但相关的输出：$\hat{y}^{(A)}=f(w^{(A)}, x)$，$\hat{y}^{(B)}=f(w^{(B)}, x)$。

由于任务非常相似(或许具有相似的输入和输出分布)，因此它们的模型参数也会非常接近：对于任意的 i，$w_i^{(A)}$ 应该与 $w_i^{(B)}$ 接近。这样就可以通过正则化来处理这些信息，因此可以使用如下形式的参数范数惩罚：$\Omega(w^{(A)}, w^{(B)})=\|w^{(A)}-w^{(B)}\|_2^2$。在这里我们使用 L_2 惩罚，但也可以进行其他选择。

参数范数惩罚其实就是让正则化参数相互接近的一种方式。目前主流的方法是使用强制约束，让某些参数直接相等。所谓的参数共享，就是采用正则化的方法将模型或组件定性为唯一的一组参数。与参数范数惩罚相比，参数共享的一个优点是只有参数(唯一一个集合)的子集才需要被存储在内存中，这样就可以减少某些模型所占的内存，如卷积神经网络。

4.3　稀疏表征

4.3.1　稀疏表示

稀疏表示，通俗地说，就是对信号进行拟合，使输入信号由稀疏字典中的原子进行线性组合来近似表达。

稀疏表示模型的关键点就是线性代数领域中线性方程组的欠定问题。当方程组的解有无数个时，我们最想要知道的是最稀疏的一个解，换言之，就是找出非零项个数最少的那个解。除此之外，我们还会思考此解是否具有唯一性？如何快速地找到这个解？

稀疏理论主要包含稀疏编码和字典学习。

在稀疏编码方面，待处理的信号会在满足一些约束条件的情况下，被投影到特定的稀疏域，同时需要求出所对应的稀疏系数。其中，有一些经典的算法，例如正交匹配追踪、基追踪等。

字典学习的核心在于如何才能找到最优稀疏域。基于从训练学习的过程中获得的稀疏空间，我们可以取稀疏系数的 L_0 范数来完成最小化，再通过最少的稀疏系数来最大表示信号特征。其经典算法有最优方向、K-SVD、递归最小二乘、同步码优化算法等。

1. 稀疏编码

在稀疏表示中，稀疏编码是其中一个重要的阶段。稀疏编码的主要思想是对输入的样本集进行分解，分成多个基元的线性组合，而输入样本的特征则是该基元前面的系数。在稀疏编码中，主要是利用贪婪策略和约束项优化进行估计。

从不同的角度，稀疏编码可以分成不同的类型。

(1) 根据原子的不同，稀疏编码可以分成两类：基于样本的稀疏表示和基于字典学习的稀疏表示。

(2) 根据可利用的基原子标签的不同，稀疏编码可以分成三类：监督学习、半监督学习和无监督学习。

(3) 由于稀疏约束的不同，又可以将稀疏编码分为基于结构约束的稀疏表示和基于稀疏度约束的稀疏表示。

(4) 通过分析解决和优化方法的不同，稀疏估计可以分成三类：

① 贪婪策略估计，其主要任务是解决稀疏表示的 L_0 范数优化问题，在每一次迭代的过程中寻找局部最优解。

② 约束优化策略，其核心思想是用 L_1 范数优化将不可微分的优化问题转换为一个可以微分的优化问题。

③ 邻近算法，其主要目标是将原始问题重新表示为一个特定相关的邻近算子模型，以解决优化问题。

2. 字典学习

在字典学习中，过完备字典(完备字典中原子线性相关)常常被当作稀疏表示过程中寻找特定基集合的转换函数。相较于变换域，字典学习可以根据多种信息来进行自适应基学习，还可以根据信息表示各种基。其中，字典选择是十分重要的一步，不同的图像处理任务需要选择不同的字典。例如，在图像分类任务中字典需要包含判别信息。字典学习的目的是在一个确定的度量标准下找一个优化信号空间以支持稀疏向量的分布。

字典学习主要有两种基本模型：一是稀疏和平移不变的字典学习表示；二是基于字典的结构稀疏优化。有的研究者还将字典学习分为四类：在线字典学习、联合字典学习、判断字典学习和监督字典学习。

4.3.2 稀疏模型

什么是稀疏模型呢？针对复杂的多维图像信号，需要对图像进行更好的描述，而方法就是将图像信号看成是由多个基函数(也是图像信号)进行线性组合而得的，如图 4.3 所示，其中大部分的基函数系数值为零，只有较少的系数值非零。

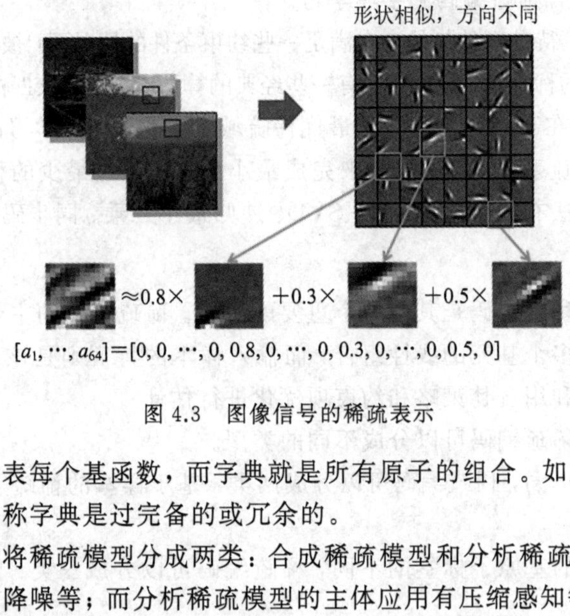

图 4.3 图像信号的稀疏表示

在这里，原子代表每个基函数，而字典就是所有原子的组合。如果字典中的原子个数比信号维数多，那么称字典是过完备的或冗余的。

在应用中，通常将稀疏模型分成两类：合成稀疏模型和分析稀疏模型。合成稀疏模型的主体应用有分析、降噪等；而分析稀疏模型的主体应用有压缩感知等。

1. 合成稀疏模型

合成稀疏模型是指信号在过完备字典下表示，大部分的表示系数比较小或接近零，只有少数元素非零。也就是说，该信号可以表达为字典中的少量基元的线性组合，且表示系数是稀疏的。对于一个给定的图像块向量化的一维信号 $\boldsymbol{x} \in \mathbf{R}^d$，它可表示为某个字典 $\boldsymbol{D}$ 中少数基元的线性组合，即

$$\boldsymbol{x}=\boldsymbol{D}\boldsymbol{b}, \text{ s.t. } \|\boldsymbol{b}\|_0=k \tag{4.18}$$

其中，$\boldsymbol{D}=[\boldsymbol{d}_1, \boldsymbol{d}_2, \cdots, \boldsymbol{d}_n] \in \mathbf{R}^{d\times n}$，$d \leqslant n$，$\boldsymbol{D}$ 的每列向量 $\boldsymbol{d}_j$ 是一个基元，线性表示系数为 $\boldsymbol{b} \in \mathbf{R}^n$，这里要求 $\|\boldsymbol{b}\|_0=k$。向量的 L_0 范数用来度量稀疏度，记作 $\|\cdot\|_0$，表示为向量中非零元素的个数。这里表示系数的稀疏度为 k。信号 $\boldsymbol{x}$ 可以由字典 $\boldsymbol{D}$ 的 k 个基元的线性组合表示。这里关心的是表示系数 $\boldsymbol{b}$ 中非零元素的个数和位置。非零元素的个数 k 定义了 $\boldsymbol{x}$ 所属子空间的维度；非零元素的位置表征了 $\boldsymbol{x}$ 所属子空间的支撑集。

2. 分析稀疏模型

分析稀疏模型是指将信号 $\boldsymbol{x}$ 向分析字典(算子)$\boldsymbol{\Omega} \in \mathbf{R}^{p\times d}$ ($p \geqslant d$)上投影，投影系数很多接近零，是近似稀疏的。换言之，利用分析字典 $\boldsymbol{\Omega}$ 乘以信号 $\boldsymbol{x}$ 得到的系数 $\boldsymbol{b}$ 是稀疏向量，用来分析信号 $\boldsymbol{x}$ 的特征。信号 $\boldsymbol{x}$ 满足：

$$\boldsymbol{b}=\boldsymbol{\Omega}\boldsymbol{x} \quad \text{s.t. } \|\boldsymbol{b}\|_0=p-l \tag{4.19}$$

这里，稀疏系数向量 $\boldsymbol{b}$ 存在 l 个零或接近零的元素。而合成模型强调的是稀疏系数的非零元素个数和位置，用来表征信号 $\boldsymbol{x}$ 所属空间维度。

4.4　提前终止

模型训练时，我们将数据集分为三个部分，即训练集、验证集、测试集。其中，训练集用来估计模型，验证集用来调整网络结构或者控制模型的参数，测试集主要用来测试最优模型的性能。当使用训练集训练模型一个阶段后，就用验证集对训练的模型进行调整，如图 4.4 所示。

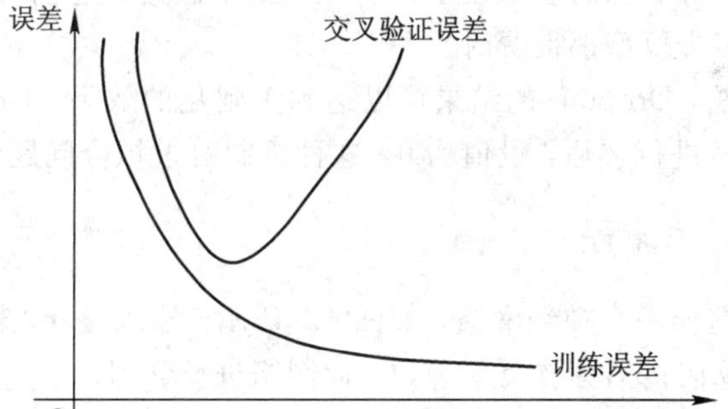

图 4.4　模型损失变化

通过模型损失变化图可知，从训练开始，模型在验证集上的误差随着训练集误差的下降而下降。当超过一定训练步数后，虽然模型在训练集上的误差在继续下降，但是模型在验证集上的误差却不再下降了。这就表明模型出现了过拟合现象。因此我们可以在验证集的误差不再下降时，提前终止所训练的模型。

提前终止策略不需要改变原有的损失函数，因此能提升执行效率，但它也有不足的地方，如需要一个额外的空间来备份一份参数。在确定训练迭代次数后，提前终止策略有两

种策略来处理训练数据：一是训练全部的训练数据，进行一定次数的迭代；二是在进行迭代训练过程中，当产生的训练误差小于提前终止策略的验证误差时，就终止训练。

4.5 Bagging

Bagging 技术主要是借助几个模型来降低泛化误差。其实现过程首先是训练几个模型，然后输出模型的表决测试样例。机器学习中作为常规策略的模型平均可以实现的一个原因在于不同的模型通常不会在测试集上产生完全相同的误差。

如果有 k 个回归模型，且第 i 个模型的误差是 ε_i，这个误差服从零均值、方差为 $E[\varepsilon_i^2]=v$ 且协方差为 $E[\varepsilon_i\varepsilon_j]=c$ 的多维正态分布。所有集成模型的平均预测的误差是 $\frac{1}{k}\sum_i \varepsilon_i$。集成预测器平方误差的期望是

$$E\left[\left(\frac{1}{k}\sum_i \varepsilon_i\right)^2\right]=\frac{1}{k^2}E\left[\sum_i\left(\varepsilon_i^2+\sum_{j\neq i}\varepsilon_i\varepsilon_j\right)\right]=\frac{1}{k}v+\frac{k-1}{k}c \tag{4.20}$$

当 $c=v$ 时，均方误差减少到 v，此时模型平均是没有作用的；当 $c=0$ 时，该集成平方误差的期望仅为 $\frac{1}{k}v$。这说明，当集成规模增大时，集成平方误差的期望会随之减小。

4.6 Dropout

当模型的训练样本太少，而模型的参数很多时，极易导致过拟合情况的发生，即训练后的函数在训练集上效果良好，它的损失函数较小，预测的准确率较高；但是在测试数据上，它的表现就很不好，损失函数比较大，预测结果较差。那么这个时候该怎么办呢？一般采用模型集成的方法，将训练的多个模型组合在一起。但是，这也可能导致时间消耗较大的问题，训练和测试多个模型都很费时。

针对过拟合的问题，Dropout 的结果可以达到正则化的效果。Dropout 在每次训练时，会把一半的特征检测器进行忽略，设值为 0，这种机制对过拟合问题收效显著。

4.6.1 Dropout 的工作流程

假设我们要训练这样一个神经网络，如图 4.5 所示。输入是 $\boldsymbol{x}$，输出是 $\boldsymbol{y}$，$\boldsymbol{x}$ 通过网络前向传播，常用误差反向传播算法更新参数，让网络进行学习。

使用 Dropout 之后，过程如下：

(1) 随机删除网络中一半的隐藏神经元，其余不变，如图 4.6 所示，图中虚线为部分临时被删除的神经元。

(2) 把输入 $\boldsymbol{x}$ 通过修改后的网络前向传播，然后把得到的损失结果通过修改的网络反向传播。

一小批训练样本执行完这个过程后，在没有被删除的神经元上按照随机梯度下降算法更新对应的参数($\boldsymbol{w}$, $\boldsymbol{b}$)。

(3) 恢复被删除的神经元(此时被删除的神经元保持原样，而没有被删除的神经元已经有所更新)。

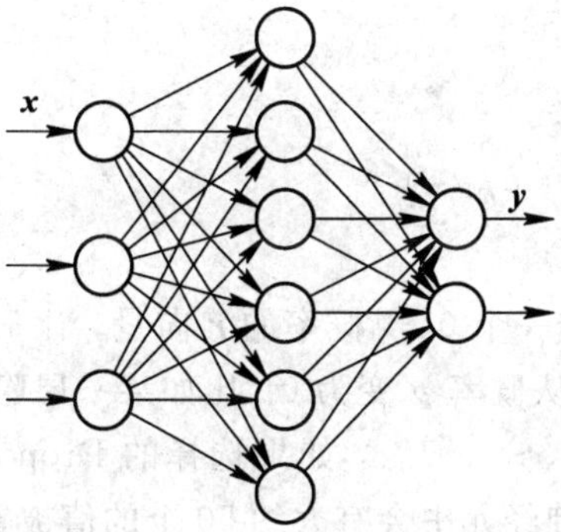

图 4.5　标准的神经网络

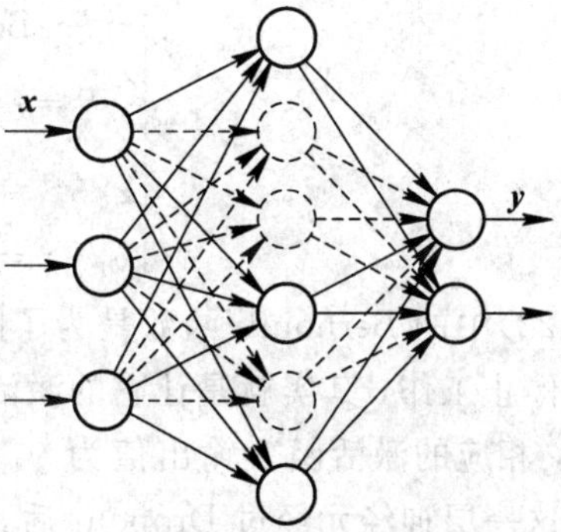

图 4.6　部分临时被删除的神经元

(4) 从隐藏层神经元中随机选择一个一半大小的子集并将其临时删除掉(备份被删除神经元的参数)。

对一小批训练样本，先前向传播然后反向传播，得到损失并根据随机梯度下降算法更新参数($\boldsymbol{w}$，$\boldsymbol{b}$)(没有被删除的那一部分参数得到更新，删除的神经元参数保持被删除前的结果)。

不断重复上述过程。

4.6.2　Dropout 在神经网络中的使用

了解了 Dropout 的工作流程之后，下面介绍 Dropout 代码层面的一些公式推导和代码实现思路。

1. 在训练模型阶段

不可避免地，在训练网络的每个单元都要添加一道概率流程，如图 4.7 所示。

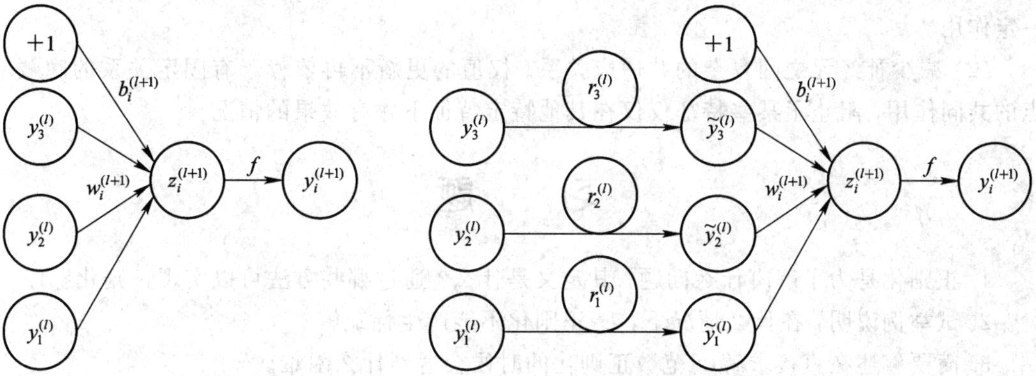

(a) 没有添加Dropout的网络　　　　(b) 添加Dropout的网络

图 4.7　Dropout 概率流程

没有 Dropout 的网络计算公式为

$$\begin{cases} z_i^{(l+1)} = w_i^{(l+1)} y_i^{(l)} + b_i^{(l+1)} \\ y_i^{(l+1)} = f(z_i^{(l+1)}) \end{cases} \tag{4.21}$$

采用 Dropout 的网络计算公式为

$$\begin{cases} r_i^{(l)} \sim \text{Bernoulli}(p) \\ \tilde{y}_i^{(l)} = r_i^{(l)} * y_i^{(l)} \\ z_i^{(l+1)} = w_i^{(l+1)} \tilde{y}_i^{(l)} + b_i^{(l+1)} \\ y_i^{(l+1)} = f(z_i^{(l+1)}) \end{cases} \tag{4.22}$$

式(4.22)中的 Bernoulli 函数是为了随机生成一个 0、1 概率的 $\boldsymbol{r}$ 向量，让某个神经元以概率 p 停止工作，其实就是让它的激活函数值从概率 p 变为 0。比如某一层隐藏神经元有 100 个，相应的激活函数输出值为 y_1、y_2、y_3、…、y_{100}，如果选择的 Dropout 比率是 0.5，那么这一层神经元经过 Dropout 后，100 个神经元中会有大约 50 个的值被置为 0。

2. 在测试模型阶段

预测模型的时候，每一个神经元的权重参数都要乘以概率 p，如图 4.8 所示。

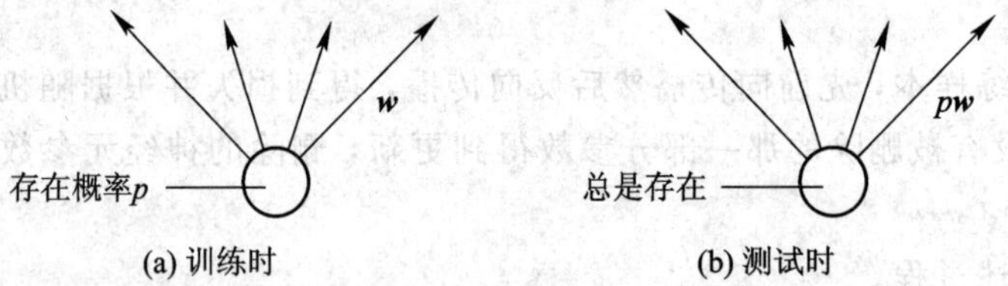

图 4.8　预测模型时 Dropout 的操作

测试阶段 Dropout 的计算公式为

$$\boldsymbol{w}_{\text{test}}^{(l)} = p\boldsymbol{w}^{(l)} \tag{4.23}$$

3. 为什么 Dropout 可以解决过拟合问题

(1) 取平均的作用。取平均的方法可以有效防止过拟合问题。不同的网络产生的过拟合会不一样，取平均的方法有时会让一些“相反的”拟合抵消，对于减小整体上的过拟合有一定作用。

(2) 减少神经元之间复杂的共适应关系。权值的更新不再依赖于有固定关系的隐藏节点的共同作用，阻止了某些特征仅仅在其他特定特征下才有效果的情况。

习　题

1. 正则化是为了解决什么问题？其定义是什么？通过哪些方法可以实现正则化？
2. 试举例说明，在什么情况下，L_1正则化不能产生稀疏解？
3. 简要叙述在直接求解L_0范数正则化的时候会遇到什么困难。
4. 简要叙述合成稀疏模型与分析稀疏模型之间的关系。
5. 压缩感知的稀疏表示模型是怎样的？
6. 什么是提前终止？该如何实现？
7. 试编程实现 Bagging。
8. 试找一个使用 Dropout 学习的实例并实现。

第 5 章　深度卷积神经网络

深度卷积神经网络(Convolutional Neural Network，CNN)是一类包含卷积计算且具有深度结构的前馈神经网络，是深度学习的代表算法之一。深度卷积神经网络具有表征学习(representation learning)能力，能够按其阶层结构对输入信息进行平移不变分类(shift-invariant classification)。深度卷积神经网络是模仿生物的视知觉(visual perception)机制构建的，可以进行监督学习和无监督学习，例如对像素和音频进行学习。对卷积神经网络的研究始于 20 世纪 80 至 90 年代，21 世纪后，随着深度学习理论的提出和数值计算设备的改进，深度卷积神经网络得到了快速发展，并被应用于计算机视觉、自然语言处理等领域。

5.1　卷积神经网络的生物机理

卷积神经网络是基于神经科学的“感受野”(receptive field)这个概念提出的。神经生理学家 David Hubel 和 Torsten Wiesel 经过对猫的视觉皮层细胞进行实验研究后，首次提出了“感受野”的概念。感受野具有局部响应的性质，该特性表明生物视觉神经系统中的神经元只对一定范围内的刺激信号产生响应。视觉皮层对于图像信息的处理就是经过这种局部感受野特性(空间局部性、空间方向性、信息选择性)来进行生物响应的，换句话说，在视网膜中只有局部区域内受到某种刺激，视觉神经元才能够被激活。为了模拟这一生物过程，卷积神经网络采用了局部连接替代全连接的方式来进行卷积层之间的权值连接。

视觉皮层中简单细胞的活动可以被看作为在一个较小的感受野范围内的图像的线性函数，而卷积神经网络中卷积层的设计，就是用来模拟这类细胞的性质和作用。与之相比，复杂细胞的作用范围则是更大的感受野，且在感知图像的时候，卷积操作实现了视觉系统的两种属性：① 平移不变性，即视觉系统对于相同的物体能够进行感知或检测，不论物体出现在图像的何种位置；② 局部性，即视觉系统能够对某个局部区域进行聚焦，而忽略图像的其他部分所发生的事情。此外，复杂细胞对于特征的微小偏移和明暗变化具有一定程度的不变性，这个不变性启发了卷积神经网络中池化单元、跨通道池化策略(如 maxout 单元)等的设计。

5.2　卷积神经网络的原理和结构

卷积神经网络通常由卷积层、池化层和全连接层构成，并采用反向传播的算法来不断优化网络参数。由于卷积神经网络中的这些结构具有局部连接、权重共享和子采样等特性，因此该网络在一定程度上具有平移、缩放和旋转不变性。卷积神经网络最初主要用来解决图像和视频的分类、识别和分割等问题，但随着深度学习技术的不断发展，该网络已被成功应用到自然语言处理、推荐系统等领域。

一个典型的用于分类的卷积神经网络结构形如图 5.1 所示，从图中可以看出，该网络包含 N 个卷积块，每个卷积块通常由卷积层和池化层组成，在所有卷积块之后再连接 k 个全连接层，最后通过 softmax 函数来计算类别的概率，得到网络想要的结果。

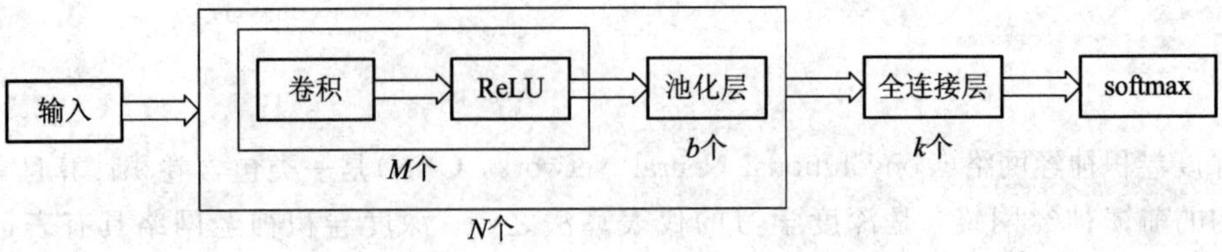

图 5.1　典型的分类卷积网络结构

5.3 卷　积　层

5.3.1　卷积

卷积(convolution)是一种通常用于信号处理或图像处理中的运算方式，最常采用的是一维卷积和二维卷积。

1. 一维卷积

一维卷积通常用来计算信号处理中信号的延迟累积。假设一个信号发生器在时刻 t 产生一个信号x_t，且经过 $k-1$ 个时间步长后信息的衰减率为w_k，即信息变为原来的w_k倍。设从 1 时刻开始，经过 m 个时刻达到时刻 t，那么在时刻 t 收到的信号y_t为当前时刻产生的信息和以前时刻延迟信息的叠加，即

$$y_t = \sum_{k=1}^{m} w_k \cdot x_{t-k+1} \tag{5.1}$$

其中，w_k被称为滤波器(filter)或卷积核(convolution kernel)。信号序列 $\boldsymbol{x}$ 和滤波器 $\boldsymbol{w}$ 的卷积定义为

$$\boldsymbol{y} = \boldsymbol{w} \otimes \boldsymbol{x} \tag{5.2}$$

其中，$\otimes$表示卷积运算。

2. 二维卷积

二维卷积通常用于数字图像处理中的特征提取，且运算得到的结果称为特征图(feature map)。实际上，可将一幅图像看作一个二维信号，因而图像 $\boldsymbol{X} \in \mathbf{R}^{M \times N}$ 被看作输入(input)，$\boldsymbol{W} \in \mathbf{R}^{m \times n}$ 则作为滤波器，且一般有 $m \ll M$，$n \ll N$，那么通过二维卷积计算得到的特征图为

$$y_{ij} = \sum_{u=1}^{m} \sum_{v=1}^{n} w_{uv} \cdot x_{i-u+1,\, j-v+1} \tag{5.3}$$

图 5.2 给出了一个二维卷积的示例，从图中我们可以看到，滤波器被翻转(flip)了 180 度，翻转后的滤波器再和输入图像的局部区域进行加权运算。

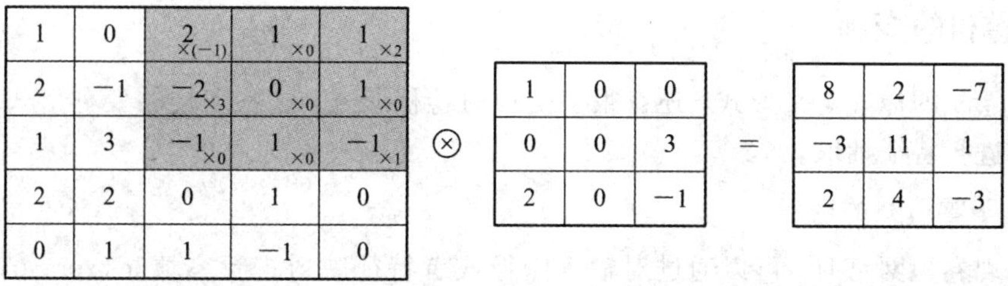

图 5.2　二维卷积示意图

在具体的实践中，许多神经网络库并不将滤波器进行翻转，而是直接将滤波器与图像进行卷积操作，这种替代方式被称为互相关函数(cross-correlation)或不翻转卷积，这样的操作可以减少一些不必要的操作或开销。互相关函数通常用来衡量两个序列的相关性，且采用滑动窗口内的点积计算方式来实现，所以，输入图像 $\boldsymbol{X}$ 和滤波器 $\boldsymbol{W}$ 之间的互相关计算式为

$$y_{ij}=\sum_{u=1}^{m}\sum_{v=1}^{n} w_{uv}\cdot x_{i+u-1,j+v-1} \tag{5.4}$$

深度神经网络中的卷积核是否翻转不影响其特征提取的性能，且在卷积网络中对卷积核进行参数学习时，卷积和互相关是等价的，所以通常用不翻转卷积来代替传统卷积操作。图 5.3 就描述了用一个互相关函数代替卷积的示例(在以后的内容中，卷积表示不翻转卷积)，假设输入图像为如图 5.3 中左侧 6×6 的矩阵，其对应的卷积核为一个 3×3 的矩阵，经过卷积操作得到一个 4×4 的特征映射图。

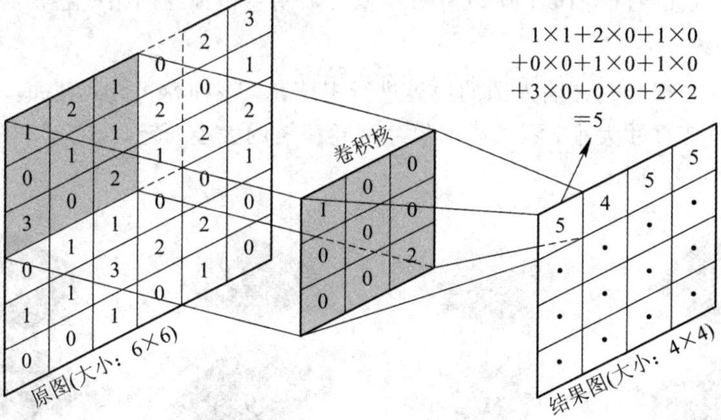

图 5.3　互相关操作

假定从图像(0，0)像素开始，此时卷积核中心像素点对应于输入图像中位于(1，1)的像素点，将卷积核中的参数与对应位置上的像素点进行相乘，然后求和，即得第一次卷积结果 1×1+2×0+1×0+0×0+1×0+1×0+3×0+0×0+2×2=5，该结果作为右侧结果图中左上角的第一个像素值。设卷积步长(stride)为 1，即卷积核每次移动一个像素位置，进行与第一次卷积相同的操作，就得到每次卷积运算的结果。卷积核从左至右自上而下地在输入图像上移动，最终得到大小为 4×4 的特征映射。

5.3.2 卷积的变种

除了卷积的标准定义形式，还有很多变种的卷积形式，这些多样的变种形式可更灵活地对图像进行特征抽取。

1. 基于零填充的卷积

在实现卷积网络时，可以通过对输入图像或者特征映射进行零填充(zero padding)操作来改变卷积核的宽度和输出的大小。基于零填充的卷积分为三种：有效(valid)卷积、相同(same)卷积和全(full)卷积。

1) 有效卷积

有效卷积是指卷积核只访问图像中能够完全包含整个核的位置，即不进行零填充操作，该种卷积方式会缩减每一层卷积输出的大小。假设输入图像的宽度为 m，卷积核的宽度为 k，则卷积操作之后输出的宽度变为 $m-k+1$，图 5.4 中的卷积运算就为有效卷积。

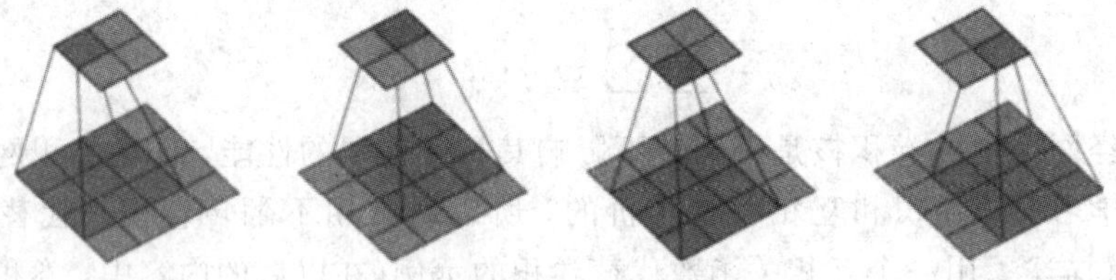

图 5.4　有效卷积

有效卷积在卷积核尺寸较大的时候，会使输出尺寸的缩减速度变得很快，因为输出尺寸太小会影响有效的特征抽取，所以有效卷积会限制卷积神经网络中卷积层的数量。

2) 相同卷积

相同卷积的实现则是在输入图的边界进行零填充，该种卷积方式使每一层的输出不因为卷积运算而改变尺寸大小，零填充的尺寸视卷积核的大小而定，如 3×3 的核只需要一圈的零填充，如图 5.5 所示。

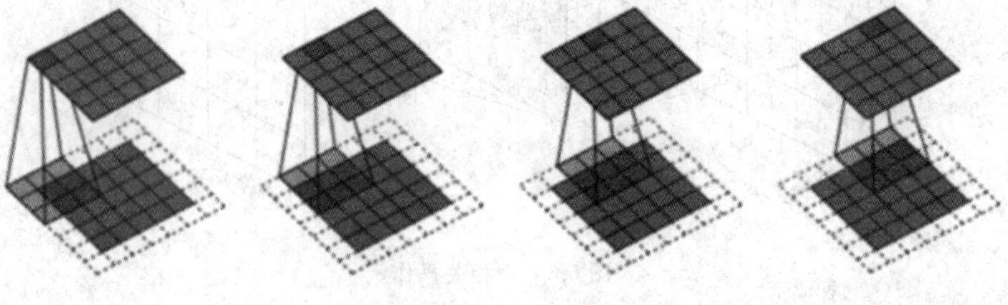

图 5.5　相同卷积

3) 全卷积

全卷积则在输入边界进行了足够多的零填充，使得每个像素在每个方向上恰巧被访问了 k 次，所以最终的输出图像宽度为 $m+k-1$。图 5.6 展示了核为 3×3 的全卷积过程。

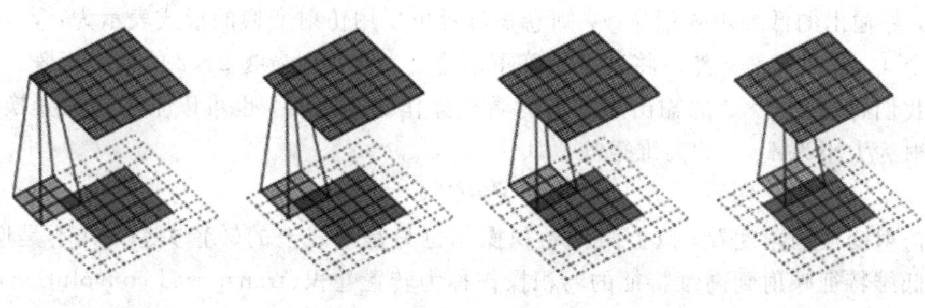

图 5.6 全卷积

2. 非共享卷积

非共享卷积(unshared convolution)，也称为局部连接层，该种卷积方式仍然采用局部连接的网络层结构，但是权重并不共享，即并不横跨位置来共享参数。

3. 平铺卷积

平铺卷积(tiled convolution)则是一种非共享卷积层和普通卷积层的折中，该种卷积形式是将一组不同的卷积核循环使用于每次的卷积操作中。具体地说，假设平铺卷积中有 t 个不同的卷积核，且卷积步长为 1，则每次在图像上移动一个像素后，就依照这组核的排列顺序循环使用不同的卷积核进行卷积运算，在遍历完 t 个卷积核之后，第一个卷积核又将参与下一次的卷积运算，如此循环，直到遍历完整个输入。所以，相隔 t 个步长倍数的输出单元之间共享卷积核参数。

4. 转置卷积

转置矩阵可以实现低维特征到高维特征的映射。假设有一个高维向量 $\boldsymbol{x}\in\mathbf{R}^d$ 和一个低维向量 $\boldsymbol{z}\in\mathbf{R}^p$，且 $p<d$，如果用仿射变换来实现高维到低维的映射，则

$$\boldsymbol{z}=\boldsymbol{W}\boldsymbol{x} \tag{5.5}$$

其中，$\boldsymbol{W}\in\mathbf{R}^{p\times d}$ 为转换矩阵。当我们想将向量从低维映射到高维时，则可以通过转置 $\boldsymbol{W}$ 来实现，即

$$\boldsymbol{x}=\boldsymbol{W}^{\mathrm{T}}\boldsymbol{z} \tag{5.6}$$

以上变换方式并不是逆运算，而是在映射形式上属于转置关系。同样的，二维卷积操作也可以用这样的仿射变换形式来表示，假设有一个大小为 4×4 的高维矩阵，通过与大小为 3×3 的卷积核进行有效卷积后，得到一个大小为 2 × 2 的输出矩阵，其具体运算过程如下：

(1) 将输入的高维矩阵从左往右、从上往下依次展开，形成一个 16 × 1 的列向量，记作 $\boldsymbol{x}$。

(2) 3×3 的卷积核可以表示成一个 4×16 的核矩阵，记作 $\boldsymbol{C}$，该核矩阵是一个稀疏矩阵，其中的非零元素来自于卷积核中的元素，即

$$\begin{pmatrix} w_{0,0} & w_{0,1} & w_{0,2} & 0 & w_{1,0} & w_{1,1} & w_{1,2} & 0 & w_{2,0} & w_{2,1} & w_{2,2} & 0 & 0 & 0 & 0 & 0 \\ 0 & w_{0,0} & w_{0,1} & w_{0,2} & 0 & w_{1,0} & w_{1,1} & w_{1,2} & 0 & w_{2,0} & w_{2,1} & w_{2,2} & 0 & 0 & 0 & 0 \\ 0 & 0 & 0 & 0 & w_{0,0} & w_{0,1} & w_{0,2} & 0 & w_{1,0} & w_{1,1} & w_{1,2} & 0 & w_{2,0} & w_{2,1} & w_{2,2} & 0 \\ 0 & 0 & 0 & 0 & 0 & w_{0,0} & w_{0,1} & w_{0,2} & 0 & w_{1,0} & w_{1,1} & w_{1,2} & 0 & w_{2,0} & w_{2,1} & w_{2,2} \end{pmatrix}$$

(3) 将输出的低维矩阵记作 $\boldsymbol{y}$，则卷积过程可以用仿射变换的形式表示为：$\boldsymbol{y}=\boldsymbol{C}\boldsymbol{x}$，即得到一个 4 ×1 的矩阵，然后将这个矩阵重新排列，就得到最终 2×2 的输出矩阵。

当我们将这个 2×2 的输出矩阵作为卷积操作的输入时，也可以采用仿射变换的形式将它映射为大小为 4×4 的高维矩阵，即

$$\boldsymbol{x}=\boldsymbol{C}^{\mathrm{T}}\boldsymbol{y} \tag{5.7}$$

从仿射变换的角度看，以上两种卷积操作也只是形式上的转置关系，并不是逆运算。我们将低维特征映射到高维特征的卷积操作称为转置卷积(transposed convolution)，也称作反卷积(deconvolution)。对上述的卷积与转置卷积过程，可以用图 5.7 表示，其中，图(a)表示步长为 1，没有零填充的二维卷积过程；图(b)表示和其对应的转置卷积，且步长为 1，零填充为 2。

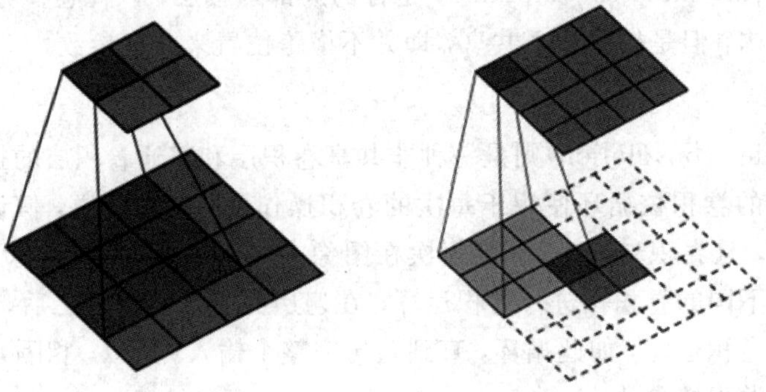

(a) 卷积，$s=1$，$p=0$　　(b) 转置卷积，$s=1$，$p=2$

图 5.7　卷积和其对应的转置卷积

在卷积网络中，卷积层的前向计算和反向传播就是一种转置关系，例如前向计算时，第 $l+1$ 层的输入通过对第 l 层进行卷积操作得到，即 $\boldsymbol{y}^{(l+1)}=\boldsymbol{W}^{(l+1)}\boldsymbol{y}^{(l)}$；反向传播时，第 l 层的误差项则通过对第 $l+1$ 层的误差项进行转置卷积得到，即 $\boldsymbol{\delta}^{(l)}=(\boldsymbol{W}^{(l+1)})^{\mathrm{T}}\boldsymbol{\delta}^{(l+1)}$。

5. 空洞卷积

空洞卷积(atrous convolution)也称作膨胀卷积(dilated convolution)，该种卷积形式在不增加参数数量的条件下，可扩大输出单元的感受野。空洞卷积通过在卷积核的内部插入“空洞”的方式来增加感受野的大小，相比于标准卷积多了一个称为膨胀率(dilation rate)的参数，记作 d，例如对于一个大小为 3×3 的标准卷积核，当 $d=2$ 时，表示将标准卷积核中两两元素之间插入 1 个空洞，则卷积核由原来的 3×3 扩大到 5×5。所以，如果在卷积核的两两元素之间插入 $d-1$ 个空洞，则卷积核的大小就变为

$$m'=m+(m-1)\times(d-1) \tag{5.8}$$

其中，m 和 m' 分别为卷积核的原始边长和膨胀之后的边长。当 $d=1$ 时卷积核为标准卷积核。图 5.8 展示了膨胀率为 2 和 3 的空洞卷积。

空洞卷积的出现主要是为了解决参数规模和感受野之间的平衡问题。在全卷积神经网络中，通常通过对特征映射进行下采样操作来增大特征提取的感受野，而这种方式会导致图像尺寸缩小，且造成精度的损失，尤其是空间信息的丢失；而采用空洞卷积不仅可以减小精度损失，还可以增大特征映射的感受野。

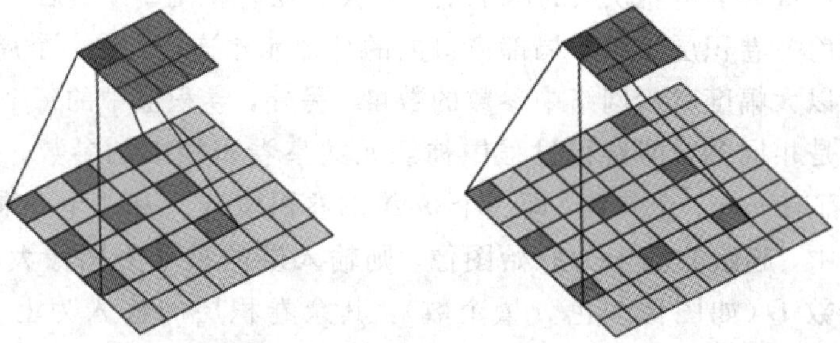

(a) $d=2$，卷积核为5×5　　　　　　　　　　(b) $d=3$，卷积核为7×7

图 5.8　空洞卷积

6. 深度可分离卷积

深度可分离卷积(depthwise separable convolution)分为两步：第一步对每个通道分别做卷积，这样在一次卷积后，得到个数与通道数量相同的特征映射；第二步用卷积核 1×1 对特征映射通道再次做卷积。如图 5.9 所示，第一步用 3 个卷积对 3 个通道分别做卷积，输出 3 个特征图，再通过一个 1×1×3 的卷积核(pointwise 核)，得到卷积结果。

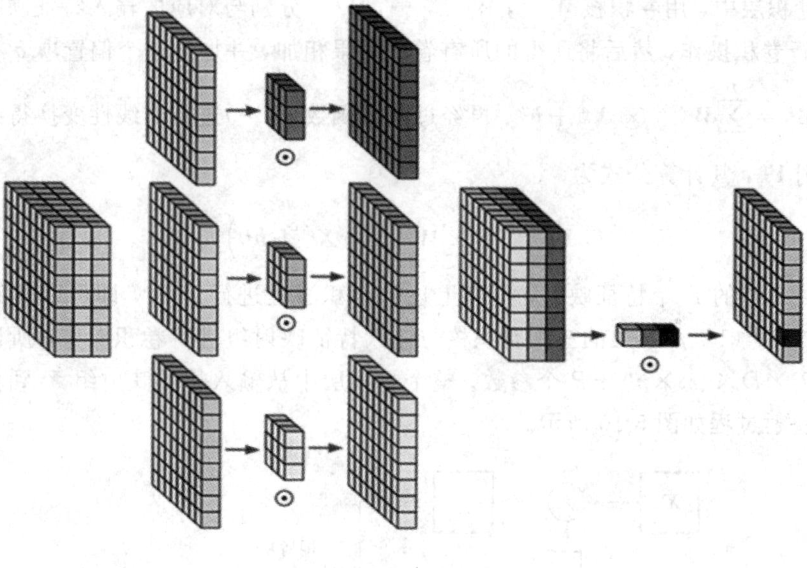

图 5.9　深度可分离卷积

5.3.3　卷积层的输出

卷积层是深度卷积神经网络中重要的组成部分之一，它最主要的作用就是通过卷积操作提取局部区域的图像特征。在每一个卷积层中，往往会有很多个卷积核，不同的卷积核相当于不同的特征提取器，通过该卷积层中的卷积操作，得到输入图像相应的特征图。为了增强卷积神经网络对于图像特征的表达能力，每个卷积层中通常会含有多个不同的特征映射，每个特征映射都可以被看作是提取出的一类图像特征。

局部连接和权重共享是卷积层的两个主要特点。在卷积网络中，后一卷积层中的每一个神经元都只和前一卷积层中某个局部窗口内的神经元相连，构成一个局部连接网络，这样的网络结构可以大幅度减少网络中参数的数量。另外，卷积层中的每个卷积核对该层中所有的神经元都是相同的，即卷积过程中神经元共享卷积核中的参数。基于以上两个特点，每个卷积层都有 $m+1$ 个参数，即一个 m 维的卷积核 $\boldsymbol{W}^{(m)}$ 和一个一维的偏置项 $\boldsymbol{b}$。

在卷积网络中，起始的输入为原始图像，则输入层的尺寸为图像大小 $M\times N$，输入通道为图像通道数 D（如图像颜色分量个数），其余卷积层的输入为上一层输出的特征映射组，且输入大小为特征映射大小，深度为特征映射的个数 P。一个卷积层的结构通常如下：

(1) 输入特征映射组：$\boldsymbol{X}\in\mathbf{R}^{M\times N\times D}$ 为三维张量(tensor)，其中每个输入特征映射用一个切片(slice)矩阵 $\boldsymbol{X}^d\in\mathbf{R}^{M\times N}$ 表示，$1\leqslant d\leqslant D$。

(2) 输出特征映射组：$\boldsymbol{Y}\in R^{M'\times N'\times P}$ 为三维张量，其中每个输出特征映射用一个切片矩阵 $\boldsymbol{Y}^p\in\mathbf{R}^{M'\times N'}$ 表示，$1\leqslant p\leqslant P$，M' 和 N' 与 M 和 N 是否一致取决于具体的卷积方式，例如有效卷积会使 M' 和 N' 变小。

(3) 卷积核：$\boldsymbol{W}\in\mathbf{R}^{m\times n\times D\times P}$ 为四维张量，其中每个二维卷积核用一个切片矩阵 $\boldsymbol{W}^{p,d}\in\mathbf{R}^{m\times n}$ 表示，$1\leqslant d\leqslant D$，$1\leqslant p\leqslant P$。

在该卷积层中，用卷积核 $\boldsymbol{W}^{p,1}$，$\boldsymbol{W}^{p,2}$，…，$\boldsymbol{W}^{p,D}$ 分别与对应的输入特征映射 $\boldsymbol{X}^1$，$\boldsymbol{X}^2$，…，$\boldsymbol{X}^D$ 进行卷积操作，然后将所得的所有卷积结果相加，并加上一个偏置项 $\boldsymbol{b}$ 得到卷积层的净输出 $\boldsymbol{Z}^p=\sum_{d=1}^{D}\boldsymbol{W}^{p,d}\otimes\boldsymbol{X}^d+\boldsymbol{b}^p$，再经过激活函数 $f(\cdot)$ 进行非线性变换得到最终的输出特征映射 $\boldsymbol{Y}^p$，其计算公式为

$$\boldsymbol{Y}^p=f\left(\sum_{d=1}^{D}\boldsymbol{W}^{p,d}\otimes\boldsymbol{X}^d+\boldsymbol{b}^p\right)\tag{5.9}$$

要得到最终的 P 个特征映射，则将上述的卷积过程进行 P 次，即可以理解为采用 P 个 $\boldsymbol{W}^p\in\mathbf{R}^{m\times n\times D}$ ($1\leqslant p\leqslant P$) 的三维卷积核与输入特征映射组进行卷积操作，所以该卷积层一共需要 $P\times D\times(m\times n)+P$ 个参数。整个卷积层中从输入特征映射组 $\boldsymbol{X}$ 到输出特征映射组 $\boldsymbol{Y}$ 的映射过程如图 5.10 所示。

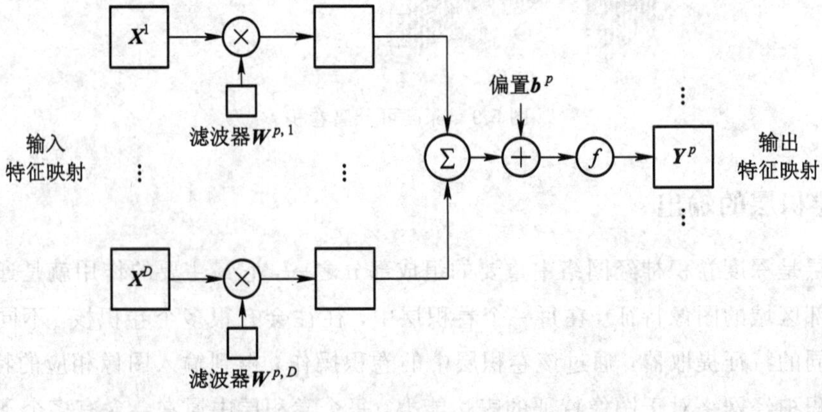

图 5.10　卷积层的映射操作

5.4 池化层

池化层(pooling layer)是一种降采样(down sampling)操作，也称作子采样层(subsampling layer)，其作用是对输出的特征映射进行特征选择，降低特征维度，从而减少网络中的参数数量，避免网络出现过拟合的问题。

1. 池化操作

常用的池化操作有最大池化(max pooling)和平均池化(average pooling)，分别指取子区域$\boldsymbol{D}_{m,n}^{p}$中神经元的最大值和所有神经元的平均值。

典型的池化操作是将每个输入特征映射划分为大小为 2×2 的不重叠子区域，然后采用最大池化的方式进行下采样操作，将特征映射的大小缩减为原来的一半，图 5.11 给出了一个进行这种池化操作的示例。另外，这种池化可以看作是一个特殊的卷积，其卷积核大小为 $m \times m$，步长为 m，卷积核为 max 函数或者 mean 函数。在进行池化操作时，需要注意划分的子区域的大小，如果过大地进行下采样，特征映射中的神经元数量会急剧减少，会造成信息的过多损失。

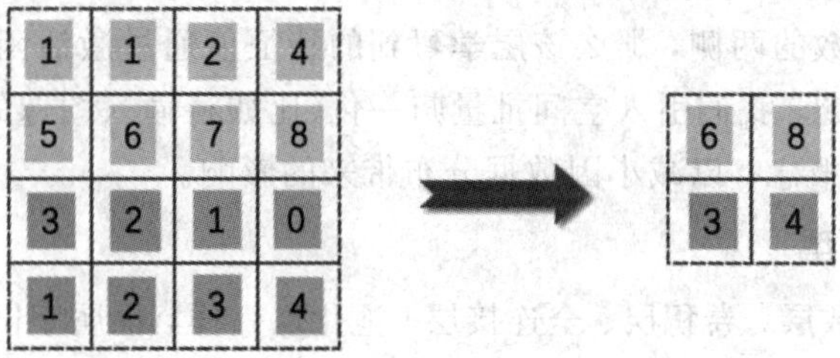

图 5.11　2×2 的最大池化操作

2. 池化层

池化层通常在卷积层之后，仍然假设经过卷积层操作后的某一个输出特征映射组为 $\boldsymbol{Y} \in \mathbf{R}^{M' \times N' \times P}$，对于其中每一个切片矩阵 $\boldsymbol{Y}^{p}$ 而言，将它划分为很多可以重叠或者不重叠且大小为 $m' \times n'$ 的子区域 $\boldsymbol{D}_{m,n}^{p}$，其中 $1 \leqslant m' \leqslant M'$，$1 \leqslant n' \leqslant N'$；然后对每个 $\boldsymbol{D}_{m,n}^{p}$ 进行池化操作，即下采样操作得到一个值，作为这个区域的概括，最终得到经过池化操作之后的特征映射 $\boldsymbol{D}^{p} = \{\boldsymbol{D}_{m,n}^{p}\}$。

3. 池化层的作用

池化层的设计模仿了人类视觉系统对视觉输入对象进行降维(降采样)和抽象的过程，在深度卷积神经网络中，池化层的作用通常有以下三点：

(1) 特征不变性(feature invariant)。池化操作使网络模型更加关注是否存在某些特征，而不是特征所在的空间位置，使特征学习在一定程度上能容忍特征的微小位移。

(2) 特征降维。池化操作的降采样作用，使输入的特征映射在空间范围内进行了维度约减(spatially dimension reduction)，让最终的一个元素对应原输入数据的一个子区域，从而使网络模型可以抽取更加广泛的特征。同时也大大减少了下一层输入的参数数量，减少了网络模型训练的开销。

(3) 防止过拟合。池化操作在一定程度上可以防止过拟合(overfitting)。

5.5 非线性映射层

非线性映射(non-linearity mapping)层又被称作激活函数(activation function)层，其引入的目的是为了更有效地表征或挖掘数据中的高层语义特性、增强卷积神经网络的非线性刻画能力。sigmoid 函数和 ReLU 函数是深度卷积神经网络目前应用最为广泛的激活函数。此外，通过对 ReLU 函数进行改进所获得的激活函数，其性能更佳。

5.6 空间批量归一化

1. 批量归一化(Batch Normalization，BN)的提出

在深度卷积神经网络中，通常是批量读入数据后再进行训练，即网络一次性输入多个样本。实际上，低层网络在训练的时候更新了参数，引起了后面层输入数据分布的变化，而该变化会对网络中提取的特征产生负面影响。例如，网络中间某一层提取的特征映射分布在 sigmoid 激活函数的两侧，那么该层学习到的特征值通过激活函数作用后的区分度很小。为了解决这个问题，我们引入空间批量归一化(比如将输入图像的像素值除以 255，将其归到 0～1 之间)的概念，以减小因数据分布带来的影响。

2. 批量归一化模型

BN 层与激活函数层、卷积层、全连接层、池化层一样，也属于网络的一层。在网络的每一层输入的时候，可先插入一个归一化层，然后再进入网络的下一层。如图 5.12 所示。

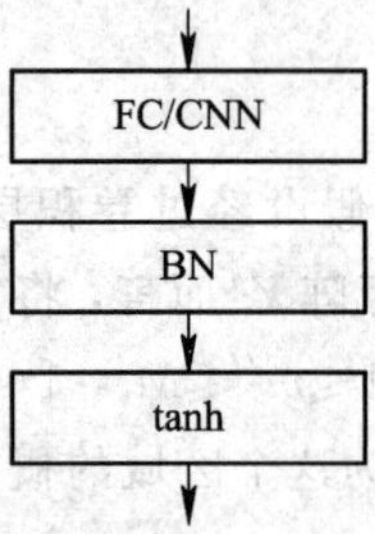

图 5.12　插入了一个归一化层

对于具有 d 维输入的 $\boldsymbol{x}=(\boldsymbol{x}^{(1)}, \boldsymbol{x}^{(2)}, \cdots, \boldsymbol{x}^{(d)})$，我们将每个维度进行规范化：

$$\hat{\boldsymbol{x}}^{(k)}=\frac{\boldsymbol{x}^{(k)}-E[\boldsymbol{x}^{(k)}]}{\sqrt{\mathrm{Var}[\boldsymbol{x}^{(k)}]}}$$

这样简单的归一化会影响到本层网络所表示的特征，即这一层网络所学习到的特征分布可能被破坏，于是需要变换重构，引入可学习参数 $\boldsymbol{\gamma}$ 与 $\boldsymbol{\beta}$：

$$\boldsymbol{\gamma}^{(k)}=\sqrt{\mathrm{Var}[\boldsymbol{x}^{(k)}]}$$

$$\boldsymbol{\beta}^{(k)}=E[\boldsymbol{x}^{(k)}]$$

重构出 $\boldsymbol{y}$ 的第 k 个分量：

$$\boldsymbol{y}^{(k)}=\boldsymbol{\gamma}^{(k)}\hat{\boldsymbol{x}}^{(k)}+\boldsymbol{\beta}^{(k)}$$

BN 网络层的前向传导过程如下：

输入：$\boldsymbol{x}$ 的小批量 $B=\{\boldsymbol{x}_1, \boldsymbol{x}_2, \cdots, \boldsymbol{x}_m\}$；

输出：$\boldsymbol{y}_i=\mathrm{BN}_{\boldsymbol{\gamma},\boldsymbol{\beta}}(\boldsymbol{x}_i)$；

(1) 计算均值(min-batch mean)：$\boldsymbol{\mu}_B=\dfrac{1}{m}\sum\limits_{i=1}^{m}\boldsymbol{x}_i$；

(2) 计算方差(min-batch variance)：$\sigma_B^2=\dfrac{1}{m}\sum\limits_{i=1}^{m}\|\boldsymbol{x}_i-\boldsymbol{\mu}_B\|^2$；

(3) 规范化(normalize)：$\hat{\boldsymbol{x}}_i=\dfrac{\boldsymbol{x}_i-\boldsymbol{\mu}_B}{\sqrt{\sigma_B^2+\varepsilon}}$；

(4) 缩放和移动(scale and shift)：$\boldsymbol{y}_i=\boldsymbol{\gamma}\hat{\boldsymbol{x}}_i+\boldsymbol{\beta}$。

在网络测试时，BN 的计算模型如下：

对于上一层的输入 $\boldsymbol{x}$，计算归一化：

$$\hat{\boldsymbol{x}}=\frac{\boldsymbol{x}-E[\boldsymbol{x}]}{\sqrt{\mathrm{Var}[\boldsymbol{x}]+\varepsilon}}$$

其中，均值 $E[\boldsymbol{x}]$和方差 $\mathrm{Var}[\boldsymbol{x}]$ 是针对整个数据集而言的，而不只是针对某一个 batch。因此，在训练过程中，我们还要记录每一个 batch 的均值和方差，以计算整体的均值和方差：

$$E[\boldsymbol{x}]=E[\boldsymbol{\mu}_B]$$

$$\mathrm{Var}[\boldsymbol{x}]=\frac{m}{m-1}E[\sigma_B^2]$$

最后，BN 的输出为

$$\boldsymbol{y}=\frac{\boldsymbol{\gamma}}{\sqrt{\mathrm{Var}[\boldsymbol{x}]+\varepsilon}}\boldsymbol{x}+\left(\boldsymbol{\beta}-\frac{\boldsymbol{\gamma}E[\boldsymbol{x}]}{\sqrt{\mathrm{Var}[\boldsymbol{x}]+\varepsilon}}\right)$$

BN 可以作用于一个神经网络的任何神经元上。

3. BN 在 CNN 中的使用

前面介绍的 BN 操作，其归一化操作的对象是一个神经元，而非一整层网络的神经元。那么在 CNN 中，我们怎么进行处理呢？假如某一层卷积层有 10 个特征图，每个特征图的大小是 320×320，这样就相当于这一层网络有 10×320×320 个神经元，如果直接采用 BN，就会有 10×320×320 个参数 $\boldsymbol{\gamma}$、$\boldsymbol{\beta}$，这样运算量非常大。因此卷积层上的 BN 操作选择类似权值共享的策略，将一整张特征图视为一个神经元进行处理。

对于卷积神经网络的某一层特征图，如果 min-batch 的批量大小为 m，那么网络中该层输入数据可以表示为四维张量 $\boldsymbol{R}^{m\times f\times p\times q}$，$f$ 为特征图个数，p、q 分别为特征图的宽和高。我们可以把每个特征图看成是一个特征处理(一个神经元)，因此在使用 BN 时，mini-batch 的大小就是 $m\times p\times q$，于是对于每个特征图都只有一对可学习参数 $\boldsymbol{\gamma}$ 与 $\boldsymbol{\beta}$。经过 BN 归一化处理后，该特征图由原来的 $\boldsymbol{z}=g(\boldsymbol{Wu}+\boldsymbol{b})$形式变为 $\boldsymbol{z}=g(\mathrm{BN}(\boldsymbol{Wu}))$，此处偏置 $\boldsymbol{b}$ 的作用已被偏移 $\boldsymbol{\beta}$ 替代。

4. BN 的优点

(1) 可使网络中每层输入数据的分布相对稳定，加速模型学习速度。BN 使输入数据的均值与方差都在一定范围内，使后一层网络不必不断去适应底层网络中输入的变化，有利于提高整个神经网络的学习速度。

(2) 可使模型对网络中的参数不那么敏感，使网络学习更加稳定。同时，网络训练的稳定受权重初始化方法(例如 Xavier)或者学习率超参数的影响极小，使得网络训练过程更加稳定。

(3) 可缓解梯度消失问题。BN 处理后，可以让输入数据落在激活函数梯度非饱和区，缓解梯度消失的问题。

(4) BN 具有一定的正则化效果。

除了批量归一化，人们还提出了层归一化(Layer Normalization，LN)、实例归一化(Instance Normalization，IN)、组归一化(Group Normalization，GN)与自适应归一化(Adaptive Normalization，AN)等方法。其中，AN 将 BN、LN、IN 等进行结合，赋予权重，让网络自己去学习归一化层应该使用什么方法，其训练复杂。

5.7 全连接层

全连接层(fully connected layers)可以视为整个卷积神经网络中的“分类器”。卷积层、池化层和激活函数等操作是将原始数据映射到隐层特征空间，而全连接层的作用是将学习到的特征表示映射到样本的标记空间。一个网络中，可包含多个全连接层，如图 5.13 所示。

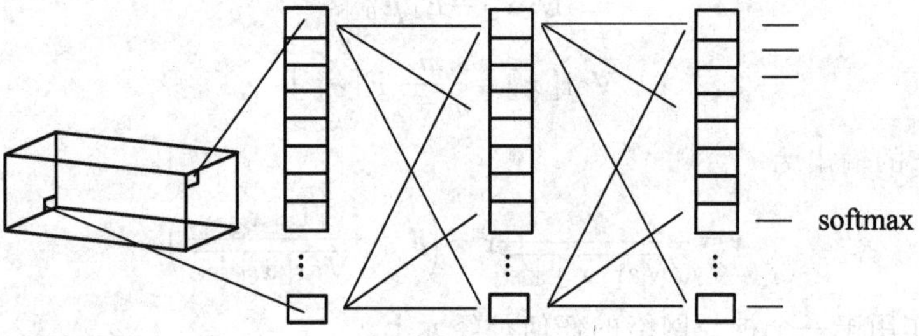

图 5.13　网络含有多个全连接层

在实际使用中，常常利用张量卷积来实现全连接层。对前层是卷积层的全连接而言，可以用尺寸为 $h\times w$ 的卷积核进行全局卷积，其中 h 和 w 分别对应前层的高和宽。以经典的 VGG-16 网络模型为例，对于 $224\times224\times3$ 的输入图像，最后一层卷积层的输出特征映射大小为 $7\times7\times512$，则可以用卷积核为 $7\times7\times512\times4096$ 的全局卷积来得到含有 4096 个神经元的全连接层。

5.8 典型的卷积神经网络

5.8.1 LeNet-5 网络

LeNet-5 网络是一个基于卷积神经网络的经典分类模型，根据该模型开发的手写数字识别系统可以识别支票上面的手写数字，该系统在 20 世纪 90 年代广泛应用于美国的多家银行，其网络结构如图 5.14 所示。

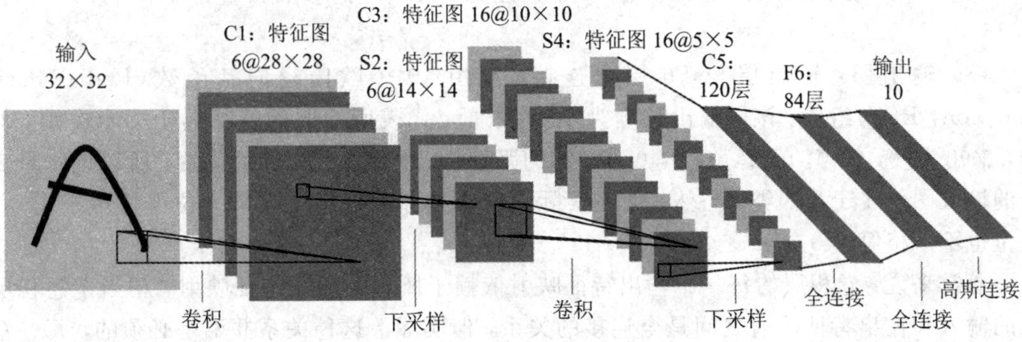

图 5.14　LeNet-5 网络结构

整个网络(不含输入层)共有 7 层，每一层的结构如下：

(1) 输入层：输入图像的大小为 32×32，不对输入图像进行零填充。

(2) C1 层：该层为卷积层，将输入图像和 6 个 5×5 的卷积核进行卷积运算后，得到 6 个大小为 28×28 的特征映射。所以该层的神经元数量为 28×28×6=4704 个，需要训练的参数数量为 6×25+6=156 个。

(3) S2 层：该层为池化层，采样窗口为 2×2，使用最大池化对特征映射进行下采样操作，并使用一个非线性函数对输出进行映射。该层的神经元数量为 6×14×14=1176 个，且需要训练的参数数量为 6×(1+1)=12 个。

(4) C3 层：该层为卷积层，LeNet-5 中用一个连接表来定义输入和输出特征映射之间的依赖关系，该表表示 C3 层中每个特征图都是由 S2 层中所有 6 个或者其中几个特征映射进行加权组合得到的，如图 5.15 所示。该层共使用 60 个 5×5 的滤波器，得到 16 组大小为 10×10 的特征映射。该层的神经元数量为 16×10×10=1600 个，需要训练的参数数量为 60×25+16=1516 个。

	0	1	2	3	4	5	6	7	8	9	10	11	12	13	14	15
0	X				X	X	X			X	X	X	X		X	X
1	X	X				X	X	X			X	X	X	X		X
2	X	X	X				X	X	X			X		X	X	X
3		X	X	X			X	X	X	X			X		X	X
4			X	X	X			X	X	X	X		X	X		X
5				X	X	X			X	X	X	X		X	X	X

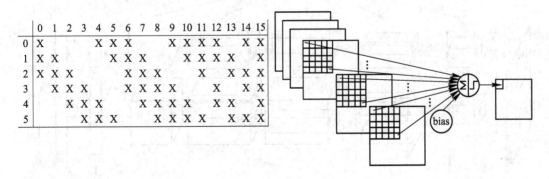

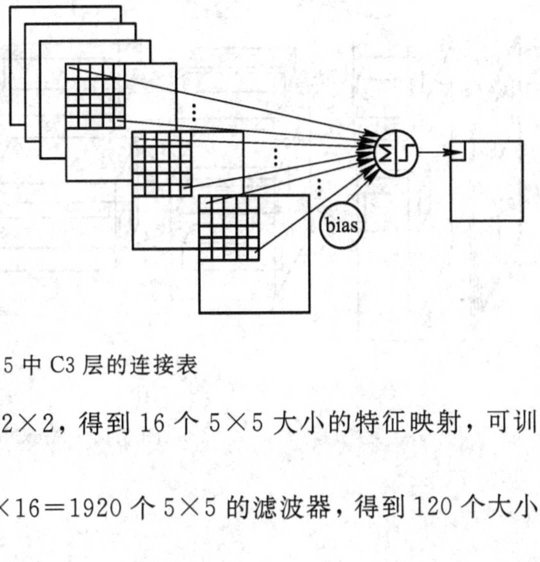

图 5.15　LeNet-5 中 C3 层的连接表

(5) S4 层：该层是池化层，采样窗口为 2×2，得到 16 个 5×5 大小的特征映射，可训练的参数数量为 16×2=32 个。

(6) C5 层：该层是全连接层，使用 120×16=1920 个 5×5 的滤波器，得到 120 个大小为 1×1 的特征映射。该层的神经元数量为 120 个，需要训练的参数数量为 1920×25＋120＝48 120 个。

(7) F6 层：该层是全连接层，有 84 个神经元，可训练的参数数量为 84×(120＋1)＝10 164 个。

(8) 输出层：输出层与 F6 层全连接，且由 10 个欧氏径向基函数（Radial Basis Function，RBF)组成。该层输出长度为 10 的张量，代表所抽取的特征属于哪个类别，例如，输出为[0，0，0，0，1，0，0，0，0，0]的张量，1 处在索引为 4 的位置，所以该张量表征的输入图像属于第四类。当然，网络实际输出不是那么理想地在某一位严格等于 1，其他位也不严格等于 0。

通常来说，卷积层的每一个输出特征映射依赖于所有的输入特征映射，相当于卷积层中的输入和输出特征映射之间是全连接的关系，但实际上这种关系并不是必须的，每一个输出特征映射可以只依赖于一部分输入特征映射，所以可以用一个连接表 T 来描述输入和输出特征映射之间的依赖关系。在 LeNet－5 中，连接表的设定如图 5.15 所示，其中第一列表示 S2 层的 6 个特征映射(图)，第一行表示 C3 层的 16 个输出特征映射，且图中的 X 表示输出特征映射与输入特征映射存在依赖关系。从图中可以看出，C3 层的第 0～5 个特征映射依赖于 S2 层的特征映射组的每 3 个连续子集，第 6～11 个特征映射依赖于 S2 层的特征映射组的每 4 个连续子集，第 12～14 个特征映射依赖于 S2 层的特征映射的每 4 个不连续子集，第 15 个特征映射依赖于 S2 层的所有特征映射。

5.8.2　AlexNet 网络

2012 年提出的 AlexNet 网络是一个经典的深度卷积网络模型，它第一次将许多现代深度卷积网络的技术方法进行应用，采用了层叠的卷积层，即卷积层＋卷积层＋池化层来提取图像的特征，利用 GPU 进行并行训练，以 ReLU 作为非线性激活函数，引入 Dropout 防止过拟合，进行数据增强以提高模型准确率。AlexNet 网络的结构如图 5.16 所示。

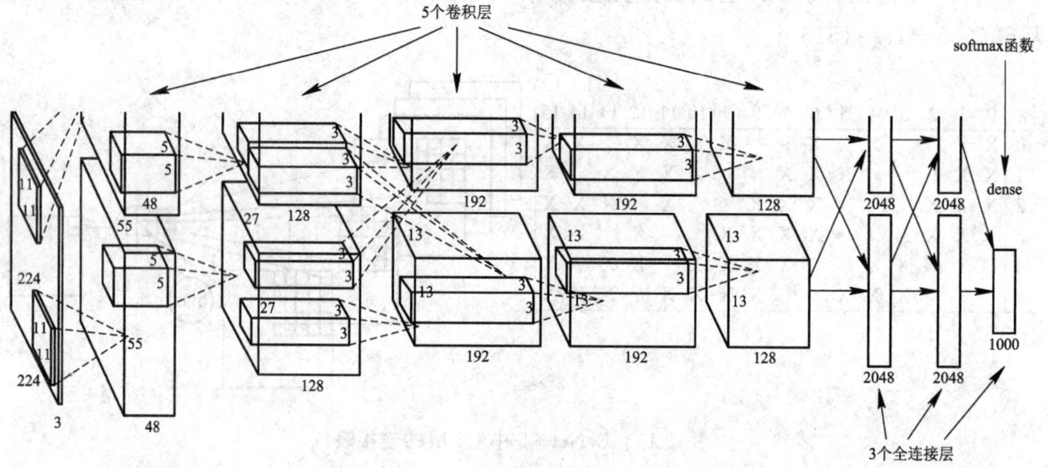

图 5.16　AlexNet 网络的结构

1. AlexNet 的数据增强

(1) 随机裁剪：在 256×256 的图像中提取 5 个 224×224 的子块，再做镜像(水平翻转)，一张生成 10 张。

(2) 对 RGB 空间做 PCA(主成分分析)，然后对主成分做一个(0, 0.1)的高斯扰动，即对颜色、光照做变换，结果使错误率又下降了 1%。

2. AlexNet 局部归一化

AlexNet 局部归一化与 BN 操作不同，其初衷是在 ReLU 激活函数作用之前，归一化输入神经元，以确保至少一些训练样本对 ReLU 产生了正输入。

设$a_{x,y}^{i}$表示通道 i 对神经元位置(x, y)的激活，其归一化激活为

$$b_{x,y}^{i}=\frac{a_{x,y}^{i}}{\left(k+\alpha\sum_{j=\max\left(0,\,i-\frac{n}{2}\right)}^{\max\left(N-1,\,i+\frac{n}{2}\right)}\left(a_{x,y}^{j}\right)\right)^{\beta}} \tag{5.10}$$

其中，N 是卷积核的个数，即生成的特征图的个数；k、n、α、β 是超参数，取值为 $k=2$，$n=5$，$\alpha=10^{-4}$，$\beta=0.75$。由式(5.10)可以看出，归一化叠加的方向是沿着通道进行的。

3. 网络结构参数

AlexNet 网络由于其 60M 个参数超过了当时单个 GPU 的内存限制而无法全部放在一张显卡上进行训练操作，因此 AlexNet 网络的提出者 Alex Krizhevshy 采用了两张显卡分开操作的形式，即将该网络拆分为两个部分，分别放在两个 GPU 上，且在中间某些层上出现交互通信，该交互操作就是两个部分的映射特征进行通道的合并，是一种串接操作。

如图 5.16 所示，AlexNet 网络的具体结构及参数如下：

(1) 输入层：输入图像的大小为 224×224×3。

(2) 第一个卷积层：对两个网络分支分别使用 11×11×3×48 的卷积核，步长 $s=4$，零填充 $p=3$，特征映射宽度为(224－11＋1＋2×3)/4＝55，得到两个 55×55×48 的特征映射组。

(3) 第一个池化层：分别对上层中得到的两个映射特征组进行降采样操作，使用大小为 3×3 的最大池化操作，步长 $s=2$(重叠池化)，特征映射宽度为(55－3)/2＋1＝27，得到两个 27×27×48 的特征映射组。

(4) 第二个卷积层：对两个网络分支分别使用 5×5×48×128 的卷积核，步长 $s=1$，零填充 $p=2$，得到两个 27×27×128 的特征映射组。

(5) 第二个池化层：分别对上层中得到的两个特征映射组进行降采样操作，使用大小为 3×3 的最大池化操作，步长 $s=2$，得到两个 13×13 ×128 的特征映射组。

(6) 第三个卷积层：为两个网络分支的融合，先将上层中得到的两个特征映射组进行合并，得到一个 13×13×256 的特征映射组，然后使用一个 3×3×256×384 的卷积核，步长 $s=1$，零填充 $p=1$，再将得到的 13×13×384 的特征映射组分成两个 13×13×192 的特征映射组。

(7) 第四个卷积层：对两个网络分支分别使用 3×3×192×192 的卷积核，步长 $s=1$，零填充 $p=1$，得到两个 13×13×192 的特征映射组。

(8) 第五个卷积层：对两个网络分支分别使用 3×3×192×128 的卷积核，步长 $s=1$，零填充 $p=1$，得到两个 13×13×128 的特征映射组。

(9) 第三个池化层：对上层中得到的两个特征映射组分别进行降采样操作，使用大小

为 3×3 的最大池化操作，步长 $s=2$，得到两个 6×6×128 的特征映射组。

（10）三个全连接层：神经元数量分别为 4096、4096 和 1000。其中，第一个全连接层是先将两个分支的特征映射合并后再使用 6×6×256×4096 卷积核卷积得到；第二个和第三个全连接层与传统的全连接方式一样，只不过最后一个全连接层通过 softmax 作用将神经元的输出变成概率的形式，再根据概率的大小来确定输入到底是属于哪一类。

4. AlexNet 网络的改进

在 AlexNet 网络的基础上，学者们又进一步对此作出了改进，得到了经典的 VGG 网络结构。VGG 包括 VGG16 与 VGG19，两者主要的不同之处在于深度的不同。VGG16 由 13 个卷积层＋3 个全连接层叠加而成，如图 5.17(a)所示。

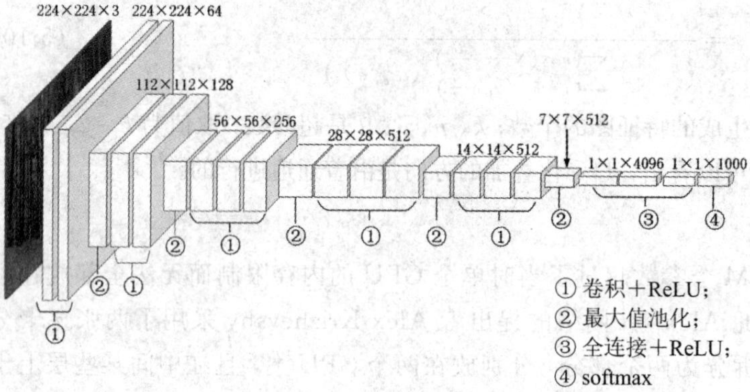

(a) VGG16网络

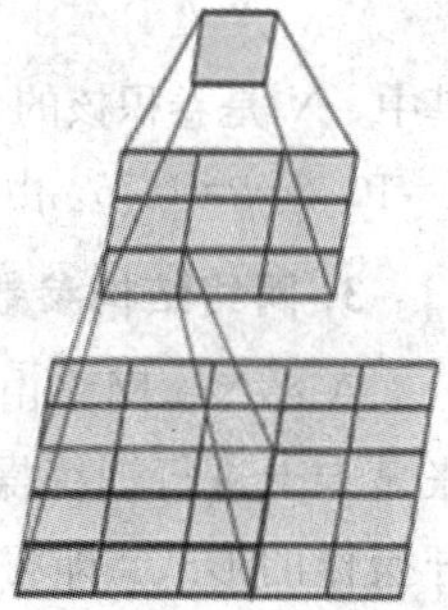

(b) 两个3×3的卷积核

图 5.17　VGG 结构

VGG16 主要采用连续的几个 3×3 的卷积核代替 AlexNet 网络中较大的卷积核（如 11×11、5×5 等）。具体地，VGG 使用了三个 3×3 的卷积核来替代 7×7 的卷积核，使用了两个 3×3 的卷积核来替代 5×5 的卷积核（图 5.17(b)所示），这样做的目的是，在保证具有相同感受野的条件下，通过提升网络的深度来增强网络学习更复杂模式的能力，同时进一步减少网络需要训练的参数数量。尽管如此，VGG16 卷积核权重和全连接层权重共计有 138 357 544 个参数(138M)，如此之大的参数量，使训练时间过长，调参难度大，且需要的存储容量大，其权重值文件的大小多达五百多 MB，不利于嵌入式系统的部署。

5.8.3　Inception 网络

在深度卷积神经网络中，如果一味地通过增加卷积层的深度来改变网络结构，就会存在一些问题，例如参数过多，会出现过拟合现象，使计算复杂度增加、梯度越往后越容易消失等。针对这些问题，设想在基本的特征单元上做出一些优化，再通过优化后的特征提取模块对网络进行构建，最后根据最终的识别效果判断操作是否有利。由此，Inception 模型出现了。

在传统的卷积层中，通常只用单一尺寸的卷积核进行特征抽取，但在 Inception 网络中，一个卷积层则包含多个不同大小的卷积操作，这样的卷积层被称作 Inception 模块。Inception 网络是通过多个 Inception 模块和少量的池化层堆叠后形成的。

1. Inception v1

图 5.18 展示的是 Inception v1 版本的模块，该版本采用了 4 组平行的特征提取方式，分别使用了 1×1、3×3、5×5 等不同大小的卷积核。在卷积操作之前，Inception 模块先对输入进行一次 1×1 的卷积，其目的是为了减少特征映射的深度，从而提高计算效率，减少训练参数。最后，将不同尺寸的卷积核抽取得到的特征映射在深度上堆叠连接(concatenate)起来，作为该层最终的输出特征映射组。

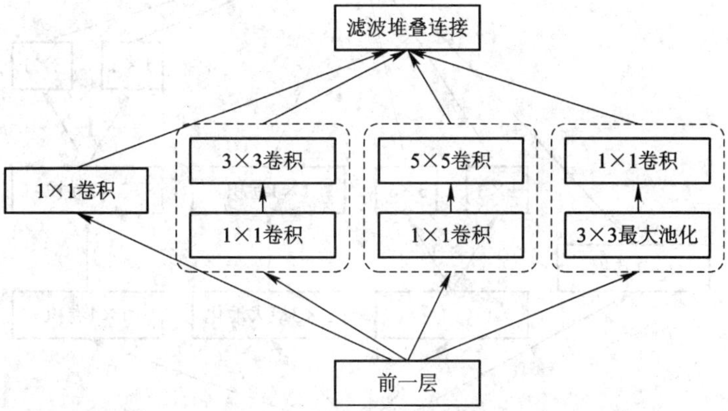

图 5.18　Inception v1 的模块结构

经典的 GoogLeNet 网络就是采用 Inception v1 版本堆叠而成的，它共有 22 层网络，其中包括 9 个 Inception v1 模块和 5 个池化层以及其他一些卷积层和全连接层。采取这样的特征提取模块，每一层网络都可以提取不同尺寸的特征，单层的特征提取能力增强。另外，GoogLeNet 为了加强监督信息，还在网络中间层引入了 2 个辅助分类器。

2. Inception v2

在 Inception v1 基础上还有很多改进的版本。Inception v2 模型同样采用了平行的特征提取方式，但是学习了 VGG 模型的思想，采用两个 3×3 的卷积层替代了 Inception v1 模块中 5×5 的卷积操作，既保持了感受野范围，又降低了参数数量，如图 5.19 所示。

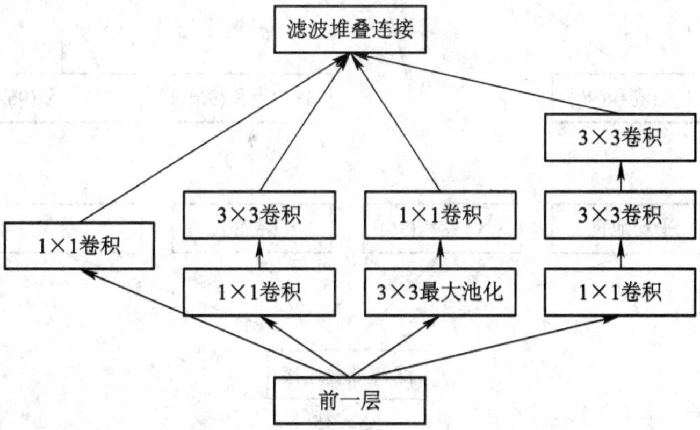

图 5.19　Inception v2 的模块结构

3. Inception v3

Inception v3 网络(如图 5.20 所示)也具有代表性，该网络选择多层的小卷积核来取代大的卷积核，除了采用两个 3×3 的卷积层替代 5×5 的卷积操作，还使用连续的 n×1 和 1×n 来替换 n×n 的卷积，以减少计算量和参数量，并保持感受野不变。

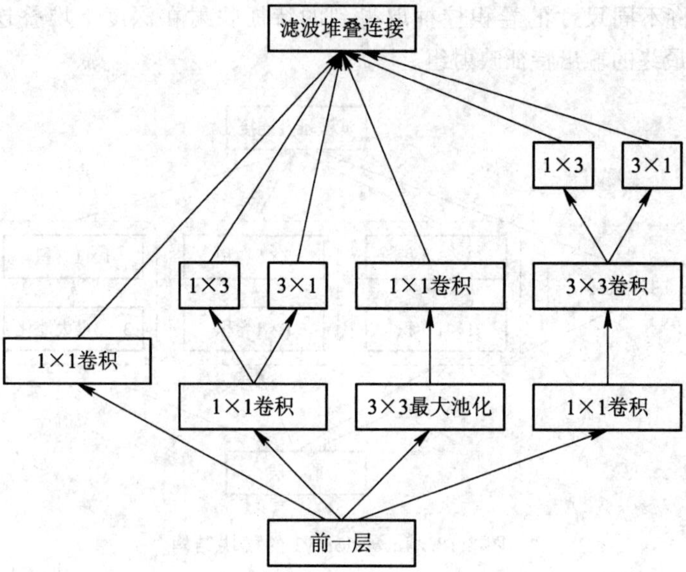

图 5.20 Inception v3 的模块结构

4. Inception v4

Inception v4 有三个基本模块，如图 5.21 所示。

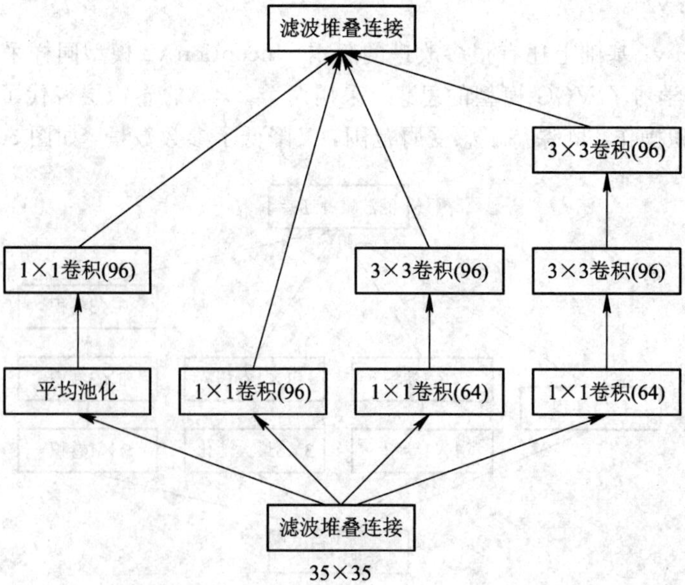

(a)

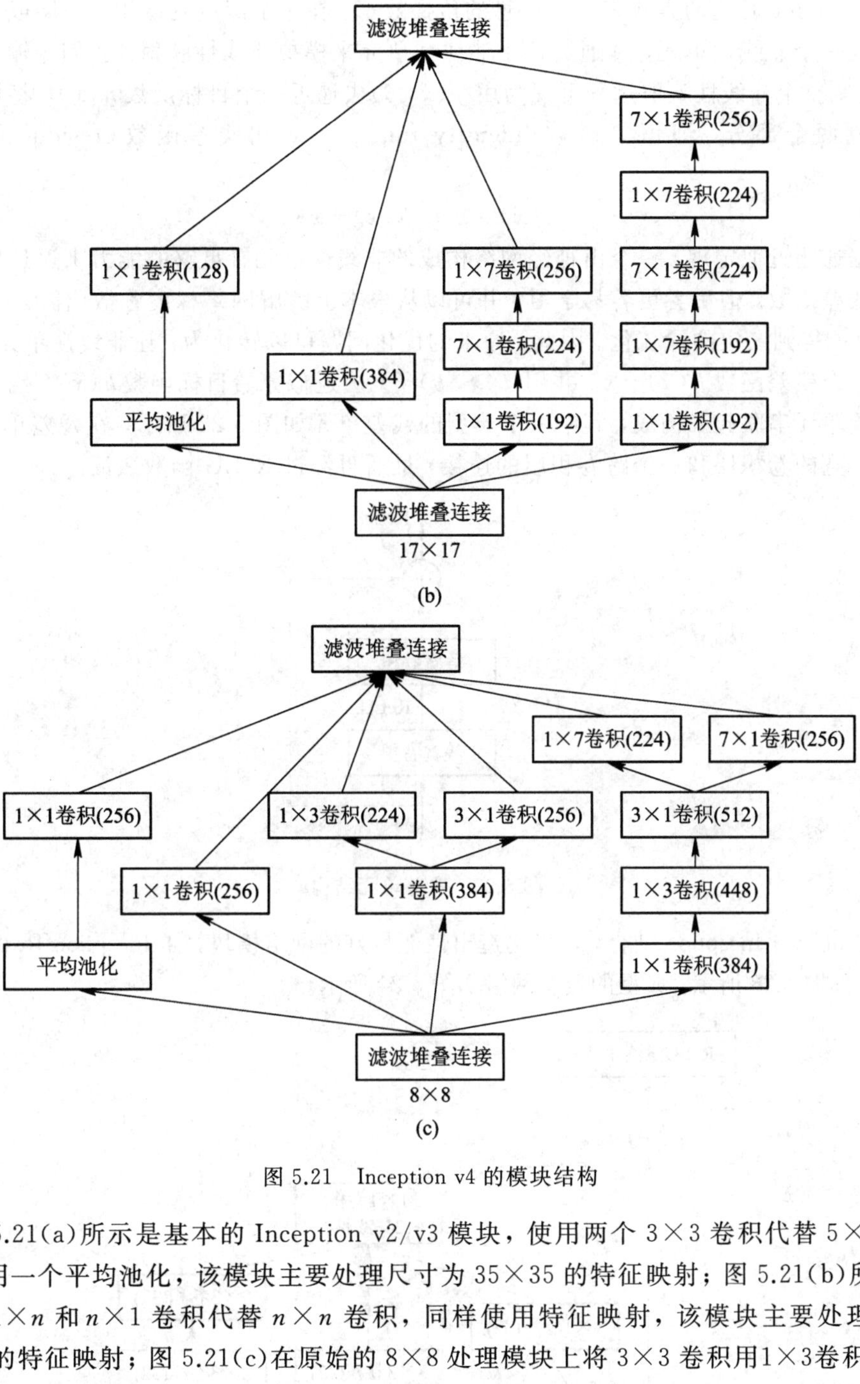

图 5.21　Inception v4 的模块结构

图 5.21(a)所示是基本的 Inception v2/v3 模块，使用两个 3×3 卷积代替 5×5 卷积，并且使用一个平均池化，该模块主要处理尺寸为 35×35 的特征映射；图 5.21(b)所示的模块使用 $1\times n$ 和 $n\times 1$ 卷积代替 $n\times n$ 卷积，同样使用特征映射，该模块主要处理尺寸为 17×17 的特征映射；图 5.21(c)在原始的 8×8 处理模块上将 3×3 卷积用1×3卷积和 3×1 卷积代替。

总的说来，Inception v4 中基本的 Inception 模块(module)还是沿袭了 Inception v2/v3 的结构，只是结构看起来更加简洁统一，并且使用更多的 Inception 模块，实验效果也更好。

5.8.4　ResNet 网络

ResNet(Residual Network)网络即残差网络，是通过给非线性的卷积层增加直连

(shortcut connect)边的方式来提高信息的传播效率。在一个深度网络中，一层或多层的卷积层构成一个非线性单元，并通过这个非线性单元来模拟非线性映射。我们令输入映射特征为 $\boldsymbol{x}$，则整个非线性映射过程可视为用 $f(\boldsymbol{x}, \theta)$去逼近一个目标函数 $h(\boldsymbol{x})$，将该目标函数拆分成两个部分，即恒等函数(identity function) $\boldsymbol{x}$ 和残差函数(residue function) $h(\boldsymbol{x})-\boldsymbol{x}$，则

$$h(\boldsymbol{x})=\boldsymbol{x}+(h(\boldsymbol{x})-\boldsymbol{x}) \tag{5.11}$$

根据通用近似定理，一个由神经网络构成的非线性单元有足够的能力来逼近原始目标函数或残差函数，但后者更容易学习，并可以从根本上缓解网络梯度弥散(梯度消失)的问题，同时能得到一定的稀疏化。因此，原来的优化问题可以转化为：让非线性单元 $f(\boldsymbol{x},\theta)$去逼近一个残差函数 $h(\boldsymbol{x})-\boldsymbol{x}$，并用 $f(\boldsymbol{x}, \theta)+\boldsymbol{x}$ 去近似原始目标函数 $h(\boldsymbol{x})$。残差网络由多个残差单元串联起来构成，其中一个典型的残差单元如图 5.22 所示，在残差单元中，包含多个等宽的卷积层和一个跨卷积层的连接，最后再经过 ReLU 函数激活。

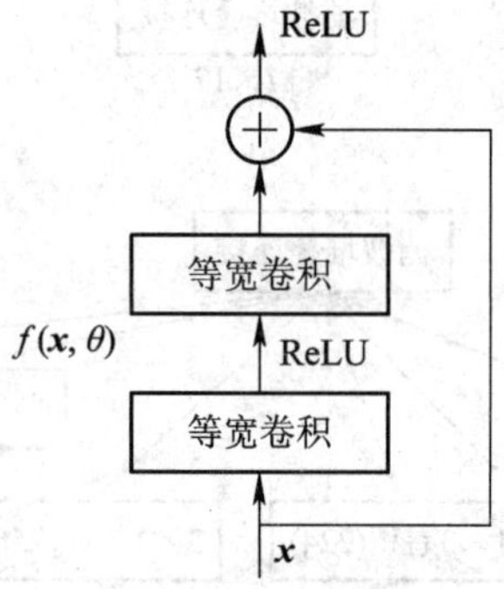

图 5.22　残差单元结构

残差机制与 Inception 结合，可以构造出性能良好的网络模块，如 Inception-ResNet-v1 网络模块，如图 5.23 所示。典型的残差网络如图 5.24 所示。

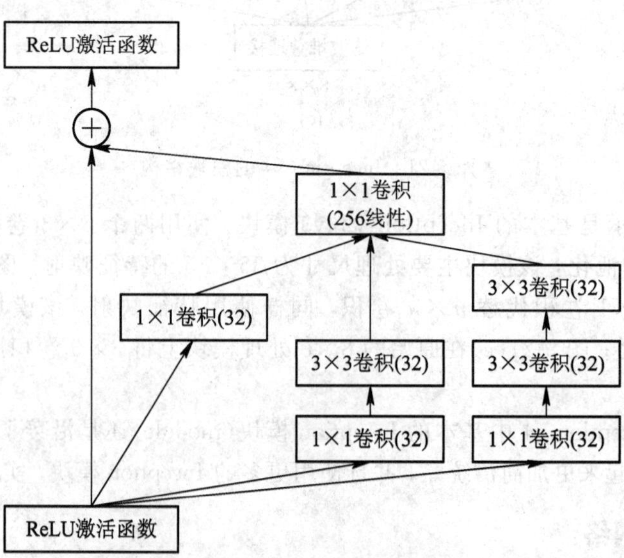

图 5.23　Inception-ResNet-v1 网络模块

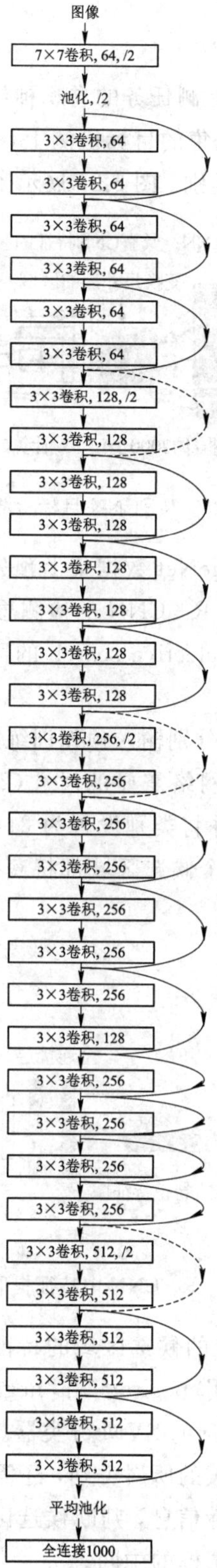

图 5.24　典型的残差网络

5.8.5 R-CNN 网络

R-CNN 网络是一个用于目标检测任务的卷积神经网络，它尝试将 AlexNet 在图像分类上的能力迁移到 Pascal VOC 数据集的目标检测上，其目的是在图像中找到目标对象的具体位置，并识别出该对象所属的类别。图 5.25 展示了 R-CNN 的目标检测过程。

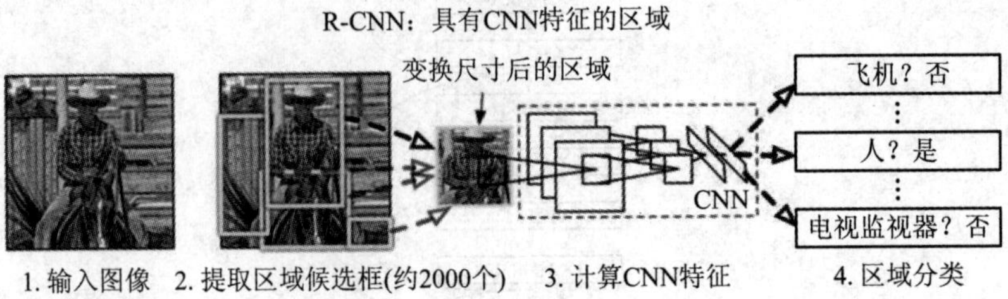

图 5.25　R-CNN 目标检测过程

R-CNN 利用 AlexNet 在 ImageNet 数据集上预先训练好的权重，来对目标检测网络中的权重参数进行微调。具体来说，R-CNN 的检测思路是：

(1) 给定一张图像，使用基于 selective search 的区域生成算法从图中选出 2000 个独立的候选区域(region proposal)。

(2) 将得到的 2000 个候选区域分别输入预先训练好的 AlexNet 网络中进行特征提取。其中，候选区域的大小需要变换到网络需要的尺寸(227×227)，且需要去掉预训练好的 AlexNet 网络中最后的全连接层，并将类别设置为 21(其中，1 个类代表背景，另外 20 个类表示不同目标类别)。最终，每一个候选区域都将获得一个 4096×21 的高维特征。特征提取的过程可由图 5.26 表示。

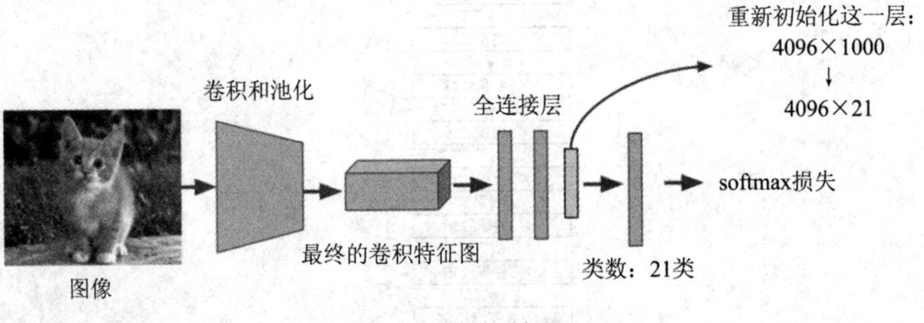

图 5.26　R-CNN 中特征提取的过程

(3) 用 SVM 分类器对上面提取的候选区域的特征进行分类训练，训练好的分类器可以判断候选框里的物体的类别，且用“positive”和“negative”分别表示“是”和“不是”正确的类别。图 5.27 所示是一个可以识别狗的 SVM 分类器。

(4) 除了可以判断每个候选区域的所属类别，还需要训练一个线性回归模型来获取候选框的正确位置，并根据边框的坐标信息，判断候选区域框里的目标是否完整，即目标大小是否合适，或者目标是否处于候选框的中间。

虽然 R-CNN 模型在目标检测任务中取得了不错的成绩，但其存在选取候选区域耗时、训练步骤繁琐、特征提取不足等缺点。为了克服这些问题，Fast R－CNN 和 Faster R－CNN 提出了更精巧的构建模型，用 CNN 同时实现了类别判断和边框回归，不再需要额外的特征存储，大幅提升了目标检测的效率。

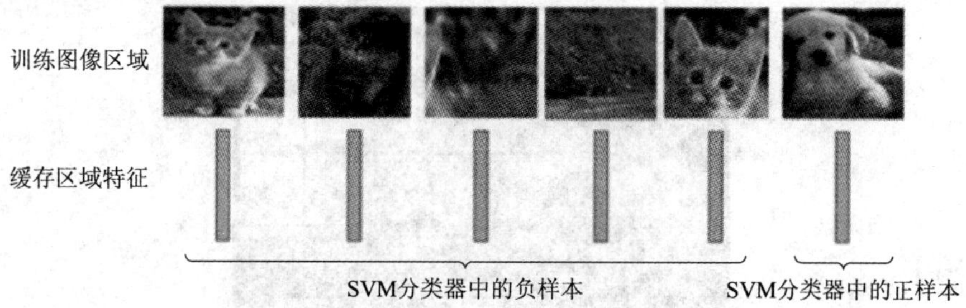

图 5.27　可以用于识别狗的 SVM 分类器

5.8.6　YOLO 网络

YOLO 网络也是一种用于目标检测任务的卷积神经网络，与 R－CNN 系列不同的是，它不再将物体分类问题和回归预测物体位置问题分成两个部分求解，而是将物体检测作为回归问题进行整体求解，采用一种 end-to-end 的方式完成从原始图像的输入到物体位置和类别的输出。YOLO 网络包括 24 个卷积层和 2 个全连接层，如图 5.28 所示。

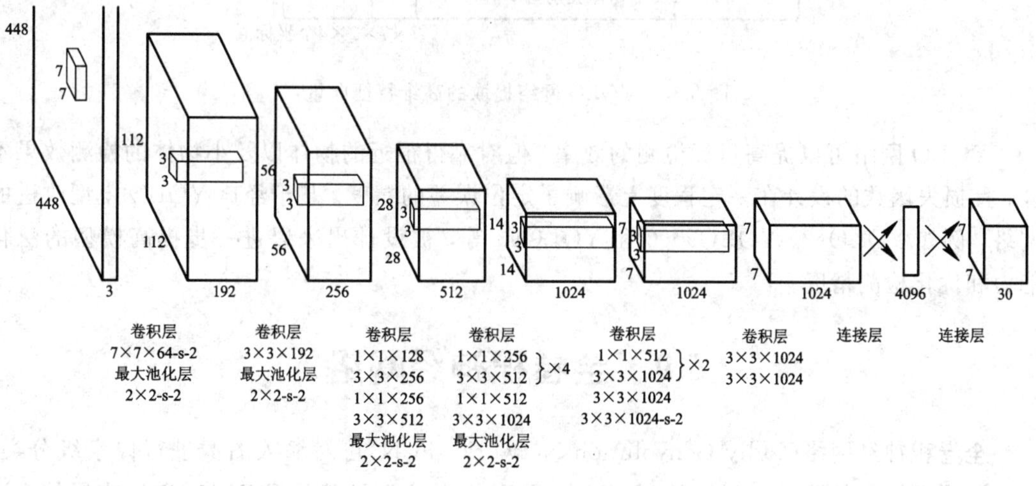

图 5.28　YOLO 检测网络

该网络中的卷积层用于提取输入图像的特征，全连接层则用来预测图像位置和类别概率。YOLO 将输入图像分成 $S\times S$ 个格子，如果某个目标的中心位置处于某个格子中，则这个格子用于预测该目标，如图 5.29 所示。每个格子要预测 B 个边框，每个边框包括坐标 (x, y, w, h) 和置信度 confidence 在内的 5 个数据值。其中 x 和 y 表示当前格子预测得到的物体边框的中心位置的坐标，w 和 h 分别表示该边框的宽度和高度，confidence 则反映该预测得到的物体位置的准确性。另外，每个格子要预测一个类别信息，记为 C 类，则 YOLO 网络中的全连接层得到的最终输出是一个维度为 $S\times S\times(5\times B+C)$ 的高维向量

(图 5.30 所示)。YOLO 使用该特征向量与真实图像对应的 $S \times S \times (5\times B+C)$ 维向量之间的均方和误差作为损失函数来优化模型参数，且通过给不同类型的误差分配不同的权重来修正原始的损失函数。

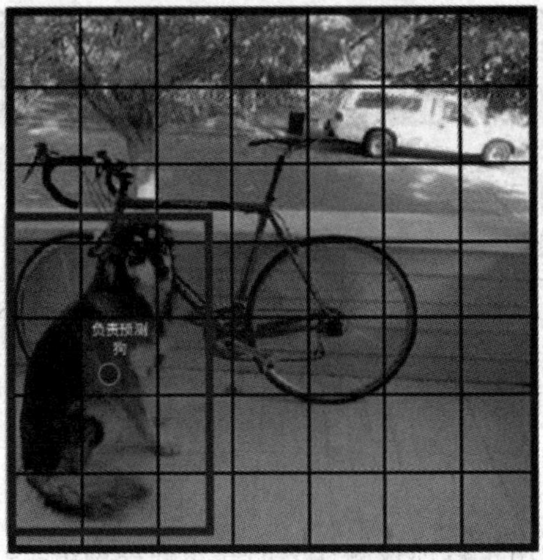

图 5.29　预测物体类别

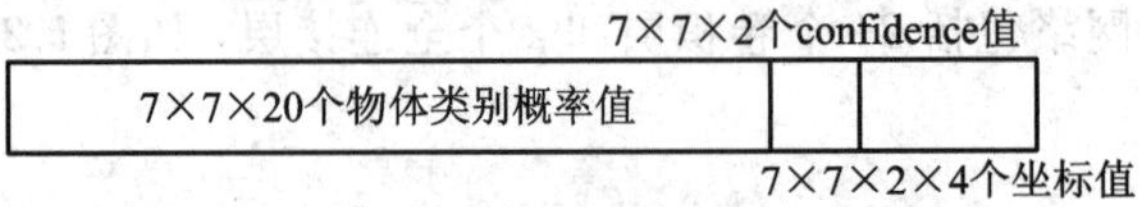

图 5.30　YOLO 网络提取的高维特征向量

YOLO 网络可以提高目标检测的效率，但对靠得很近的物体以及小物体的检测效果不佳，且损失函数的设计在一定程度上影响了定位误差的精度。基于经典 YOLO 模型改进的网络，例如 YOLOv2、YOLO9000 和 YOLOv3 等，被设计出来以进一步提高模型的泛化能力和优化检测精度。

5.9　全卷积神经网络

全卷积神经网络(Fully Convolution Network，FCN)可对输入图像进行像素级分类，解决了语义级别的图像分割问题。FCN 与 CNN 的核心区别就是 FCN 将 CNN 末尾的全连接层转化成了卷积层。经典的卷积神经网络使用全连接层得到固定长度的特征向量进行分类，而全卷积神经网络可以接受任意尺寸的输入图像，并通过反卷积操作对最后一个卷积层的特征映射进行上采样，使特征映射恢复到与输入图像相同的尺寸，从而可以对每一个像素产生一个预测，同时保留原始输入图像中的空间信息，最后在上采样的特征图上进行逐像素分类。下面介绍几个典型的全卷积神经网络。

5.9.1　U - Net 网络

U - Net 网络可以用于图像分割，尤其适用于生物医学图像分割方面，其网络结构采用的编码器-解码器(encoder - decoder)模式如图 5.31 所示。

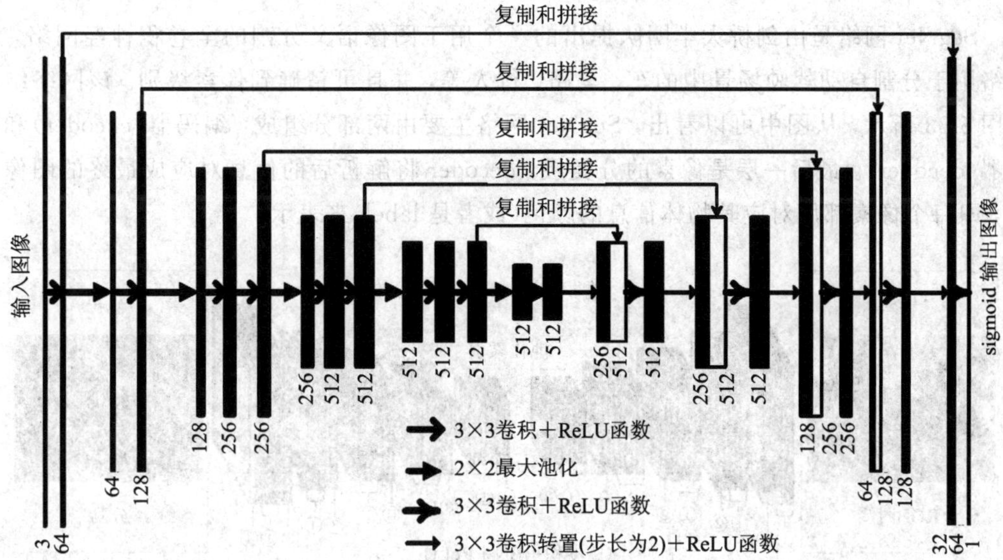

图 5.31　U - Net 网络结构

从图中可以看到，编码阶段和传统的卷积网络一样，由尺寸为 3 × 3 的卷积核进行无零填充的卷积操作，且每次卷积之后都经过 ReLU 函数进行激活，同时采用尺寸为 2×2 且步长为 2 的最大池化操作进行下采样，并且下采样后特征映射的深度变为输入的 2 倍；在解码阶段，对于每一层而言，都先采用 2×2 的反卷积操作，将特征映射的尺寸变为输入的 4 倍，且特征映射的深度变为输入的一半，然后与编码阶段对应的特征映射组进行拼接，再经过两个尺寸为 3×3 的卷积层和 ReLU 作用。U - Net 网络最大的特点是将编码中的信息合并到了解码过程中，这个操作相当于融合了图像的浅层特征和深层特征，可以有效地保留原图的边缘结构细节，防止过多的边缘信息丢失。

在网络做卷积的过程中，由于没有进行零填充(pad)，会导致输出小于输入。为了使网络的输入与输出的图像一样大，以进行 Loss 回归，其做法是把输入图像先做镜像操作进行扩大，即 4 个边做镜像往外翻一下就扩大了图像，如图 5.32 所示。

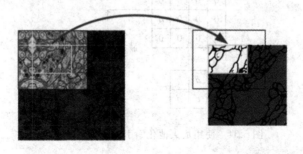

图 5.32　镜像扩充

5.9.2 SegNet 网络

SegNet 网络是由剑桥大学团队提出的一个用于图像语义分割的全卷积神经网络，该网络用于分割自动驾驶场景中的车、马路、行人等，并且可精确到像素级别。该网络结构如图 5.33 所示，从图中可以看出，SegNet 网络主要由两部分组成：编码器(encoder)和解码器(decoder)。最后一层是像素的分类层，decoder 将解析后的信息对应成最终的图像形式，即每个像素都用对应其物体信息的颜色(或者是 label)来表示。

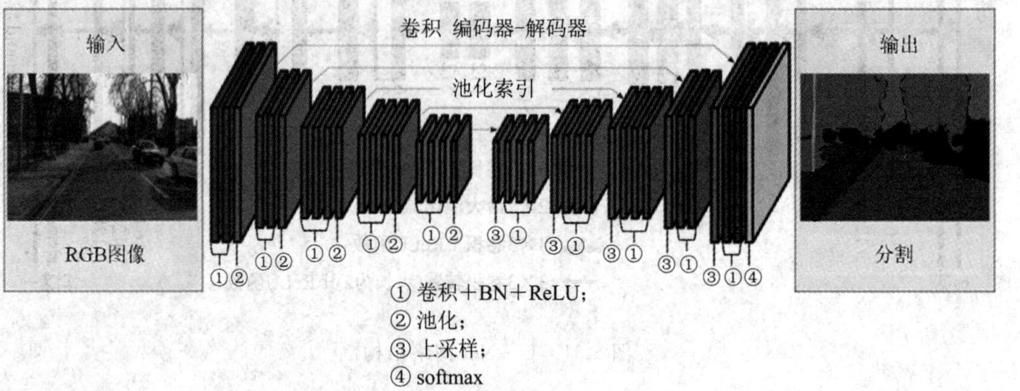

图 5.33 SegNet 网络结构

网络左半边为编码器，该阶段主要是沿用 VGG16 网络模型来抽取输入图像的高层特征，并记录最大池化过程中选取出来的值所处特征映射中的最大池化索引(max-pooling indices)；网络右边为解码器，该阶段则通过使用相应的最大池化索引来进行输入特征映射的上采样操作(如图 5.34 所示)，使特征映射中的值恢复到原来的空间位置中，最终使特征映射恢复到和输入图像的大小一样，然后再进行卷积。解码器中复用最大池化索引，不仅可以改善图像边界的分割，减少端对端训练的参数量，还可以仅经过少量修改就合并到任何其他编码-解码形式的架构中。

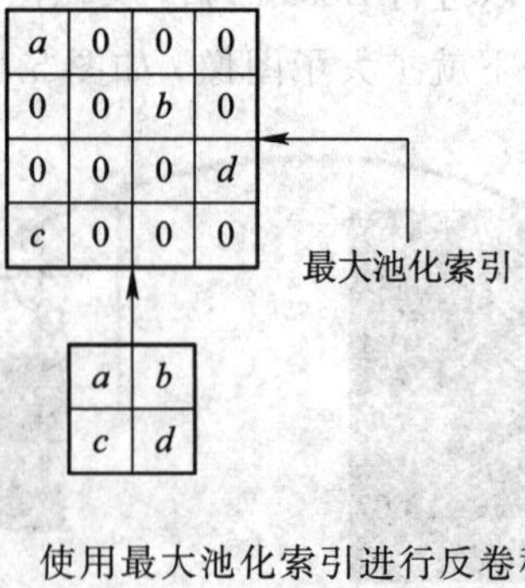

图 5.34 使用最大池化索引进行反卷积操作

后来改进的 SegNet 网络还加入了跳跃连接。

习　题

1. 请计算图 5.35(a)经过图 5.35(b)表示的 3×3 滤波器进行卷积后的结果。

3	5	8	12	4
54	7	11	2	35
1	14	27	8	10
48	31	9	3	15
6	19	35	24	0

(a) 图像矩阵

−1	0	1
−2	0	2
−1	0	1

(b) 滤波器

图 5.35　习题 1

2. 请计算图 5.36 经过平均池化后的结果。

1	16	7	29
5	18	10	3
7	24	36	2
28	34	19	5

图 5.36　习题 2

3. 分析卷积神经网络中 1×1 的滤波器的作用。
4. 列举几种在 ReLU 函数基础上改进的激活函数。

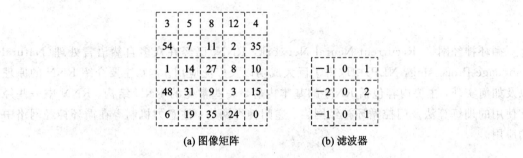

第 6 章　深度循环神经网络

循环神经网络(Recurrent Neural Network，RNN)已经在众多自然语言处理(Natural Language Processing，NLP)中取得了巨大成功以及广泛应用。本章主要介绍 RNN 的原理以及如何实现，主要内容包括 RNN 的基本内容、一些常见的 RNN 结构、RNN 中一些经常使用的训练算法及门控循环神经网络、递归神经网络、注意力机制等在循环神经网络中的应用。

6.1　简单循环神经网络

传统的前馈神经网络只能单独处理一个输入，并且前一个输入和后一个输入没有逻辑关系，是相对独立的。但是，在一些实际的项目任务中是需要处理序列信息的，即前一个输入和后一个输入存在某种逻辑关系，比如一句话、一段歌曲。这种能够处理序列信息的网络是深度学习领域中另一种非常重要的网络，即循环神经网络(Recurrent Neural Network，RNN)。

循环神经网络种类繁多，下面首先介绍简单循环神经网络，其结构相较典型的前馈神经网络，仅仅是将网络隐藏层或输出层的输出重新连接回隐藏层，形成闭环，也可以理解成是在前馈网络中加入了记忆单元。当神经网络前向传播时，隐藏层除了向网络的前端输出信息，还会将信息保存在记忆单元中。也就是说，循环神经网络的输入不只是当前信息，还包含了存储在记忆单元里的上一轮输入的信息，通过这种方式，循环神经网络便可以实现上下文的联系。

6.1.1　简单循环神经网络的结构

简单循环神经网络的结构如图 6.1 所示。输入层到隐藏层的连接权重为 $\boldsymbol{U}$，隐藏层到隐藏层的连接权重为 $\boldsymbol{W}$，隐藏层到输出层的连接权重为 $\boldsymbol{V}$。

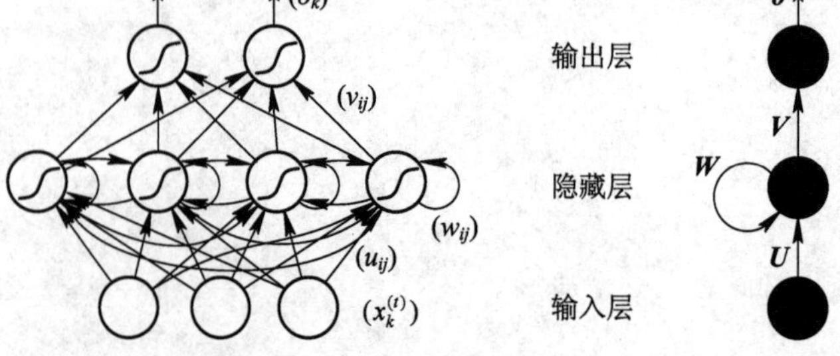

图 6.1　简单循环神经网络结构

网络在时间上的展开如图 6.2 所示，其中 $\boldsymbol{x}^{(t)}$ 代表 t 时刻的输入，$\boldsymbol{h}^{(t)}$ 代表 t 时刻的状

态，$\boldsymbol{s}^{(t)}$代表隐藏层的输出，$\boldsymbol{o}^{(t)}$代表循环神经网络 t 时刻的输出，$L^{(t)}$代表 t 时刻的损失，$\boldsymbol{y}^{(t)}$代表 t 时刻的训练目标。

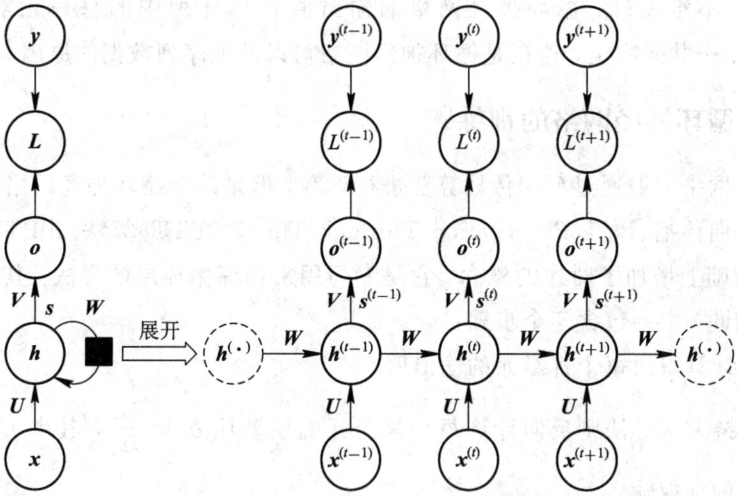

图 6.2 循环神经网络在时间上展开

以静态方式看待循环神经网络：虽然它有多层隐藏层，是非常深的神经网络，但是由于每层参数都共享，因此实际上只有三层参数。这样的参数共享结构主要有两个优点：

(1) 网络的输入和输出的尺寸不会因为输入序列长度的改变而改变。

(2) 每个 t 时刻的网络都是同一组权重参数，因为本质上循环神经网络只有一个结构单元，但是在不同的时刻结构单元都有着不同的状态，所以可以使用相同的状态转移函数。

这样的优点使得网络模型不需要针对每个时间片段配置特定的参数和学习单独的函数，只需要学习一个转移函数即可，这样既可以节约大量的参数，又有利于提升模型的泛化能力，并且可以使用网络很方便地处理任意长的序列数据。

循环神经网络隐藏层的输出值 $\boldsymbol{s}^{(t)}$ 与最后输出层的值 $\boldsymbol{o}^{(t)}$ 可分别表示为

$$\boldsymbol{s}^{(t)}=f(\boldsymbol{U}\boldsymbol{x}^{(t)}+\boldsymbol{W}\boldsymbol{s}^{(t-1)}) \tag{6.1}$$

$$\boldsymbol{o}^{(t)}=g(\boldsymbol{V}\boldsymbol{s}^{(t)}) \tag{6.2}$$

其中 $g(\cdot)$为激活函数。输出层作为全连接层，它的任意一个节点和隐藏层的每个节点相连。因此隐藏层的输出值 $\boldsymbol{s}^{(t)}$ 与权重矩阵 $\boldsymbol{V}$ 相乘，将得到的结果作为激活函数的输入，即可得到输出层的值 $\boldsymbol{o}^{(t)}$。

隐藏层的计算方法如式(6.1)所示。循环层的输出值取决于 $\boldsymbol{U}\boldsymbol{x}^{(t)}$ 和 $\boldsymbol{W}\boldsymbol{s}^{(t-1)}$ 两部分，$\boldsymbol{U}\boldsymbol{x}^{(t)}$ 表示输入层的权重比例，$\boldsymbol{U}$ 是输入层 $\boldsymbol{x}$ 的权重矩阵；$\boldsymbol{W}\boldsymbol{s}^{(t-1)}$ 表示上一时刻的值 $\boldsymbol{s}^{(t-1)}$ 在当前时刻作为输入的权重比例，$\boldsymbol{W}$ 是 $\boldsymbol{s}^{(t-1)}$ 的权重矩阵。

如果反复把式(6.1)代入式(6.2)，可以得到：

$$\begin{aligned}\boldsymbol{o}_t&=g(\boldsymbol{V}\boldsymbol{s}^{(t)})=g(\boldsymbol{V}f(\boldsymbol{U}\boldsymbol{x}^{(t)}+\boldsymbol{W}\boldsymbol{s}^{(t-1)}))\\&=g(\boldsymbol{V}f(\boldsymbol{U}\boldsymbol{x}^{(t)}+\boldsymbol{W}f(\boldsymbol{U}\boldsymbol{x}^{(t-1)}+\boldsymbol{W}\boldsymbol{s}^{(t-2)})))\\&=g(\boldsymbol{V}f(\boldsymbol{U}\boldsymbol{x}^{(t)}+\boldsymbol{W}f(\boldsymbol{U}\boldsymbol{x}^{(t-1)}+\boldsymbol{W}f(\boldsymbol{U}\boldsymbol{x}^{(t-2)}+\boldsymbol{W}\boldsymbol{s}^{(t-3)}))))\\&=g(\boldsymbol{V}f(\boldsymbol{U}\boldsymbol{x}^{(t)}+\boldsymbol{W}f(\boldsymbol{U}\boldsymbol{x}^{(t-1)}+\boldsymbol{W}f(\boldsymbol{U}\boldsymbol{x}^{(t-2)}+\boldsymbol{W}f(\boldsymbol{U}\boldsymbol{x}^{(t-3)}+\cdots)))))\end{aligned}$$

即

$$\boldsymbol{o}_t = g(\boldsymbol{V}f(\boldsymbol{U}\boldsymbol{x}^{(t)} + \boldsymbol{W}f(\boldsymbol{U}\boldsymbol{x}^{(t-1)} + \boldsymbol{W}f(\boldsymbol{U}\boldsymbol{x}^{(t-2)} + \boldsymbol{W}f(\boldsymbol{U}\boldsymbol{x}^{(t-3)} + \cdots))))) \tag{6.3}$$

从式(6.3)不难发现：循环神经网络的输出值 $\boldsymbol{o}_t$ 由序列中的每一元素 $\boldsymbol{x}^{(t)}$、$\boldsymbol{x}^{(t-1)}$、$\boldsymbol{x}^{(t-2)}$、$\boldsymbol{x}^{(t-3)}$、…共同决定，这正是循环神经网络可以处理序列数据的原因。

6.1.2 简单循环神经网络的训练

传统神经网络一般通过反向传播算法进行训练，但是简单循环神经网络的训练需要使用的是时间反向传播(Back Propagation Through Time，BPTT)算法。BPTT 算法在反向传播算法的基础上增加了时序的概念，它是专门用来训练循环层的方法。其基本原理和反向传播算法相同，主要包含三个步骤：

(1) 前向计算得出每个神经元的输出值。

(2) 通过链式求导法则反向计算每个神经元的误差项 $\boldsymbol{\delta}_j = \dfrac{\partial E}{\partial \boldsymbol{z}_j}$，其中 E 是损失函数，$\boldsymbol{z}_j$ 是神经元 j 的加权输入。

(3) 计算每个权重的梯度。

最后利用随机梯度下降算法更新权重。循环层的训练过程如图 6.3 所示。

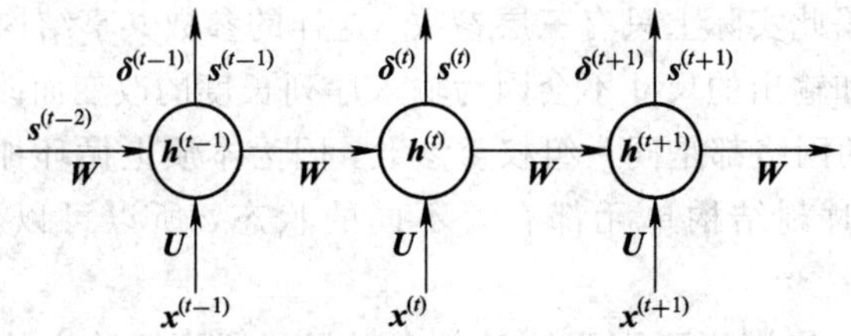

图 6.3　随机梯度下降循环层

1. 前向计算

依据网络结构，循环层 t 时刻的隐藏层输出计算公式为

$$\boldsymbol{s}^{(t)} = f(\boldsymbol{U}\boldsymbol{x}^{(t)} + \boldsymbol{W}\boldsymbol{s}^{(t-1)}) \tag{6.4}$$

设 t 时刻输入向量 $\boldsymbol{x}^{(t)}$ 的维度为 m，输出向量 $\boldsymbol{s}^{(t)}$ 的维度为 n，则矩阵 $\boldsymbol{U}$ 的维度是 $n\times m$，矩阵 $\boldsymbol{W}$ 的维度是 $n\times n$。将式(6.4)展开成矩阵的形式，得

$$\begin{bmatrix} s_1^{(t)} \\ s_2^{(t)} \\ \vdots \\ s_n^{(t)} \end{bmatrix} = f\left(\begin{bmatrix} u_{11} & u_{12} & \cdots & u_{1m} \\ u_{21} & u_{22} & \cdots & u_{2m} \\ \vdots & \vdots & & \vdots \\ u_{n1} & u_{n2} & \cdots & u_{nm} \end{bmatrix}\begin{bmatrix} x_1^{(t)} \\ x_2^{(t)} \\ \vdots \\ x_m^{(t)} \end{bmatrix} + \begin{bmatrix} w_{11} & w_{12} & \cdots & w_{1n} \\ w_{21} & w_{22} & \cdots & w_{2n} \\ \vdots & \vdots & & \vdots \\ w_{n1} & w_{n2} & \cdots & w_{nn} \end{bmatrix}\begin{bmatrix} s_1^{(t-1)} \\ s_2^{(t-1)} \\ \vdots \\ s_n^{(t-1)} \end{bmatrix}\right) \tag{6.5}$$

式(6.5)看起来更直观，矩阵中元素对应循环网络展开后图中的变量。例如，$s_j^{(t)}$ 表示向量 $\boldsymbol{s}$ 的第 j 个元素在 t 时刻的值，u_{ji} 表示输入层第 i 个神经元到循环层第 j 个神经元的权重，w_{ji} 表示循环层第 $t-1$ 时刻的第 i 个神经元到循环层第 t 个时刻的第 j 个神经元的权重。

2. 误差项计算

BPTT 算法将第 l 层 t 时刻的误差项 $\boldsymbol{\delta}_t^l$ 沿两个方向传播：一个方向是沿时间线传递到初始时刻 $t^{(1)}$，得到 $\boldsymbol{\delta}_1^l$，这一项误差只和权重矩阵 $\boldsymbol{W}$ 中的参数有关；另一个方向是传递到下一层网络，得到 $\boldsymbol{\delta}_t^{l-1}$，这一项误差只与权重矩阵 $\boldsymbol{U}$ 中的参数有关。

为了了解如何将误差项沿时间反向传播，下面使用公式进行推导。用向量 $\boldsymbol{z}^{(t)}$ 表示隐藏层神经元在 t 时刻的加权输入，因为

$$\boldsymbol{z}^{(t)}=\boldsymbol{U}\boldsymbol{x}^{(t)}+\boldsymbol{W}\boldsymbol{s}^{(t-1)} \tag{6.6}$$

$$\boldsymbol{s}^{(t-1)}=f(\boldsymbol{z}^{(t-1)}) \tag{6.7}$$

所以，

$$\frac{\partial \boldsymbol{z}^{(t)}}{\partial \boldsymbol{z}^{(t-1)}}=\frac{\partial \boldsymbol{z}^{(t)}}{\partial \boldsymbol{s}^{(t-1)}}\frac{\partial \boldsymbol{s}^{(t-1)}}{\partial \boldsymbol{z}^{(t-1)}} \tag{6.8}$$

式(6.8)等号右侧的第一项 $\dfrac{\partial \boldsymbol{z}^{(t)}}{\partial \boldsymbol{s}^{(t-1)}}$ 是向量函数对向量求导，其结果为 Jacobian 矩阵：

$$\frac{\partial \boldsymbol{z}^{(t)}}{\partial \boldsymbol{s}^{(t-1)}}=\begin{bmatrix} \dfrac{\partial z_1^{(t)}}{\partial s_1^{(t-1)}} & \dfrac{\partial z_1^{(t)}}{\partial s_2^{(t-1)}} & \cdots & \dfrac{\partial z_1^{(t)}}{\partial s_n^{(t-1)}} \\ \dfrac{\partial z_2^{(t)}}{\partial s_1^{(t-1)}} & \dfrac{\partial z_2^{(t)}}{\partial s_2^{(t-1)}} & \cdots & \dfrac{\partial z_2^{(t)}}{\partial s_n^{(t-1)}} \\ \vdots & \vdots & & \vdots \\ \dfrac{\partial z_n^{(t)}}{\partial s_1^{(t-1)}} & \dfrac{\partial z_n^{(t)}}{\partial s_2^{(t-1)}} & \cdots & \dfrac{\partial z_n^{(t)}}{\partial s_n^{(t-1)}} \end{bmatrix} \tag{6.9}$$

根据 $\boldsymbol{z}^{(t)}=\boldsymbol{U}\boldsymbol{x}^{(t)}+\boldsymbol{W}\boldsymbol{s}^{(t-1)}$ 可知：

$$\frac{\partial \boldsymbol{z}^{(t)}}{\partial \boldsymbol{s}^{(t-1)}}=\boldsymbol{W}=\begin{bmatrix} w_{11} & w_{12} & \cdots & w_{1n} \\ w_{21} & w_{22} & \cdots & w_{2n} \\ \vdots & \vdots & & \vdots \\ w_{n1} & w_{n2} & \cdots & w_{nn} \end{bmatrix} \tag{6.10}$$

同理，第二项 $\dfrac{\partial \boldsymbol{s}^{(t-1)}}{\partial \boldsymbol{z}^{(t-1)}}$ 也是一个 Jacobian 矩阵：

$$\begin{aligned}\frac{\partial \boldsymbol{s}^{(t-1)}}{\partial \boldsymbol{z}^{(t-1)}}&=\begin{bmatrix} \dfrac{\partial s_1^{(t-1)}}{\partial z_1^{(t-1)}} & \dfrac{\partial s_1^{(t-1)}}{\partial z_2^{(t-1)}} & \cdots & \dfrac{\partial s_1^{(t-1)}}{\partial z_n^{(t-1)}} \\ \dfrac{\partial s_2^{(t-1)}}{\partial z_1^{(t-1)}} & \dfrac{\partial s_2^{(t-1)}}{\partial z_2^{(t-1)}} & \cdots & \dfrac{\partial s_2^{(t-1)}}{\partial z_n^{(t-1)}} \\ \vdots & \vdots & & \vdots \\ \dfrac{\partial s_n^{(t-1)}}{\partial z_1^{(t-1)}} & \dfrac{\partial s_n^{(t-1)}}{\partial z_2^{(t-1)}} & \cdots & \dfrac{\partial s_n^{(t-1)}}{\partial z_n^{(t-1)}} \end{bmatrix}\\ &=\begin{bmatrix} f'(z_1^{(t-1)}) & 0 & \cdots & 0 \\ 0 & f'(z_2^{(t-1)}) & \cdots & 0 \\ \vdots & \vdots & & \vdots \\ 0 & 0 & \cdots & f'(z_n^{(t-1)}) \end{bmatrix}\\ &=\mathrm{diag}[f'(\boldsymbol{z}^{(t-1)})]\end{aligned}$$

即

$$\frac{\partial \boldsymbol{s}^{(t-1)}}{\partial \boldsymbol{z}^{(t-1)}}=\operatorname{diag}[f'(\boldsymbol{z}^{(t-1)})] \tag{6.11}$$

将两项合并，可得

$$\frac{\partial \boldsymbol{z}^{(t)}}{\partial \boldsymbol{z}^{(t-1)}}=\boldsymbol{W}\operatorname{diag}[f'(\boldsymbol{z}^{(t-1)})]$$

即

$$\frac{\partial \boldsymbol{z}^{(t)}}{\partial \boldsymbol{z}^{(t-1)}}=\begin{bmatrix} w_{11}f'(z_1^{(t-1)}) & w_{12}f'(z_2^{(t-1)}) & \cdots & w_{1n}f'(z_n^{(t-1)}) \\ w_{21}f'(z_1^{(t-1)}) & w_{22}f'(z_2^{(t-1)}) & \cdots & w_{2n}f'(z_n^{(t-1)}) \\ \vdots & \vdots & & \vdots \\ w_{n1}f'(z_1^{(t-1)}) & w_{n2}f'(z_2^{(t-1)}) & \cdots & w_{nn}f'(z_n^{(t-1)}) \end{bmatrix} \tag{6.12}$$

式(6.12)描述了将 $\boldsymbol{\delta}$ 沿时间向前传递一个时刻的规律，根据这个规律就可以求得任意时刻 k 的误差项 $\boldsymbol{\delta}_k$：

$$\begin{aligned}
\boldsymbol{\delta}_k^{\mathrm{T}} &= \frac{\partial E}{\partial \boldsymbol{z}^{(k)}} \\
&= \frac{\partial E}{\partial \boldsymbol{z}^{(t)}}\frac{\partial \boldsymbol{z}^{(t)}}{\partial \boldsymbol{z}^{(k)}} \\
&= \frac{\partial E}{\partial \boldsymbol{z}^{(t)}}\frac{\partial \boldsymbol{z}^{(t)}}{\partial \boldsymbol{z}^{(t-1)}}\frac{\partial \boldsymbol{z}^{(t-1)}}{\partial \boldsymbol{z}^{(t-2)}}\cdots\frac{\partial \boldsymbol{z}^{(k+1)}}{\partial \boldsymbol{z}^{(k)}} \\
&= \boldsymbol{\delta}_t^{\mathrm{T}}\boldsymbol{W}\operatorname{diag}[f'(\boldsymbol{z}^{(t-1)})]\boldsymbol{W}\operatorname{diag}[f'(\boldsymbol{z}^{(t-2)})]\cdots\boldsymbol{W}\operatorname{diag}[f'(\boldsymbol{z}^{(k)})] \\
&= \boldsymbol{\delta}_t^{\mathrm{T}}\prod_{i=k}^{t-1}\boldsymbol{W}\operatorname{diag}[f'(\boldsymbol{z}^{(i)})]
\end{aligned}$$

即

$$\boldsymbol{\delta}_k^{\mathrm{T}}=\boldsymbol{\delta}_t^{\mathrm{T}}\prod_{i=k}^{t-1}\boldsymbol{W}\operatorname{diag}[f'(\boldsymbol{z}^{(i)})] \tag{6.13}$$

这里$\boldsymbol{\delta}_k^{\mathrm{T}}$为行向量，即时刻 k 所有神经元的误差项向量，E 是总的误差，式(6.13)就是将误差项沿时间反向传播的算法。

其次考虑将误差项从循环层反向传递到下一层网络的过程。这一过程就是反向传播算法。这种反向传播算法在前面讨论 BP 算法的章节已经介绍过，这里不再赘述，仅做些简要描述。设第 l 层神经元的加权输入为 $\boldsymbol{z}_t^{(l)}$，第 $l-1$ 层神经元的加权输入为 $\boldsymbol{z}_t^{(l-1)}$；$\boldsymbol{a}_t^{(l-1)}$ 是第 $l-1$ 层神经元的输出，$f^{(l-1)}$ 是第 $l-1$ 层的激活函数，则 $\boldsymbol{z}_t^{(l)}$ 和 $\boldsymbol{z}_t^{(l-1)}$ 的关系如下：

$$\boldsymbol{z}_t^{(l)}=\boldsymbol{U}\boldsymbol{a}_t^{(l-1)}+\boldsymbol{W}\boldsymbol{s}^{(t-1)} \tag{6.14}$$

$$\boldsymbol{a}_t^{(l-1)}=f^{(l-1)}(\boldsymbol{z}_t^{(l-1)}) \tag{6.15}$$

因为

$$\frac{\partial \boldsymbol{z}_t^{(l)}}{\partial \boldsymbol{z}_t^{(l-1)}}=\frac{\partial \boldsymbol{z}_t^{(l)}}{\partial \boldsymbol{a}_t^{(l-1)}}\frac{\partial \boldsymbol{a}_t^{(l-1)}}{\partial \boldsymbol{z}_t^{(l-1)}}=\boldsymbol{U}\operatorname{diag}[f'^{(l-1)}(\boldsymbol{z}_t^{(l-1)})]$$

所以

$$(\boldsymbol{\delta}_t^{(l-1)})^{\mathrm{T}}=\frac{\partial E}{\partial \boldsymbol{z}_t^{(l-1)}}$$

即

$$(\boldsymbol{\delta}_t^{(l-1)})^{\mathrm{T}}=(\boldsymbol{\delta}_t^{(l)})^{\mathrm{T}}\boldsymbol{U}\mathrm{diag}[f'^{(l-1)}(\boldsymbol{z}_t^{(l-1)})] \tag{6.16}$$

式(6.16)就是将误差项传递到上一层网络的算法。

3. 权重梯度的计算

如图 6.3 所示，通过之前的计算我们已经得到了每个时刻 t 循环层的输出值 $\boldsymbol{s}^{(t)}$ 和误差项 $\boldsymbol{\delta}_t$。

(1) 计算损失函数 E 对权重矩阵 $\boldsymbol{W}$ 的梯度 $\frac{\partial E}{\partial \boldsymbol{W}}$。

已知

$$\boldsymbol{z}^{(t)}=\boldsymbol{U}\boldsymbol{x}^{(t)}+\boldsymbol{W}\boldsymbol{s}^{(t-1)} \tag{6.17}$$

将式(6.17)写成矩阵的形式：

$$\begin{bmatrix} z_1^{(t)} \\ z_2^{(t)} \\ \vdots \\ z_n^{(t)} \end{bmatrix}=\boldsymbol{U}\boldsymbol{x}^{(t)}+\begin{bmatrix} w_{11} & w_{12} & \cdots & w_{1n} \\ w_{21} & w_{22} & \cdots & w_{2n} \\ \vdots & \vdots & & \vdots \\ w_{n1} & w_{n2} & \cdots & w_{nn} \end{bmatrix}\begin{bmatrix} s_1^{(t-1)} \\ s_2^{(t-1)} \\ \vdots \\ s_n^{(t-1)} \end{bmatrix}$$

即

$$\begin{bmatrix} z_1^{(t)} \\ z_2^{(t)} \\ \vdots \\ z_n^{(t)} \end{bmatrix}=\boldsymbol{U}\boldsymbol{x}^{(t)}+\begin{bmatrix} w_{11}s_1^{(t-1)} & w_{12}s_2^{(t-1)} & \cdots & w_{1n}s_n^{(t-1)} \\ w_{21}s_1^{(t-1)} & w_{22}s_2^{(t-1)} & \cdots & w_{2n}s_n^{(t-1)} \\ \vdots & \vdots & & \vdots \\ w_{n1}s_1^{(t-1)} & w_{n2}s_2^{(t-1)} & \cdots & w_{nn}s_n^{(t-1)} \end{bmatrix} \tag{6.18}$$

因为对 $\boldsymbol{W}$ 求导与 $\boldsymbol{U}\boldsymbol{x}^{(t)}$ 无关，通过观察式(6.18)易知：w_{ji} 只与 $z_j^{(t)}$ 有关，所以

$$\frac{\partial E}{\partial w_{ji}}=\frac{\partial E}{\partial z_j^{(t)}}\frac{\partial z_j^{(t)}}{\partial w_{ji}}$$

即

$$\frac{\partial E}{\partial w_{ji}}=\delta_j^{(t)}s_i^{(t-1)} \tag{6.19}$$

根据式(6.19)，可得权重矩阵在 t 时刻的梯度：

$$\nabla_{\boldsymbol{W}^{(t)}}E=\begin{bmatrix} \delta_1^{(t)}s_1^{(t-1)} & \delta_1^{(t)}s_2^{(t-1)} & \cdots & \delta_1^{(t)}s_n^{(t-1)} \\ \delta_2^{(t)}s_1^{(t-1)} & \delta_2^{(t)}s_2^{(t-1)} & \cdots & \delta_2^{(t)}s_n^{(t-1)} \\ \vdots & \vdots & & \vdots \\ \delta_n^{(t)}s_1^{(t-1)} & \delta_n^{(t)}s_2^{(t-1)} & \cdots & \delta_n^{(t)}s_n^{(t-1)} \end{bmatrix} \tag{6.20}$$

最终的梯度 $\nabla_{\boldsymbol{W}}E$ 如式(6.21)所示，代表了各个时刻的梯度之和：

$$\nabla_{\boldsymbol{W}}E=\sum_{i=1}^{t}\nabla_{\boldsymbol{W}^{(i)}}E \tag{6.21}$$

即

$$\nabla_W E=\begin{bmatrix}\delta_1^{(1)}s_1^{(0)} & \delta_1^{(1)}s_2^{(0)} & \cdots & \delta_1^{(1)}s_n^{(0)}\\ \delta_2^{(1)}s_1^{(0)} & \delta_2^{(1)}s_2^{(0)} & \cdots & \delta_2^{(1)}s_n^{(0)}\\ \vdots & \vdots & & \vdots\\ \delta_n^{(1)}s_1^{(0)} & \delta_n^{(1)}s_2^{(0)} & \cdots & \delta_n^{(1)}s_n^{(0)}\end{bmatrix}+\cdots+\begin{bmatrix}\delta_1^{(t)}s_1^{(t-1)} & \delta_1^{(t)}s_2^{(t-1)} & \cdots & \delta_1^{(t)}s_n^{(t-1)}\\ \delta_2^{(t)}s_1^{(t-1)} & \delta_2^{(t)}s_2^{(t-1)} & \cdots & \delta_2^{(t)}s_n^{(t-1)}\\ \vdots & \vdots & & \vdots\\ \delta_n^{(t)}s_1^{(t-1)} & \delta_n^{(t)}s_2^{(t-1)} & \cdots & \delta_n^{(t)}s_n^{(t-1)}\end{bmatrix}$$

在上式的推导过程中，运用了这一结论：最终的梯度是各个时刻的梯度之和。这个结论是可以证明的，证明过程会涉及矩阵对矩阵求导、张量与向量相乘运算的一些法则，感兴趣的读者可以尝试自己推导。

(2) 计算权重矩阵 $\boldsymbol{U}$ 的梯度$\nabla_{\boldsymbol{U}^{(t)}}E$。

与计算权重矩阵 $\boldsymbol{W}$ 相似，可得

$$\nabla_{\boldsymbol{U}^{(t)}}E=\begin{bmatrix}\delta_1^{(t)}x_1^{(t)} & \delta_1^{(t)}x_2^{(t)} & \cdots & \delta_1^{(t)}x_m^{(t)}\\ \delta_2^{(t)}x_1^{(t)} & \delta_2^{(t)}x_2^{(t)} & \cdots & \delta_2^{(t)}x_m^{(t)}\\ \vdots & \vdots & & \vdots\\ \delta_n^{(t)}x_1^{(t)} & \delta_n^{(t)}x_2^{(t)} & \cdots & \delta_n^{(t)}x_m^{(t)}\end{bmatrix}\tag{6.22}$$

式(6.22)是误差函数在 t 时刻对权重矩阵 $\boldsymbol{U}$ 的梯度，同理，最终的梯度也是各个时刻的梯度之和：

$$\nabla_{\boldsymbol{U}}E=\sum_{i=1}^{t}\nabla_{\boldsymbol{U}^{(i)}}E\tag{6.23}$$

(3) 计算权重矩阵 $\boldsymbol{V}$ 的梯度$\nabla_{\boldsymbol{V}^{(t)}}E$。

设

$$\boldsymbol{o}^{(t)}=g(\boldsymbol{V}\boldsymbol{s}^{(t)}),\ \boldsymbol{zo}^{(t)}=\boldsymbol{V}\boldsymbol{s}^{(t)}$$

$$(\boldsymbol{\delta}_t^V)^{\mathrm{T}}=\frac{\partial E}{\partial \boldsymbol{zo}^{(t)}}$$

与计算权重矩阵 $\boldsymbol{U}$ 同理，可得

$$\nabla_{\boldsymbol{V}^{(t)}}E=\frac{\partial E}{\partial \boldsymbol{V}^{(t)}}=\frac{\partial E}{\partial \boldsymbol{zo}^{(t)}}\frac{\partial \boldsymbol{zo}^{(t)}}{\partial \boldsymbol{V}^{(t)}}=(\boldsymbol{\delta}_t^V)^{\mathrm{T}}\boldsymbol{s}^{(t)}$$

$$\nabla_{\boldsymbol{V}}E=\sum_{i=1}^{t}\nabla_{\boldsymbol{V}^{(i)}}E$$

至此，经过上面三个步骤就可以实现循环神经网络的训练。

6.2 双向循环神经网络

上一小节介绍的循环神经网络总是将“过去”的信息整合起来，然后辅助处理当前信息。但是在某些应用场景，我们需要整合“未来”的信息来处理当前信息。譬如理解整篇文章的主旨，又如图像的反顺序关联。在这类场景中，需要结合之前和之后的信息来消除歧义。双向循环神经网络正是为了满足这样的需求而产生的。

双向循环神经网络是由两个数据传递方向相反的循环神经网络(RNN)构成的。一个RNN 前向处理序列数据，即从序列的起始片段开始处理；另一个 RNN 反向处理序列数据，即从序列的末尾开始倒序处理。如图 6.4 所示，$\boldsymbol{h}^{(t)}$ 表示正序处理的 RNN 中 t 时刻的隐藏单元，$\boldsymbol{h}^{*(t)}$ 表示逆序处理的 RNN 中 t 时刻的隐藏单元，在计算 t 时刻的输出单元 $\boldsymbol{o}^{(t)}$

时，既考虑了之前的信息 $\boldsymbol{h}^{(t)}$，也考虑了之后的信息 $\boldsymbol{h}^{*(t)}$。

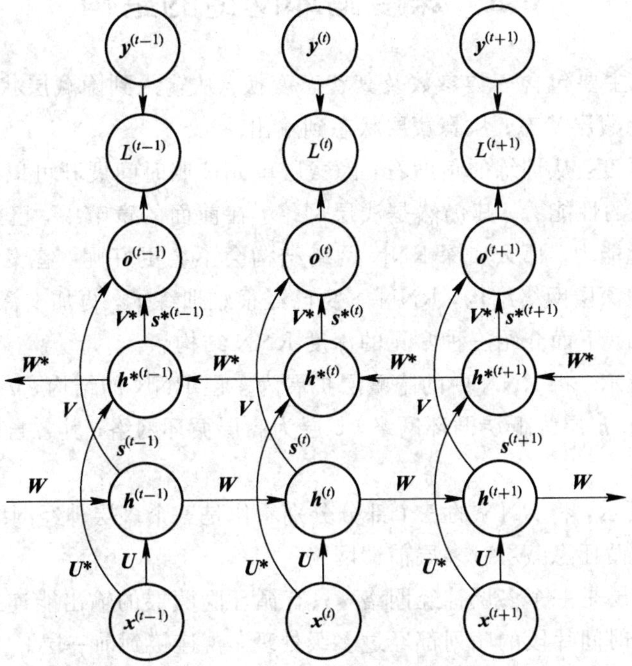

图 6.4　双向循环神经网络结构

如图 6.4 所示，在双向循环神经网络中，正向计算时，$\boldsymbol{s}^{(t)}$ 与 $\boldsymbol{s}^{(t-1)}$ 有关，$\boldsymbol{s}^{*(t)}$ 与 $\boldsymbol{s}^{*(t-1)}$ 有关，并且输出 $\boldsymbol{o}^{(t)}$ 由正向与反向的隐藏层共同作用。其计算公式为

$$\boldsymbol{s}^{(t)}=f(\boldsymbol{U}\boldsymbol{x}^{(t)}+\boldsymbol{W}\boldsymbol{s}^{(t-1)}) \tag{6.24}$$

$$\boldsymbol{s}^{*(t)}=f(\boldsymbol{U}^{*}\boldsymbol{x}^{(t)}+\boldsymbol{W}^{*}\boldsymbol{s}^{*(t+1)}) \tag{6.25}$$

$$\boldsymbol{o}^{(t)}=g(\boldsymbol{V}\boldsymbol{s}^{(t)}+\boldsymbol{V}^{*}\boldsymbol{s}^{*(t)}) \tag{6.26}$$

其中，$g(\cdot)$为网络输出的激活函数，$f(\cdot)$为隐藏层的激活函数。正向与反向的连接权重不共享。

值得一提的是，RNN 可以通过训练预测序列中的下一个值，以学习序列上的概率分布。例如，对于输入序列 $\boldsymbol{x}=\{x_1, x_2, \cdots, x_T\}$，对于所有可能的符号 $j=1, 2, \cdots, K$，可以使用 softmax 函数输出每个时刻 t 的多重条件概率分布：

$$P(x_{t,j}=1|x_{t-1}, x_{t-2}, \cdots, x_1)=\frac{\exp(\boldsymbol{w}_j\boldsymbol{h}^{(t)})}{\sum_{k=1}^{K}\exp(\boldsymbol{w}_k\boldsymbol{h}^{(t)})} \tag{6.27}$$

其中，$\boldsymbol{w}_j$ 是权重矩阵 $\boldsymbol{W}$ 的第 j 行，$\boldsymbol{h}^{(t)}=f(\boldsymbol{h}^{(t-1)}, \boldsymbol{x}^{(t)})$为隐藏层状态。由此我们可以计算序列 $\boldsymbol{x}$ 的分布：

$$P(\boldsymbol{x})=\prod_{t=1}^{T}P(x_t|x_{t-1}, x_{t-2}, \cdots, x_1) \tag{6.28}$$

从该学习的分布，可以通过在每个时刻迭代地采样数据来直接得到新序列。

6.3　深度循环网络的结构

大部分 RNN 主要包含三类参数及其状态变换：从输入到隐藏层状态；从前一个隐藏层状态到下一个隐藏层状态；从隐藏层状态到输出。

关于模型的深度：从训练的角度看，隐藏层单元按照时间展开可以看作是深层的权重共享网络；从模型的性能看，其仍然是浅层网络。在前面的章节中，已经多次强调深度结构带来的强大泛化能力。那么加深 RNN 网络结构会不会更好呢？答案是肯定的，但是关键问题是如何添加深层网络结构，RNN 本身已经很难训练了，再加上深层的结构，会导致训练难度成倍增加。下面介绍三种常见的深度 RNN 结构。

如图 6.5(a)所示，将 RNN 中的隐藏层扩展为多层 RNN 的结构，$\boldsymbol{h}$ 和 $\boldsymbol{z}$ 分别表示不同的 RNN 的隐藏层，$\boldsymbol{h}$ 层为低层循环网络，$\boldsymbol{z}$ 层为高层循环网络，其各自的隐藏层的状态在各自的层中循环。

如图 6.5(b)所示，将 RNN 的三个部分分别看作是三个多层神经网络：

(1) 输入层到循环隐藏层有多层前馈网络。

(2) 循环隐藏层是一个多层神经网络，只有循环隐藏层的输出能连接回循环隐藏层的输入。因此每一个时间片段的序列都经过多级处理，再连接到前一层。

(3) 隐藏层到输出层是一个多层神经网络，隐藏层的输出经过多级的前馈网络后输出结果。

随着网络结构加深，其性能也得到了很大的提升，但也导致训练难度增加。如图 6.5(c)所示，为了解决这个问题，可将循环隐藏层设计为越层循环方式。例如 $\boldsymbol{h}$ 层中出现了两种不同的神经元，一种神经元处理当前时间片段后，将结果存储起来作为下一个时间片段使用；另一种神经元会经过多层处理后再将当前时间片段存储起来。在下一个时间段，会综合单循环和多循环的信息。

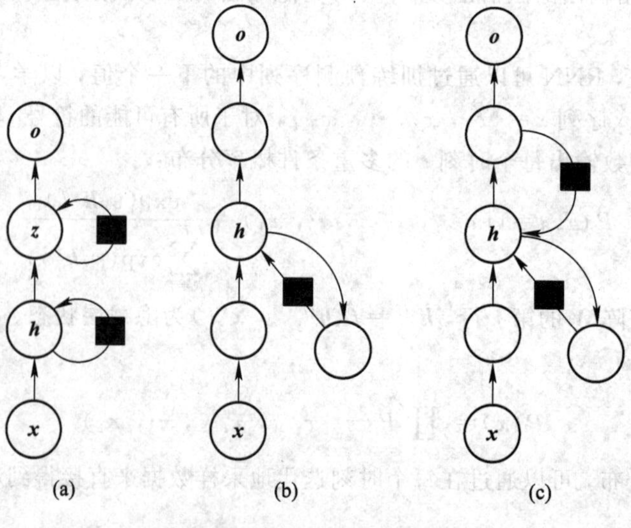

图 6.5　深度循环神经网络结构

6.4 解码-编码网络的结构

在某些应用场景中，把变长的输入映射成等长输出的机制显得十分不合理。譬如，机器进行翻译时，不可能将英文序列整齐地翻译成等长的中文序列。正常的翻译顺序应该是：完整地理解整个英语序列，语义分割后映射成相应的中文，再整合翻译出来。这里的翻译更多的是一个再创作的过程，根据输入的一些抽象概念，再根据自己的"理解"转述出来。

编码-解码或者序列到序列的结构便满足这样的变长序列到变长序列的需求。RNN 的输入被称为"上下文"，它要做的就是生成该上下文 $\boldsymbol{c}$ 的某种表示。如图 6.6 所示，该结构主要分为编码器和解码器两个部分。

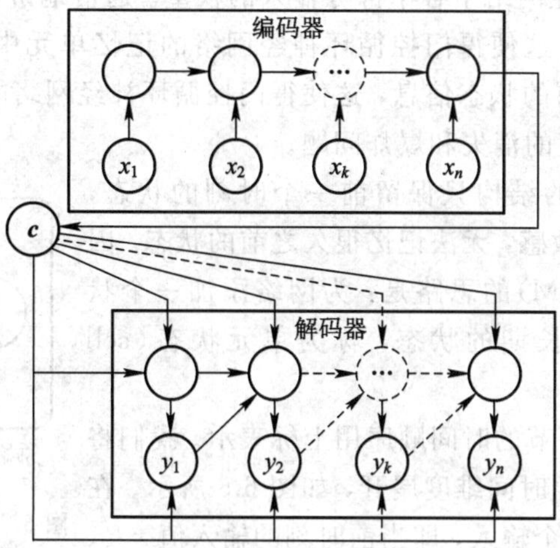

图 6.6　编码-解码结构

(1)编码器：将输入序列 $\boldsymbol{x}=\{x_1, x_2, \cdots, x_n\}$ 输入到一个称为编码器(encoder)的 RNN 中，编码器将序列映射到一个向量 $\boldsymbol{c}$ 中，通常这个向量为 RNN 隐藏层的最后状态 $\boldsymbol{h}^{(t)}$。

(2)解码器：将编码器上一步中的向量 $\boldsymbol{c}$ 作为输入，输入到一个称为解码器(decoder)的 RNN 中，通过给定隐藏状态 $\boldsymbol{h}^{(t)}$ 预测下一个值 $\boldsymbol{y}^{(t)}$，生成一个输出序列。时刻 t 解码器的隐藏状态为 $\boldsymbol{h}^{(t)}=f(\boldsymbol{h}^{(t-1)}, \boldsymbol{y}^{(t-1)}, \boldsymbol{c})$。

下一个值 $\boldsymbol{y}^{(t)}$ 的条件概率分布 $P(\boldsymbol{y}^{(t)} | \boldsymbol{y}^{(t-1)}, \boldsymbol{y}^{(t-2)}, \cdots, \boldsymbol{y}^{(1)}; \boldsymbol{c})$ 可以由形如式(6.27)的 softmax 函数确定。对编码器-解码器联合训练是以对数似然性最大化来优化目标函数，即

$$\max_{\boldsymbol{\theta}} \frac{1}{N} \sum_{n=1}^{N} \log P_{\boldsymbol{\theta}}(y_n | x_n) \tag{6.29}$$

其中，$\boldsymbol{\theta}$ 为目标更新权重系数，包含编码器与解码器的所有参数。

在翻译的应用上，可以在训练数据集中，在每个句子后附上特殊符号"*EOS*"(End Of Sequence)表示序列的终止。

6.5 门控循环神经网络

随着神经网络结构的不断加深，其优化算法将面临长期依赖的问题。前馈、循环、递归是整个网络计算的关键，循环网络不仅需要在长时间序列的各个时刻重复应用相同操作来构建非常深的结构，还需要实现网络结构的参数共享，这更加突出了长期依赖的问题。为了解决在循环神经网络训练时出现梯度消失从而产生长期依赖的问题，门控循环神经网络应运而生。

6.5.1 门控循环神经网络的结构框架

门控循环神经网络在简单循环神经网络的基础上对网络结构做了一定的改进，引入了门控机制来权衡循环神经网络中各个部分输入的权重。通俗地讲，门控机制就是控制有多少输入可以通过这扇门。这使得门控循环神经网络的记忆单元中不只保留上一时刻的状态，还可以记住很久之前的状态信息，这使得门控循环神经网络能学习跨度相对较长的依赖关系，而不会出现梯度的消失和爆炸问题。

传统循环神经网络的结构只保留前一个时刻的状态，并且对于短期的输入很敏感，无法记忆很久之前的状态。因此长短期记忆网络(LSTM)的思路是：为网络添加一个状态结构 $\boldsymbol{c}$，用它来保存长期的状态，称为单元状态(cell state)，如图6.7 所示。

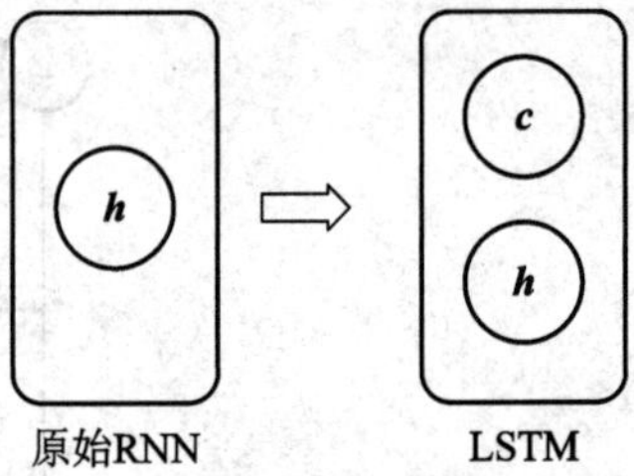

图 6.7 长短期记忆网络结构单元

为了方便表示，这一节的时间顺序用上标表示。我们将长短期记忆网络结构按照时间维度展开，如图 6.8 所示。在 t 时刻，LSTM 一共有三个输入，即当前时刻的输入值 $\boldsymbol{x}^{(t)}$、上一时刻的输出值 $\boldsymbol{h}^{(t-1)}$ 以及上一时刻的单元状态 $\boldsymbol{c}^{(t-1)}$；输出有两个，即当前时刻的输出值 $\boldsymbol{h}^{(t)}$ 和当前时刻的单元状态 $\boldsymbol{c}^{(t)}$。

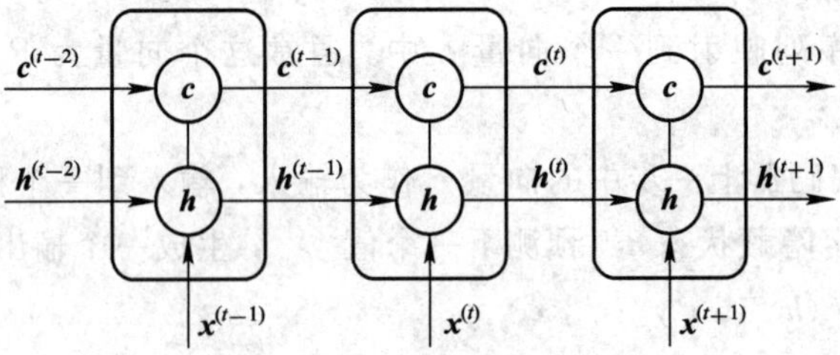

图 6.8 长短期记忆网络结构按照时间维度展开

在 LSTM 中有三种门控结构单元，它们分别是输入门、输出门和遗忘门，其中输入门和遗忘门是 LSTM 能够记忆长期依赖的关键。遗忘门负责控制继续保存长期状态 $\boldsymbol{c}$，决定了上一时刻的单元状态有多少能保留到当前时刻；输入门负责控制把即时状态输入到长期状态 $\boldsymbol{c}$，它决定了在当前时刻网络的输入有多少能保存到单元状态；输出门负责控制是否把长期状态 $\boldsymbol{c}$ 作为当前的输出，如图 6.9 所示。

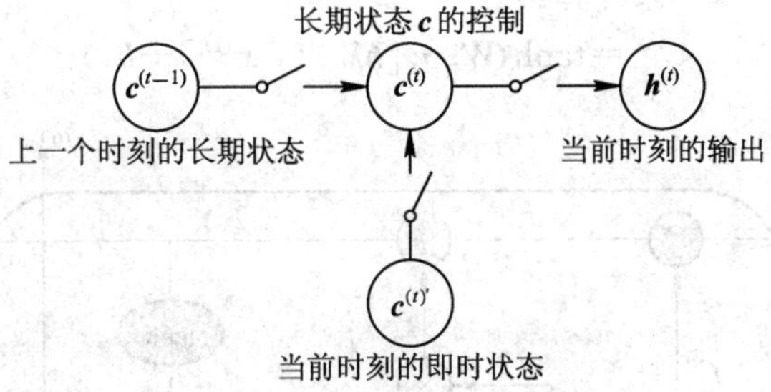

图 6.9 LSTM 的三个门控制单元

6.5.2 门控结构单元

门控结构单元的本质其实是一层全连接层，假设 $\boldsymbol{W}$ 是门的权重向量，$\boldsymbol{b}$ 是偏置项，σ 是激活函数(一般是 sigmoid 函数)，则门可以表示为

$$g(\boldsymbol{x})=\sigma(\boldsymbol{W}\boldsymbol{x}+\boldsymbol{b}) \tag{6.30}$$

门的输出是 0 到 1 之间的实数向量，作为网络单元的控制输入权重，当门输出越趋近于 0 时，表示保留的信息越少；当门输出越趋近于 1 时，表示保留的信息越多。

1. 遗忘门

遗忘门如图 6.10 所示，遗忘门的输出为

$$\boldsymbol{f}^{(t)}=\sigma(\boldsymbol{W}_f[\boldsymbol{h}^{(t-1)}, \boldsymbol{x}^{(t)}]+\boldsymbol{b}_f) \tag{6.31}$$

其中，$\boldsymbol{W}_f$ 是遗忘门的权重矩阵，$\boldsymbol{h}^{(t-1)}$ 为 $t-1$ 时刻的输出值，$\boldsymbol{x}^{(t)}$ 为 t 时刻的输入，$\boldsymbol{b}_f$ 是遗忘门的偏置项，σ 是 sigmoid 激活函数。权重矩阵 $\boldsymbol{W}_f$ 是由两个矩阵拼接而成的，其中一个是 $\boldsymbol{W}_{fh}$，它对应着输入项 $\boldsymbol{h}^{(t-1)}$；另一个是 $\boldsymbol{W}_{fx}$，它对应着输入 $\boldsymbol{x}^{(t)}$。因此，$\boldsymbol{W}_f$ 可以写成

$$[\boldsymbol{W}_{fh}, \boldsymbol{W}_{fx}]\begin{bmatrix}\boldsymbol{h}^{(t-1)}\\ \boldsymbol{x}^{(t)}\end{bmatrix}=\boldsymbol{W}_{fh}\boldsymbol{h}^{(t-1)}+\boldsymbol{W}_{fx}\boldsymbol{x}^{(t)} \tag{6.32}$$

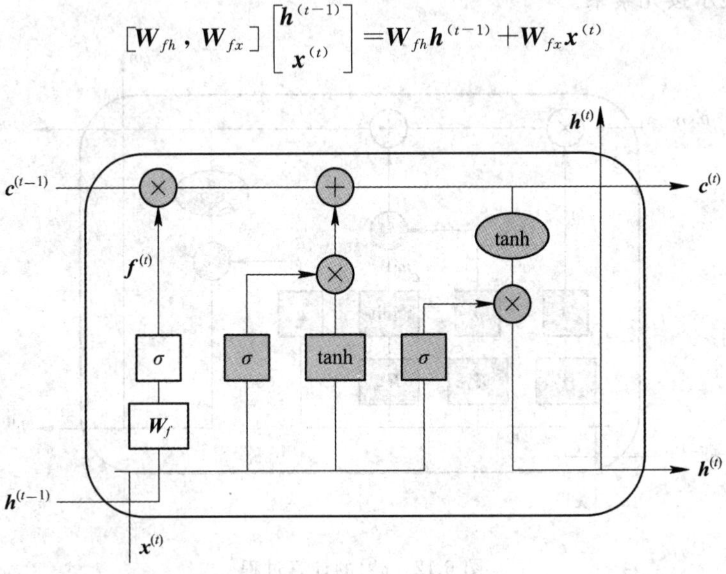

图 6.10 遗忘门的输出

如图 6.11 所示，LSTM 单元中描述当前输入的单元状态为 $\boldsymbol{c}^{(t)'}$，它由上一时刻的输出

$\boldsymbol{h}^{(t-1)}$和当前时刻的输入$\boldsymbol{x}^{(t)}$来计算：

$$\boldsymbol{c}^{(t)'}=\tanh(\boldsymbol{W}_c\cdot[\boldsymbol{h}^{(t-1)},\boldsymbol{x}^{(t)}]+\boldsymbol{b}_c) \tag{6.33}$$

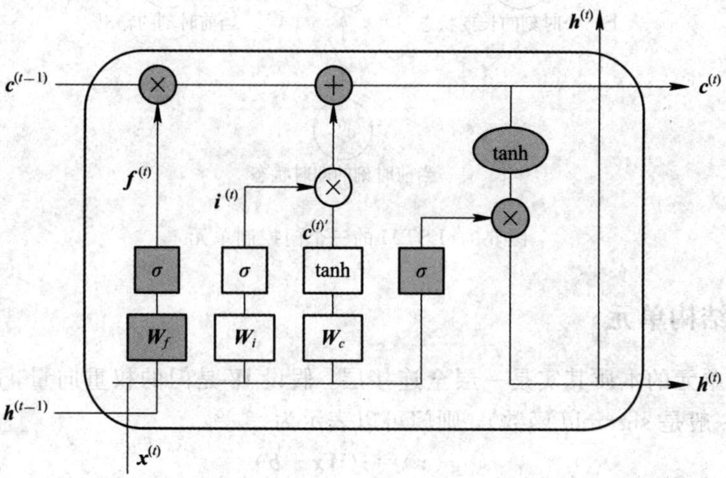

图 6.11　$\boldsymbol{c}^{(t)'}$和$\boldsymbol{i}^{(t)}$的计算过程

LSTM 单元中输入门的输出为

$$\boldsymbol{i}^{(t)}=\sigma(\boldsymbol{W}_i\cdot[\boldsymbol{h}^{(t-1)},\boldsymbol{x}^{(t)}]+\boldsymbol{b}_i) \tag{6.34}$$

最后，由$\boldsymbol{f}^{(t)}$、$\boldsymbol{i}^{(t)}$、$\boldsymbol{c}^{(t)'}$共同作用得到 LSTM 单元当前时刻的状态$\boldsymbol{c}^{(t)}$。如图 6.12 所示，$\boldsymbol{c}^{(t)}$是由上一时刻的记忆单元$\boldsymbol{c}^{(t-1)}$按元素乘以遗忘门$\boldsymbol{f}^{(t)}$，再用当前时刻的输入的单元状态$\boldsymbol{c}^{(t)'}$按元素乘以输入门的输出$\boldsymbol{i}^{(t)}$，将两个乘积进行相加得到的，即

$$\boldsymbol{c}^{(t)}=\boldsymbol{f}^{(t)}\circ\boldsymbol{c}^{(t-1)}+\boldsymbol{i}^{(t)}\circ\boldsymbol{c}^{(t)'} \tag{6.35}$$

其中，符号∘表示按元素乘。

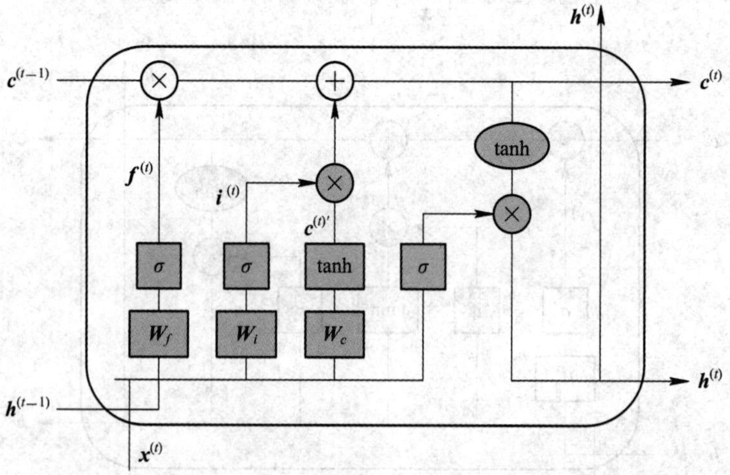

图 6.12　$\boldsymbol{c}^{(t)}$的计算过程

可以看出状态单元更新都是把当前的记忆与长期记忆融合而成的。有了遗忘门，LSTM 可以保存很久以前的信息；有了输入门，又可以避免当前无关紧要的信息进入网络。

2. 输出门

输出门用于控制长期记忆对当前输出的影响，如图 6.13 所示，输出门的输出为

$$o^{(t)}=\sigma(W_o\cdot[h^{(t-1)},x^{(t)}]+b_o)\tag{6.36}$$

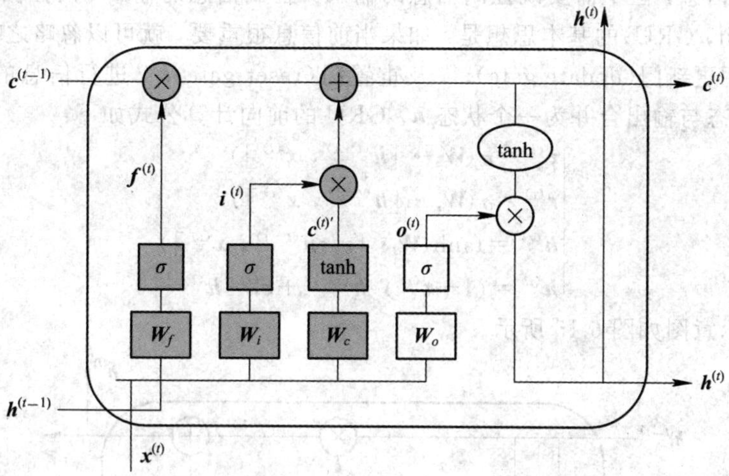

图 6.13　输出门的计算过程

LSTM 最终的输出由输出门和单元状态共同确定：

$$h^{(t)}=o^{(t)}\circ\tanh(c^{(t)})\tag{6.37}$$

图 6.14 展示了 LSTM 最终输出的计算过程：

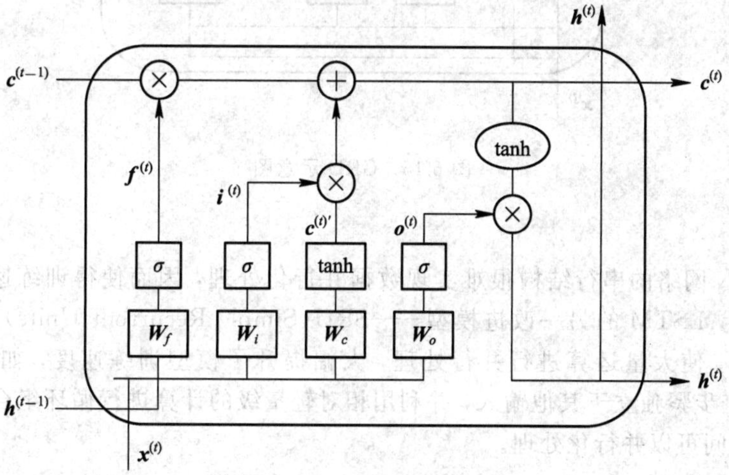

图 6.14　LSTM 最终输出的计算过程

基于 LSTM 单元也可以构造双向 LSTM 网络。

6.5.3　门控神经网络的改进

LSTM 有非常好的优越性，但是其局限性也很明显：其参数相当于传统 RNN 的 4 倍，前馈网络的 8 倍。网络模型性能虽然得以提升，但其参数量也增加了，网络结构也过于冗

余。因此，大量模型以 LSTM 为基模型，对 RNN 模型进行了改性和性能提升。

1. GRU

LSTM 是对传统门控神经网络的改进。如果想要记住关键信息，就必须要忽视或遗忘一些不重要的信息，但不需要既控制信息的输入又控制信息的输出。门控循环单元(Gated Recurrent Unit，GRU)的基本思想是：如果当前信息很重要，就可以忽略之前的信息。

GRU 使用更新门(update gate)$\boldsymbol{z}^{(t)}$及重置门(reset gate)$\boldsymbol{r}^{(t)}$进行信息的更新与重置，并且将单元状态与输出合并为一个状态 $\boldsymbol{h}$。GRU 的前向计算公式如下：

$$\begin{cases}\boldsymbol{z}^{(t)}=\sigma(\boldsymbol{W}_z\cdot[\boldsymbol{h}^{(t-1)},\ \boldsymbol{x}^{(t)}])\\ \boldsymbol{r}^{(t)}=\sigma(\boldsymbol{W}_r\cdot[\boldsymbol{h}^{(t-1)},\ \boldsymbol{x}^{(t)}])\\ \boldsymbol{h}^{(t)'}=\tanh(\boldsymbol{W}\cdot[\boldsymbol{r}_t\circ\boldsymbol{h}^{(t-1)},\ \boldsymbol{x}^{(t)}])\\ \boldsymbol{h}^{(t)}=(\boldsymbol{1}-\boldsymbol{z}^{(t)})\circ\boldsymbol{h}^{(t-1)}+\boldsymbol{z}^{(t)}\circ\boldsymbol{h}^{(t)'}\end{cases}\tag{6.38}$$

GRU 的示意图如图 6.15 所示。

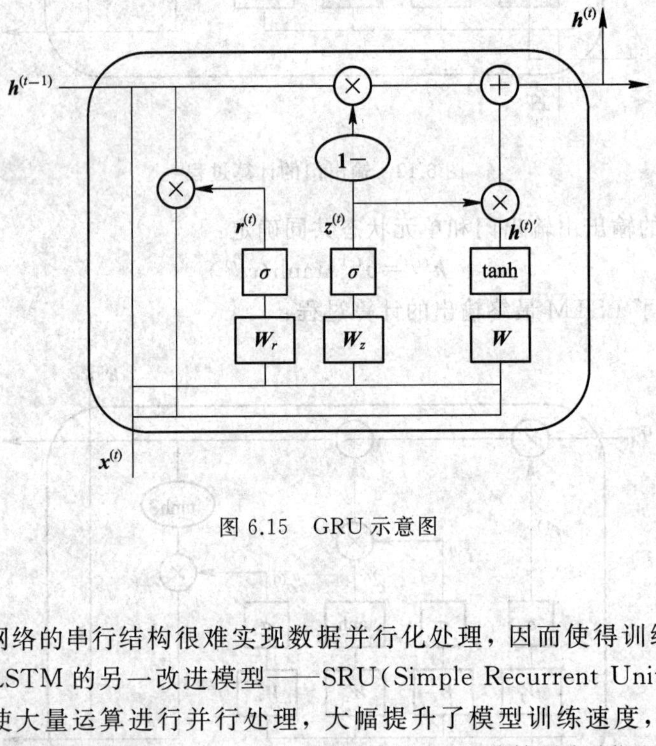

图 6.15 GRU 示意图

2. SRU

由于 RNN 网络的串行结构很难实现数据并行化处理，因而使得训练速度大大受限。针对这一问题，LSTM 的另一改进模型——SRU(Simple Recurrent Units)弱化了运算的时间依赖关系，使大量运算进行并行处理，大幅提升了模型训练速度，如图 6.16 所示。SRU 中的每个步骤独立于其他输入，并利用相对轻量级的计算进行循环组合，如此，使得大部分运算时间可以并行化处理。

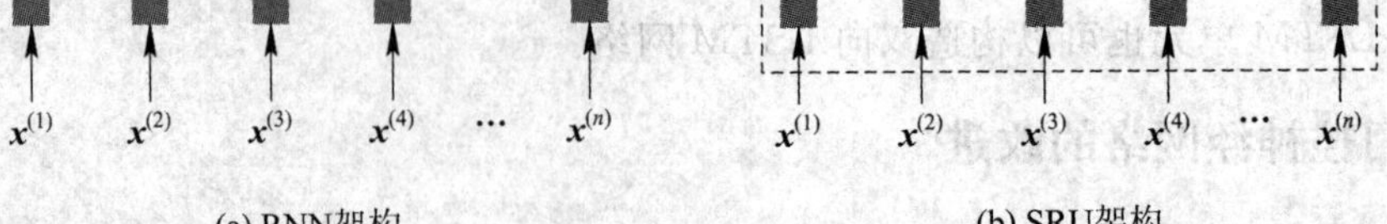

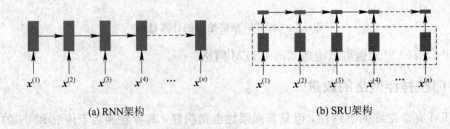

图 6.16 常见 RNN 架构和 SRU 之间的区别

SRU 可以将 GRU 进行简化，如图 6.17 所示。SRU 将各个时间状态的遗忘门的计算方式作以简化，变为单一的 sigmoid 遗忘门：

$$\boldsymbol{f}^{(t)}=\sigma(\boldsymbol{W}_f\boldsymbol{x}^{(t)}+\boldsymbol{b}_f) \tag{6.39}$$

因此，该计算只依赖于当前时刻 $\boldsymbol{x}^{(t)}$，这使得不同时刻的状态可以并行化计算。此外，SRU 还使用了两个附加特征：其一是在回归层之间添加高速连接，修改和加强输出状态 $\boldsymbol{h}^{(t)}$；另外一个是变分 Dropout，使得不同时刻共享 Dropout 掩模。

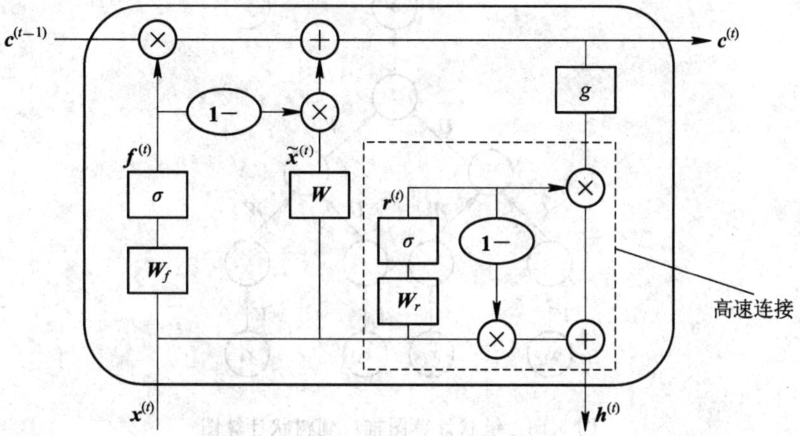

图 6.17　SRU 结构示意图

因此，完整 SRU 网络计算结构可以表示为

$$\begin{cases}\tilde{\boldsymbol{x}}^{(t)}=\boldsymbol{W}\boldsymbol{x}^{(t)}\\ \boldsymbol{f}^{(t)}=\sigma(\boldsymbol{W}_f\boldsymbol{x}^{(t)}+\boldsymbol{b}_f)\\ \boldsymbol{r}^{(t)}=\sigma(\boldsymbol{W}_r\boldsymbol{x}^{(t)}+\boldsymbol{b}_r)\\ \boldsymbol{c}^{(t)}=\boldsymbol{f}^{(t)}\boldsymbol{c}^{(t-1)}+(\boldsymbol{1}-\boldsymbol{f}^{(t)})\odot\tilde{\boldsymbol{x}}^{(t)}\\ \boldsymbol{h}^{(t)}=\boldsymbol{r}^{(t)}\odot g(\boldsymbol{c}^{(t)})+(\boldsymbol{1}-\boldsymbol{r}^{(t)})\odot\boldsymbol{x}^{(t)}\end{cases} \tag{6.40}$$

6.6　递归神经网络

循环神经网络可以处理序列结构信息，但对于更复杂的信息结构，如树结构、图结构等则显得力不从心，此时需要使用另外一种更加复杂的网络结构——递归神经网络(recursive neural network)。

6.6.1　递归神经网络的结构

递归神经网络可以理解为循环神经网络的改进与扩展，但其结构有简单的链状升级，成了较为复杂的树状，因此与 RNN 不是同类型的计算图。图 6.18 展示了一个典型的递归神经网络计算图，递归神经网络的权重和偏置项在所有的节点都是共享的。目前，递归神经网络主要应用于自然语言处理和计算机视觉等领域。

递归神经网络的最大优点是可以提高网络的计算效率。通过递归的方式，计算的时间复杂度可以急剧地从$O(\tau)$(线性结构)减小为$O(\log\tau)$(树形结构)，其中τ表示递归神经网络中的计算次数。所以问题的关键在于如何以最佳的方式构造树。一种选择是使用不依赖于数据的树结构，如平衡二叉树。在某些应用领域，外部方法可以为选择适当的树结构提供参考。例如，在处理自然语言时不再把一句话的序列作为输入，而是输入句子的语法分析树。

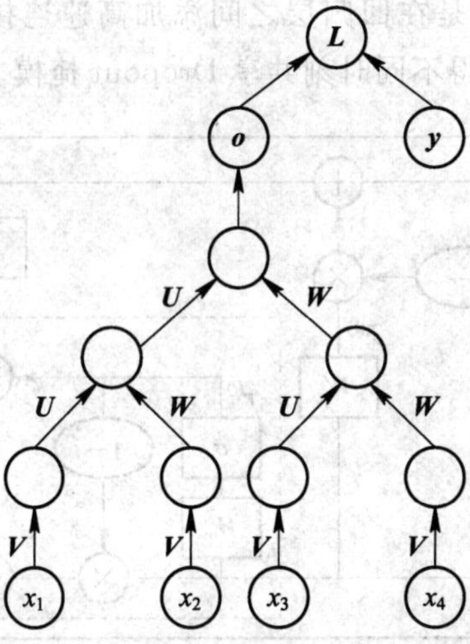

图 6.18 链状计算图推广到树状计算图

如图 6.18 所示，递归神经网络将循环神经网络的链状计算图推广到了树状计算图。对于可变长的序列x_1、x_2、x_3、x_4，通过参数集合(权重矩阵$\boldsymbol{U}$、$\boldsymbol{V}$、$\boldsymbol{W}$)映射到固定尺寸的表示(输出$\boldsymbol{o}$)。

6.6.2 递归神经网络的前向计算

下面以递归神经网络处理树结构信息为例进行介绍。

如图 6.19 所示，递归神经网络的输入是两个子节点向量$\boldsymbol{c}_1$和$\boldsymbol{c}_2$(也可以是多个子节点$\boldsymbol{c}_n$)，输出是两个子节点向量编码后产生的父节点向量$\boldsymbol{p}$。

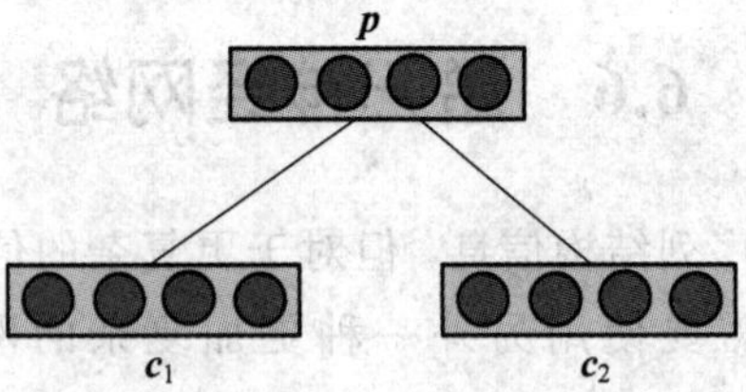

图 6.19 递归神经网络的父子节点

父节点的维度和每个子节点是相同的，子节点和父节点组成一个全连接神经网络。矩阵$\boldsymbol{W}$表示所有连接的权重，它的维度是$n\times 2n$，其中，n表示每个节点的维度。父节点的计算公式可以写成：

$$\boldsymbol{p}=\tanh\left(\boldsymbol{W}\begin{bmatrix}\boldsymbol{c}_1\\ \boldsymbol{c}_2\end{bmatrix}+\boldsymbol{b}\right) \tag{6.41}$$

式(6.41)表示递归神经网络的前向计算算法，tanh 是激活函数，$\boldsymbol{b}$是偏置项，它也是

一个维度为 n 的向量。注意，递归神经网络的权重 $\boldsymbol{W}$ 和偏置项 $\boldsymbol{b}$ 在所有的节点都是共享的。

将产生的父节点向量 $\boldsymbol{p}$ 和其他子节点向量 $\boldsymbol{c}_i$ 作为下一层的输入，再次产生它们的父节点向量，一直递归，直至整棵树处理完毕。将最终得到的根节点的向量作为对整棵树的表示，这个递归过程实现了把树结构映射为向量。如图 6.20 所示，使用递归神经网络处理树结构信息，最终得到的向量 $\boldsymbol{p}_3$ 就是对整棵树的表示。

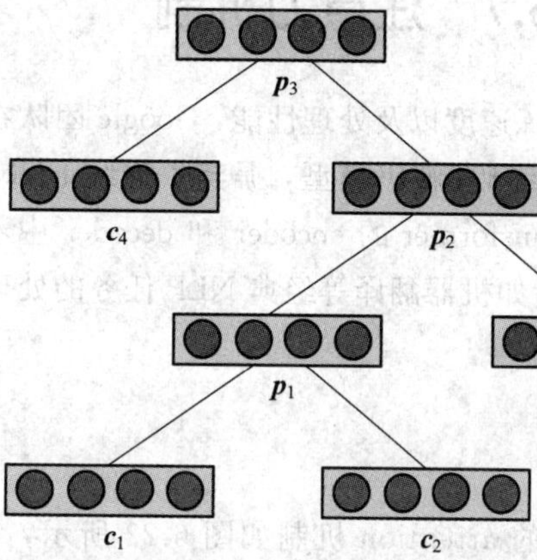

图 6.20　把树映射为一个向量

6.6.3　递归神经网络的应用

递归神经网络主要应用在自然语言处理领域，在自然语言分析中，若直接把语句抽象为词语的序列，其实并不能准确理解语句的真实含义。比如下面这句话“两个外语学院的学生”，使用语法解析树就比使用序列的方式更能准确地表达语句的含义。

图 6.21 所示为“两个外语学院的学生”这句话的两个不同的语法解析树，这就表示这句话有两种不同的解析含义。同一句话不同的含义就有不同的树结构。为了让网络能够区分不同语法解析树的含义，就必须使用树结构去处理信息(而不是序列)，这就是递归神经网络和循环神经网络的最大区别。

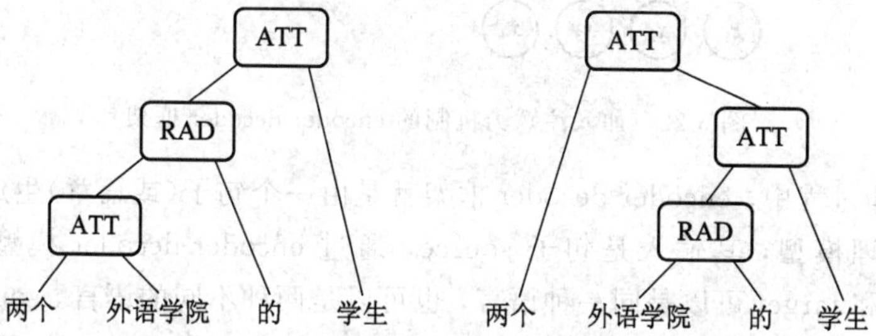

图 6.21　一句话具有两个不同的语法解析树

递归神经网络可以将词、句、段、篇等按照它们的语义映射到同一个向量空间。在这个向量空间中，向量的距离代表了语义的相似度。也就是把可组合(树/图结构)的信息表示为一个个有意义的向量，底层的语义和不同的组合方式就决定了更高层的语义。例如，通过递归神经网络这个“编码器”把句子表示为二维向量，然后将其作为基础去完成更高级的任务，比如情感分析等。

递归神经网络具有强大的表征能力，但其输入需要是树/图结构，而且这种结构的数据标注会花费大量的精力和时间。因此，递归神经网络在实际应用中，除了自然语言处理领域，其他领域并不太流行。

6.7 注意力机制

为了提高传统 NLP 任务的训练速度以及处理性能，Google 团队在 2017 年创新性地提出了仅基于注意力(attention)机制的编码-解码模型，摒弃了传统 RNN 和 CNN 的结构，用全 attention 的结构代替了 LSTM，transformer 的 encoder 和 decoder 中不再使用 RNN 的结构，其高效的并行化优点大大提高了诸如机器翻译等经典 NLP 任务的处理效率以及性能。

6.7.1 注意力机制的原理

1. attention 机制工作原理

encoder-decoder 框架中引入的 attention 机制如图 6.22 所示，它在 encoder 和decoder 中间，首先根据 encoder 和 decoder 的特征计算权值，然后对 encoder 的特征进行加权求和，作为 decoder 的输入，其作用是将 encoder 的特征以更好的方式呈现给 decoder。下面以 attention 机制在机器翻译方面的应用为例，进行概念上的介绍。

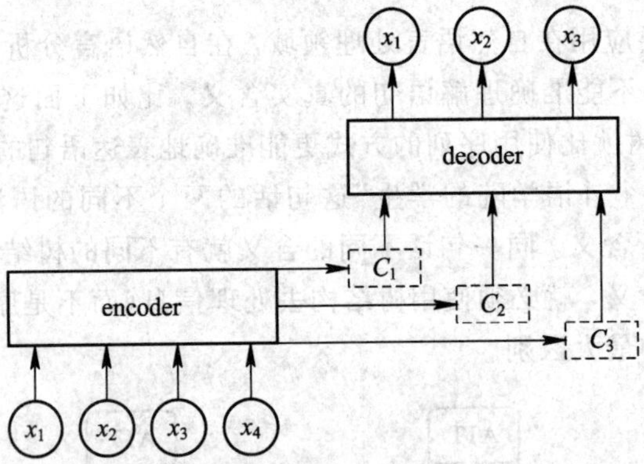

图 6.22 加入注意力机制的 encoder-decoder 框架

在机器翻译过程中，encoder-decoder 框架就是由一个句子(或篇章)生成另外一个句子(或篇章)的处理模型，其输入是句子 source，通过 encoder-decoder 模型生成目标句子 target。source 和 target 可以是同一种语言，也可以是两种不同的语言。source 和 target 由单词序列构成：

$$\text{source}=(x_1, x_2, \cdots, x_m)$$

$$\text{target}=(y_1, y_2, \cdots, y_n)$$

encoder 结构对输入句子 source 进行编码，将输入句子通过非线性变换转化为中间语义表示 C：

$$C=f(x_1, x_2, \cdots, x_m)$$

decoder 结构对中间语义表示 C 和之前已经生成的历史信息来生成 i 时刻要生成的单词：

$$y_i=g(C; y_1, y_2, \cdots, y_{i-1})$$

引入 attention 机制后，目标句子中的每个单词都有其对应的源语句中单词的注意力分配概率信息。在生成单词 y_i 的时候，公式 $C=f(x_1, x_2, \cdots, x_m)$ 中的中间语义表示不再是相同的一个 C，而是当前生成单词的语义表示 C_i，C_i 是不断变化的，即生成目标句子单词的过程变成了这样的形式：$y_1=f(C_1)$，$y_2=f(C_2, y_1)$，$y_3=f(C_3, y_1, y_2)$，每个 C_i 对应着源语句中每个单词的注意力分配概率分布。

假设翻译为英译中，源语句为"*I love you*"，目标句子就是"我爱你"。在翻译到"我"时，应体现出每个英文单词对于翻译当前中文单词的影响程度，即注意力机制分配给不同英文单词的注意力大小，例如给出类似下面一个概率分布值：(*I*, 0.6) (*love*, 0.2) (*you*, 0.2)。

每个 C_i 都有对应的注意力分配概率，对于这个句子来说，其对应的信息可能如下：

$$\begin{cases} C_I=g(0.6\times f(\text{"}I\text{"}), 0.2\times f(\text{"}love\text{"}), 0.2\times f(\text{"}you\text{"})) \\ C_{love}=g(0.2\times f(\text{"}I\text{"}), 0.7\times f(\text{"}love\text{"}), 0.1\times f(\text{"}you\text{"})) \\ C_{you}=g(0.3\times f(\text{"}I\text{"}), 0.2\times f(\text{"}love\text{"}), 0.5\times f(\text{"}you\text{"})) \end{cases} \tag{6.42}$$

其中，$f(\cdot)$表示 encoder 对输入英文单词的某种变换函数，$g(\cdot)$代表 encoder 根据单词的中间表示合成整个中间语义表示的变换函数。一般来说，$g(\cdot)$函数就是对构成元素的加权求和：

$$C_i=\sum_{j=1}^{L_x} a_{ij}h_j \tag{6.43}$$

其中，L_x 表示输入句子的长度，在这个例子中，L_x 为 3；a_{ij} 表示输出第 i 个单词时，源语句中第 j 个单词的注意力分配概率；h_j 表示输入句子中第 j 个单词的语义编码，$h_1=f(\text{"}I\text{"})$，$h_2=f(\text{"}love\text{"})$，$h_3=f(\text{"}you\text{"})$分别是输入句子中每个单词的语义编码。翻译中文单词"我"时，中间语义表示C_i的形成过程如图 6.23 所示。

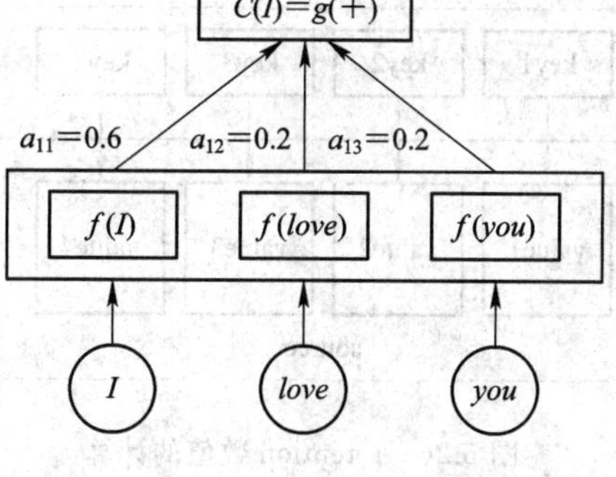

图 6.23　中间语义 C_i 形成过程

目标句子中第 i 个单词对应的源句子中第 j 个单词的概率分布 a_{ij} 是怎样得到的呢？为了便于说明，将 CNN 的框架细化，encoder 和 decoder 均采用 RNN 模型。图 6.24 中每个箭头代表做一次变换，即箭头连接带有权值。

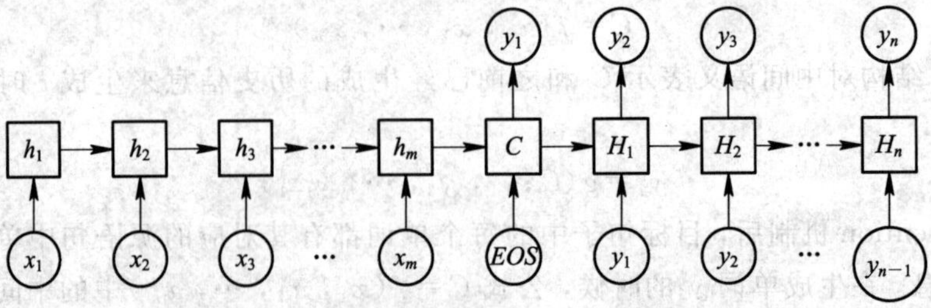

图 6.24 RNN 作为具体模型的 encoder-decoder 框架

图 6.25 则可以简单表示注意力分配概率的计算过程。

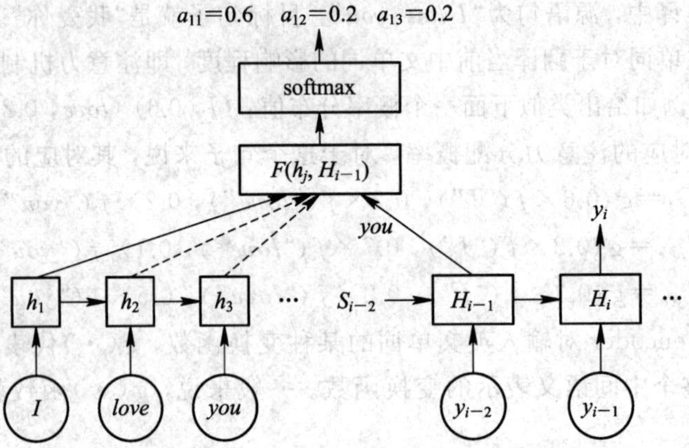

图 6.25 注意力分配概率计算过程

对于采用 RNN 模型的 decoder 来说，我们的目的是计算 i 时刻输入单词“I”“$love$”“you”对 y_i 的注意力概率分布，可以用目标输出句子 $i-1$ 时刻的隐层节点状态(H_{i-1})和输入句子的每个单词进行对比，利用函数 $F(h_j, H_{i-1})$来获得目标单词 y_i 和每个输入单词对齐的可能性，然后函数 $F(\cdot)$的输出经过 softmax 归一化处理得到符合概率分布取值的注意力概率分布，如图 6.26 所示。

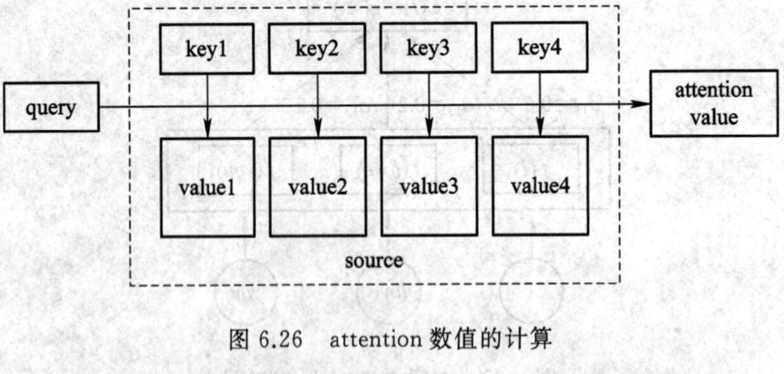

图 6.26 attention 数值的计算

综上所述，attention 计算主要分为三步：

(1) 将目标输出元素和输入序列的每个元素进行相似度计算得到权重。

(2) 一般使用一个 softmax 函数对这些权重进行归一化。

(3) 将权重和相应的输入序列元素进行加权求和得到最后的 attention。

一般地，将输入序列(source)中的构成元素想象成是由一系列的＜key，value＞数据对构成，此时给定目标(target)中的某个元素 query，通过计算 query 和各个 key 的相似性，得到每个 key 对应 value 的权重系数，再对 value 进行加权求和，最终的 attention 数值如下：

$$\text{Attention}(\text{query},\ \text{source})=\sum_{i=1}^{L_x}\text{Similarity}(\text{query},\ \text{key}_i)\times\text{value}_i \tag{6.44}$$

让 value 充当 query，就是自注意力(self-attention)，其用来表示某个单词自身与此句子其他单词的关联权重，如图 6.27 所示。

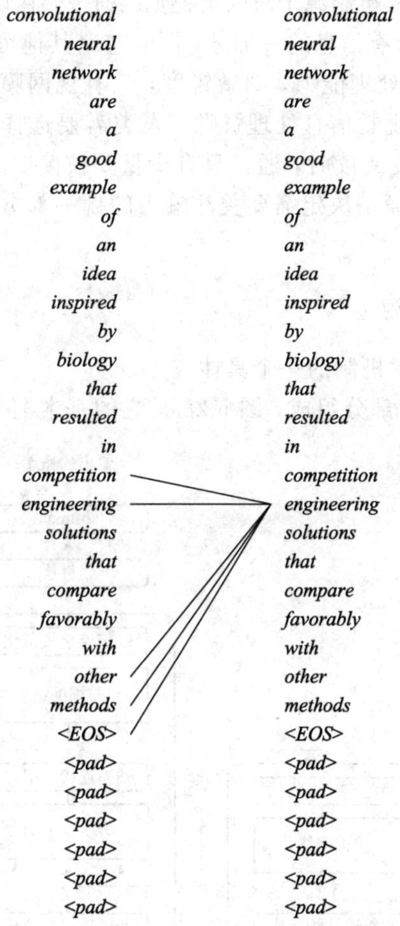

图 6.27　self－attention 可视化

2. attention 机制的应用

attention 机制主要应用于深度学习，目前 attention 机制在深度学习最热门的自然语言理解、图像识别等领域均得到了应用。

1）自然语言理解

自然语言理解最常见的应用是机器翻译，其过程是利用 encoder-decoder 框架中的 encoder将完整的输入句子压缩成一个维度固定的向量，再由 decoder 根据这个向量生成输出句子，最终完成翻译。而融合了 attention 机制的翻译模型能够提高长句子的特征学习能力，加强源语言序列的表示能力。attention 机制允许解码器随时查阅输入句子中的部分单词或片段，因此不再需要在中间向量中存储所有信息。这个过程可以类比人的翻译过程：在翻译句子时，人们经常回头查阅原文的某个词或片段，来提高翻译的精确度。用 attention 机制还可以解决机器翻译中不同长度的源语言对齐问题，将翻译和对齐同时进行，显著提高了神经机器翻译模型的翻译性能。另外还可以将 attention 机制应用在文本摘要中，从长句子或段落中更加精确地提取原文的中心内容。

2）图像识别

计算机视觉中的 attention 机制源于对人类视觉的研究。在认知科学中，由于信息处理的瓶颈，人类会选择性地关注所有信息的一部分，同时忽略其他可见的信息。人类视网膜不同的部位具有不同程度的信息处理能力，即敏锐度，只有视网膜中央的凹部位具有最强的敏锐度。为了合理利用有限的视觉信息处理资源，人类需要选择视觉区域中的特定部分，然后集中关注它。例如，人们在阅读时，通常只有少量要被读取的词会被关注和处理。因此，attention 机制主要有两个方面：决定需要关注输入的哪一部分；分配有限的信息处理资源中更重要的部分。

6.7.2 transformer 的架构

transformer 是 attention 机制的一个具体应用。

transformer 主要由两个部分组成，图 6.28 是它的基本框架结构。

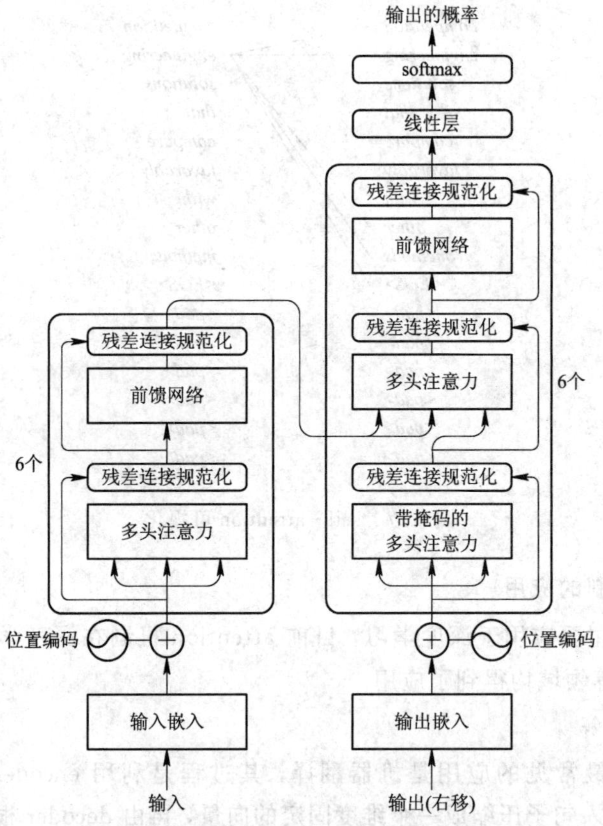

图 6.28 transformer 的框架结构

图 6.28 中，左边由一组编码器(encoders)组成，右边则由一组解码器(decoders)组成。encoders 分别由 $N(=6)$ 个编码器(encoder)组成，而 decoders 中同样也是由 6 个解码器(decoder)组成。transformer 与 RNN 和 CNN 不同的是，它通过在编码-解码中引入注意力机制从而并行且高效地完成 NLP 任务。

1. 编码器(encoder)

一个 encoder 包含多头注意力层(multi-head attention layer)、Add&Norm 层及前馈(feed forward)网络层。

1）编码器的输入

编码器的输入包括词嵌入(word embedding)与位置嵌入(position embedding)两部分。

对于输入的语言序列，通过使用嵌入算法实现词嵌入，我们可以将每个单词编码为一个 512 维度的向量列表；至于位置嵌入，在 transformer 中，对句子的处理是整体的，网络输入的是句子的所有单词，并同时处理，这与 RNN 是一个个单词(word)按顺序输入不同。为了考虑词的排序和位置信息，transformer 的作者提出采用位置嵌入的方法来关联 word 位置的信息。位置嵌入的计算公式如下：

$$\mathrm{PE}_{2i}(\mathrm{pos})=\sin\left(\frac{\mathrm{pos}}{10000^{\frac{2i}{d_{\mathrm{model}}}}}\right) \tag{6.45}$$

$$\mathrm{PE}_{2i+1}(\mathrm{pos})=\cos\left(\frac{\mathrm{pos}}{10000^{\frac{2i+1}{d_{\mathrm{model}}}}}\right) \tag{6.46}$$

其中，pos 表示这个 word 在该句子中的位置；$2i$ 表示嵌入词向量的偶数维度，$2i+1$ 表示嵌入词向量的奇数维度。transformer 将词嵌入码与位置码之和作为第一个 encoder 的输入(仍记为 $\boldsymbol{x}$)，其余 5 个 encoder 的输入为前一个 encoder 的输出。$\boldsymbol{x}$ 为一个矩阵，其中每一个单词对应矩阵的一个行向量，矩阵的行数就是句子包含的单词个数。

2）编码框架

在 transformer 的 encoders 内部，每个 encoder 都由多头注意力机制和全连接前馈神经网络组成，并且引入残差机制，在此基础上，还有一个归一化层。每个 encoder 的结构相同，但是权值并不共享。

encoder 第一级为注意力层，其让编码器在单词编码的过程中查看当前单词与输入序列中其他单词的关系。transformer 使用的多头注意力层由 8 个自注意力(self-attention)层构成，每一自注意力层的独立输出为一个包含 query 矩阵(查询矩阵)、key 矩阵(键矩阵)和 value 矩阵(值矩阵)的注意力向量集。多头注意力模块的计算框架如图 6.29 所示。transformer 输入一个句子或词组如(Deep Learning)，encoder 的输入就是 transformer 输入的词嵌入或前一个 encoder 的输出。词嵌入将输入句子的每一个词映射成一个向量，这个句子就映射成一个矩阵。

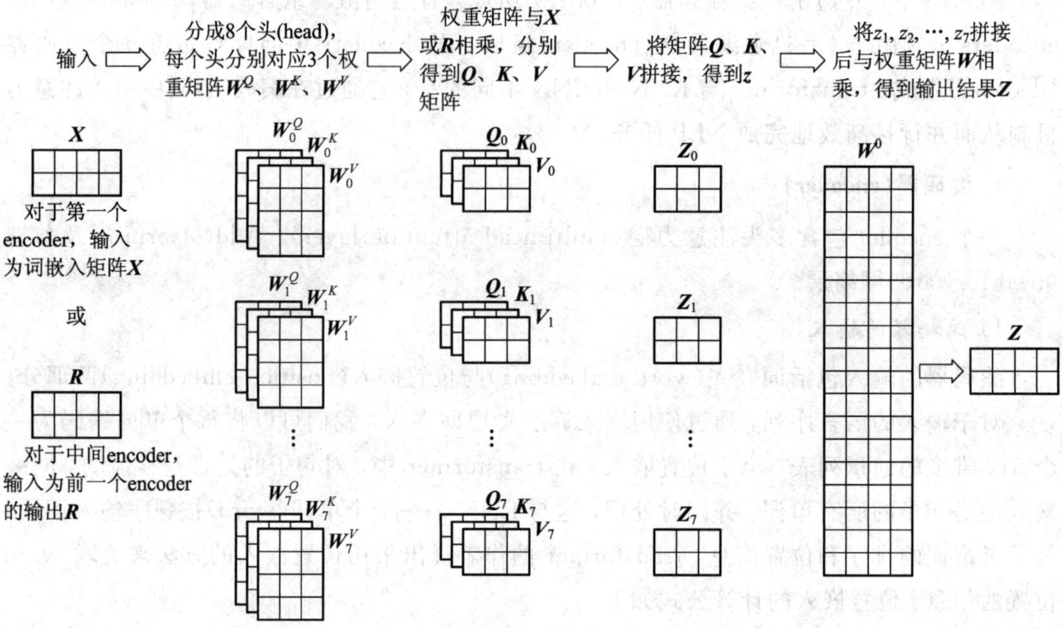

图 6.29　多头注意力模块的计算框架

(1) 自注意力层(self attention layer)的操作。

假设输入为词组“Deep Learning”，“Deep”与“Learning”的嵌入行向量分别记为 $\boldsymbol{x}_1$ 与 $\boldsymbol{x}_2$，则 $\boldsymbol{X}=\begin{bmatrix}\boldsymbol{x}_1\\ \boldsymbol{x}_2\end{bmatrix}$，将 $\boldsymbol{X}$ 分别乘以 query、key 与 value 权重矩阵 $\boldsymbol{W}^Q$、$\boldsymbol{W}^K$ 与 $\boldsymbol{W}^V$，分别得到 query、key 与 value 矩阵 $\boldsymbol{Q}$、$\boldsymbol{K}$ 与 $\boldsymbol{V}$，$\boldsymbol{Q}$、$\boldsymbol{K}$ 与 $\boldsymbol{V}$ 的计算式如下：

$$\boldsymbol{Q}=\begin{bmatrix}\boldsymbol{q}_1\\ \boldsymbol{q}_2\end{bmatrix}=\boldsymbol{X}\,\boldsymbol{W}^Q=\begin{bmatrix}\boldsymbol{x}_1\boldsymbol{W}^Q\\ \boldsymbol{x}_2\boldsymbol{W}^Q\end{bmatrix}\tag{6.47}$$

$$\boldsymbol{K}=\begin{bmatrix}\boldsymbol{k}_1\\ \boldsymbol{k}_2\end{bmatrix}=\boldsymbol{X}\,\boldsymbol{W}^K=\begin{bmatrix}\boldsymbol{x}_1\boldsymbol{W}^K\\ \boldsymbol{x}_2\boldsymbol{W}^K\end{bmatrix}\tag{6.48}$$

$$\boldsymbol{V}=\begin{bmatrix}\boldsymbol{v}_1\\ \boldsymbol{v}_2\end{bmatrix}=\boldsymbol{X}\,\boldsymbol{W}^V=\begin{bmatrix}\boldsymbol{x}_1\boldsymbol{W}^V\\ \boldsymbol{x}_2\boldsymbol{W}^V\end{bmatrix}\tag{6.49}$$

其中，$\boldsymbol{W}^Q\in\mathbf{R}^{d_{\text{model}}\times d_k}$，$\boldsymbol{W}^K\in\mathbf{R}^{d_{\text{model}}\times d_k}$，$\boldsymbol{W}^V\in\mathbf{R}^{d_{\text{model}}\times d_k}$，$d_{\text{model}}=512$，$h=8$，$d_k=d_{\text{model}}/h=64$。

接着，当我们在某个位置编码单词时，需要对输入句子的每个单词进行评分，其分数将决定该单词对输入句子的其他单词的关注程度。某个单词对句子单词的打分由 query 向量和 key 向量的点积来进行计算。以计算第一个单词“Deep”为例，其对“Deep”的评分为 $\boldsymbol{q}_1\cdot\boldsymbol{k}_1$，对“Learning”的评分为 $\boldsymbol{q}_1\cdot\boldsymbol{k}_2$，随后将评分除以 8(即$\sqrt{d_k}$)后进行 softmax 操作，这个 softmax 输出的分数确定了当前单词在每个句子中每个单词位置的表示程度。如表 6.1所示，最后自注意力层的输出 $\boldsymbol{z}=\begin{bmatrix}\boldsymbol{z}_1\\ \boldsymbol{z}_2\end{bmatrix}$ 为

$$z = \text{attention}(\boldsymbol{Q};\boldsymbol{K};\boldsymbol{V}) = \text{softmax}\left(\frac{\boldsymbol{Q}\boldsymbol{K}^{\mathrm{T}}}{\sqrt{d_k}}\right)\boldsymbol{V} \tag{6.50}$$

表 6.1　自注意力层的运算过程

输入	Deep	Learning
1：嵌入	$\boldsymbol{x}_1=(x_{11}, x_{12}, \cdots, x_{1n})$	$\boldsymbol{x}_2=(x_{21}, x_{22}, \cdots, x_{2n})$
2：计算 query 向量	$\boldsymbol{q}_1=\boldsymbol{x}_1\boldsymbol{W}^Q$	$\boldsymbol{q}_2=\boldsymbol{x}_2\boldsymbol{W}^Q$
3：计算 key 向量	$\boldsymbol{k}_1=\boldsymbol{x}_1\boldsymbol{W}^K$	$\boldsymbol{k}_2=\boldsymbol{x}_2\boldsymbol{W}^K$
4：计算 value 向量	$\boldsymbol{v}_1=\boldsymbol{x}_1\boldsymbol{W}^V$	$\boldsymbol{v}_2=\boldsymbol{x}_2\boldsymbol{W}^V$
5：评分(score)	$\boldsymbol{Q}_1\boldsymbol{K}^{\mathrm{T}}=(\boldsymbol{q}_1\cdot\boldsymbol{k}_1, \boldsymbol{q}_1\cdot\boldsymbol{k}_2)=(120, 88)$	$\boldsymbol{Q}_2\boldsymbol{K}^{\mathrm{T}}=(\boldsymbol{q}_2\cdot\boldsymbol{k}_1, \boldsymbol{q}_2\cdot\boldsymbol{k}_2)=(104, 72)$
6：评分除以 8($\sqrt{d_k}$)	(15, 11)	(13, 9)
7：softmax ×value	$\boldsymbol{u}_1=(0.98\boldsymbol{v}_1, 0.02\boldsymbol{v}_2)$	$\boldsymbol{u}_2=(0.98\boldsymbol{v}_1, 0.02\boldsymbol{v}_2)$
8：求和	$\boldsymbol{z}_1=0.98\boldsymbol{v}_1+0.02\boldsymbol{v}_2$	$\boldsymbol{z}_2=0.98\boldsymbol{v}_2+0.02\boldsymbol{v}_2$

(2) 多头注意力层(multi-head attention layer)的操作。

transformer 一共用了 8 个 self-attention，设第 i 个 self-attention 的权重矩阵分别为 $\boldsymbol{Q}_i$、$\boldsymbol{K}_i$ 与 $\boldsymbol{V}_i$，则多头注意力层的输出为这 8 个 self-attention 的输出叠加再乘以一个权重矩阵 $\boldsymbol{W}^o$，可得

$$\text{multihead}(\boldsymbol{Q};\boldsymbol{K};\boldsymbol{V}) = \text{concat}(\text{head}_1;\cdots;\text{head}_h)\boldsymbol{W}^o \tag{6.51}$$

其中，$\text{head}_i = \text{attention}(\boldsymbol{Q}_i;\boldsymbol{K}_i;\boldsymbol{V}_i) = \text{softmax}\left(\frac{\boldsymbol{Q}_i\boldsymbol{K}_i^{\mathrm{T}}}{\sqrt{d_k}}\right)\boldsymbol{V}_i$

(3) Add&Norm 的操作。

将前一编码器的输出(对于解码器组的最底端，其为嵌入输入 $\boldsymbol{x}$)与当前多头注意力层的输出相加，再进行 softmax 操作，得到的结果输入前馈神经网络。

3) 编码器输出

encoder 第二级为全连接前馈神经网络(fully connected feed-forward network)，其由两个线性变换组成，中间用了一个 ReLU 函数激活，计算公式为

$$\text{FFN}(\boldsymbol{x}) = \max(0;\boldsymbol{x}\boldsymbol{W}_1+\boldsymbol{b}_1)\boldsymbol{W}_2+\boldsymbol{b}_2 \tag{6.52}$$

encoder 最后一层是经过 Add&Norm 操作得到输出，即将前一自注意力层的输出与全连接前馈神经网络输出相加，再进行 softmax 操作。

2. 解码器

在词向量完全通过所有的编码层后，就启动解码器的工作。

1) 解码器的输入

经过编码阶段后，就进入解码阶段。解码阶段的输入包括两部分：一是编码阶段的最

后输出结果，这个输出结果将会输入到解码器的所有解码层，输入为 key 与 value 向量，如图 6.30 所示；二是前一个解码器的输出，如果是最底端的一个，则为上一个时间步输出的嵌入编码并添加了位置编码的编码，如 transformer 结构总图 6.28 中的输出(shifted right，右移)。

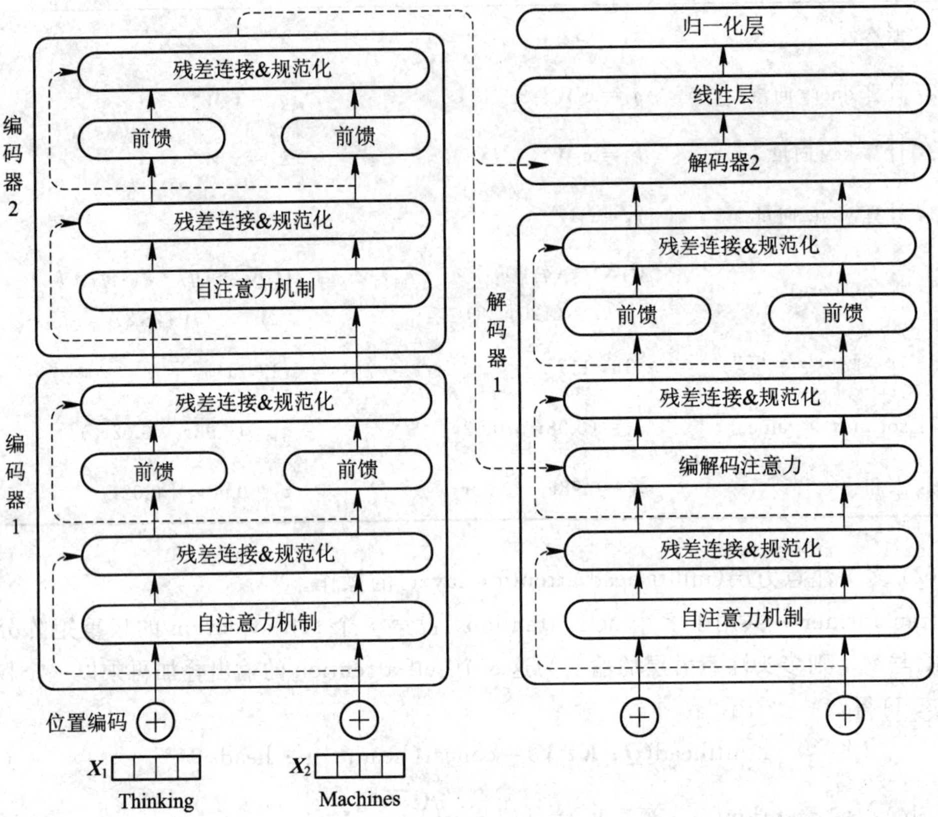

图 6.30　解码层输入

2）解码器的框架

与编码器对照，解码器除了有注意力机制层和前馈神经网络层以外，它多了一级编码器-解码器注意力层，以便解码器在解码时将注意力集中在序列的重点单词上面。

decoder 第一级的 key、query、value 均来自前一层 decoder 的输出，但加入了 mask 操作，这就避免了在模型训练的时候使用未来的输出单词，即解码第一个词语时是不能参考第二个单词的，但是解码第四个词语的时候可以参考前面三个单词的解码结果。因为在翻译过程中我们当前还并不知道下一个输出单词是什么，即 decoder 中的 self-attention 只关注输出序列中较早的位置。因此在 softmax 步骤前，必须屏蔽特征位置(设置为-inf)，即把后面的位置给隐去(masked)。

decoder 第二级与 encoder 的第一级相似，此层也被称作编码器-解码器注意力层(encoder-decoder attention layer)，即它的 query 来自于前一级 decoder 层的输出，但其 key 和 value 来自于 encoder 的输出。

decoder 第三级与 encoder 的第二级结构相同。

3）解码器的输出

解码器的输出结构与编码器的相似。

3. linear 与 softmax 层

decoder 最后会输出一个实数向量。linear 与 softmax 层的作用就是将这个实数向量变换成一个单词。

线性变换层是一个简单的全连接神经网络，它可以把解码组件产生的向量投射到一个比它大得多的被称作对数几率(logits)的向量里。

如果模型要从训练集中学习一万个不同的英语单词，那么对数几率向量为一万个单元格长度的向量，每个单元格对应某一个单词的分数。

softmax 层会把分数变成概率，其中概率最高的单元格对应的单词就是此时间步的输出。

解码器的每一个时间步输出都是一个序列的元素。

6.7.3 transformer 的应用

1. OpenAI - GPT

OpenAI - GPT(Generative Pre-trained Transformer）词向量模型，由 12 层transformer改进的模块组成，采用半监督的方式来处理语言理解的任务，使用无监督方式的预训练策略和监督方式的微调策略。该模型的目标任务和非标注数据集不需要是同一领域的内容。

GPT 模型预训练时利用上文预测下一个单词，适合用于文本生成的任务。

2. BERT

BERT（Bidirectional Encoder Representation from Transformers）采用多层 transformer 结构，是双向 transformer 的 encoder，能更彻底地捕捉语句中的双向关系。模型采用了 masked LM 和 next sentence prediction 两种方法分别捕捉词语和句子级别的表示。

对比 OpenAI - GPT，BERT 是双向的 transformer 模块连接。BERT 的训练时间估计是 GPT 的十倍。

6.7.4 计算机视觉的注意力机制

对于计算机视觉，使用掩码来形成注意力机制是一种经典的方法。掩码的原理在于通过另一层新的权重，将图片数据中关键的特征标识出来，通过学习训练，让深度神经网络学到每一张新图片中需要关注的区域，于是就形成了注意力。目前的注意力主要可以划分为三种：空间域、通道域和混合域。

1. 空间域注意力机制

空间域的注意力机制跟人眼的注意力机制的原理十分相似，都是通过着重关注某些区域而忽视不重要的视觉元素达到对视觉场景更优的理解。空间域的实现一般是通过输入图像的特征图去学习需要关注的区域，并卷积生成一张空间权重图，通过空间权重图对原始特征图按照各个位置的权重进行优化，即每个位置所有通道上的值都乘上该位置分配到的注意力，每一个位置所有通道都拥有相同的权重值，正是通过这种方式，注意重要视觉元素，忽视次要视觉元素，从而增强特征的显著性，为重要的区域保留更多的信息，从整体上提高模型精度，图 6.31 所示为一种空间域注意力机制网络结构框架。

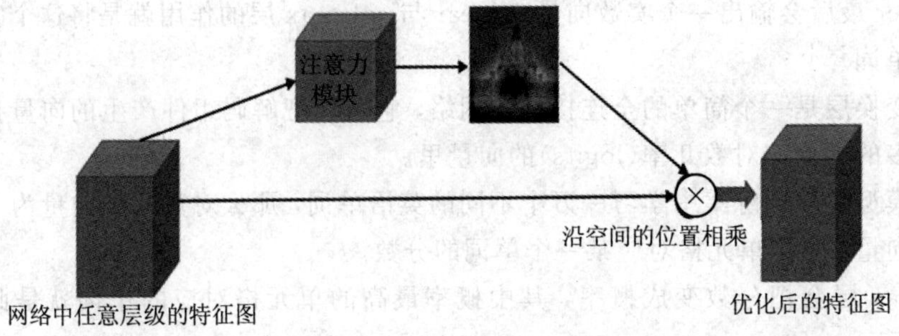

图 6.31 空间域注意力机制

注意力模块可以像 transformer 中的注意力机制那样构造，图 6.32 所示为一种具有多头注意力(multi-head attention)的注意力模块结构，像素点的注意力权重由其局部相邻的一维向量或二维矩阵的输入计算得到，其中 $\boldsymbol{q}$ 为当前输入，$\boldsymbol{m}_1$、$\boldsymbol{m}_2$、$\boldsymbol{m}_3$ 为先前的输入，$\boldsymbol{p}_q$、$\boldsymbol{p}_1$、$\boldsymbol{p}_2$、$\boldsymbol{p}_3$ 为位置编码，其只在第一层输入。

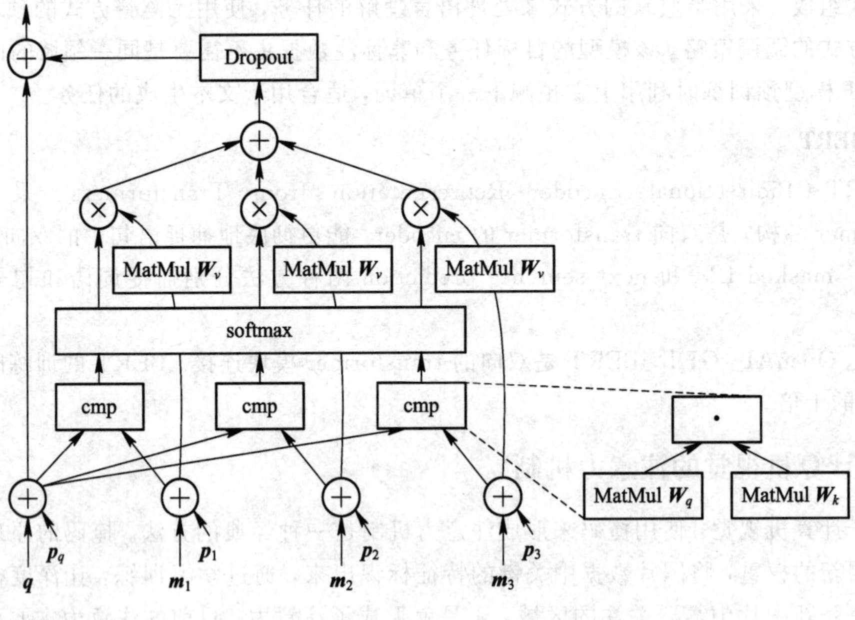

图 6.32 注意力模块结构

模块输出形式为

$$\boldsymbol{q}_a = \text{layernorm}\left(\boldsymbol{q} + \text{dropout}\left(\text{softmax}\left(\frac{\boldsymbol{W}_q \boldsymbol{W}_k^{\mathrm{T}}}{\sqrt{d_k}}\right)\boldsymbol{W}_v\right)\right) \tag{6.53}$$

一般情况下，空间注意力都会与通道注意力相结合。

2. 通道域注意力机制

通道域的注意力通过一个一维向量来表示，向量中的每个值代表着这个通道受到关注的程度。而提取通道注意力的过程则可以看作是同一向量通过卷积核进行不同空间的转换，这种转换可以是尺度上的转换也可以是通道上的转换，如果在转换后的空间拥有较大的响应值，则可以理解为它在原始空间更加值得关注，所以会赋予较大的权重。同时通道注意力也可以通过傅里叶变换去理解，傅里叶变换把信号分解为核函数上的分量，要想知道哪个分量的贡献大，就需要用一个向量来描述每个分量与关键信息的关系，而通道注意力正是起到这种作用，图 6.33 所示为一种通道域注意力机制。

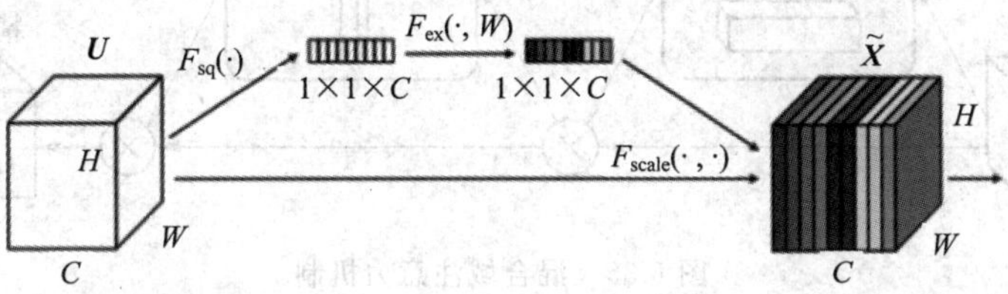

图 6.33　通道域注意力机制

对于输入尺寸为 $H\times W\times C$ 的特征图 $\boldsymbol{U}$，将 $\boldsymbol{U}$ 进行全局平均池化得到 $1\times1\times C$ 的特征向量。将 $\boldsymbol{U}$ 写成 $\boldsymbol{U}=[\boldsymbol{u}_1, \boldsymbol{u}_2, \cdots, \boldsymbol{u}_C]$，$\boldsymbol{u}_k\in\mathbf{R}^{H\times W}$，池化结果 z 的第 k 个元素如下：

$$z_k=F_{\text{sq}}(\boldsymbol{u}_k)=\frac{1}{H\times W}\sum_{1\leqslant j\leqslant W}^{1\leqslant i\leqslant H}\boldsymbol{u}_k(i, j) \tag{6.54}$$

为了增加网络的非线性变换和减少参数量，接下来进行两次全连接操作，先对维度压缩以减小参数，再恢复原有的维度得到 $1\times1\times C$ 的通道注意力，映射公式为式(6.55)，式中 σ 为 sigmoid 函数，δ 为 ReLU 函数框架，如图 6.34 所示(其中，r 为压缩比例，用于降维)。

$$\boldsymbol{s}=F_{\text{ex}}(\boldsymbol{z}, \boldsymbol{W})=\sigma(\boldsymbol{W}_2\delta(\boldsymbol{W}_1\boldsymbol{z})) \tag{6.55}$$

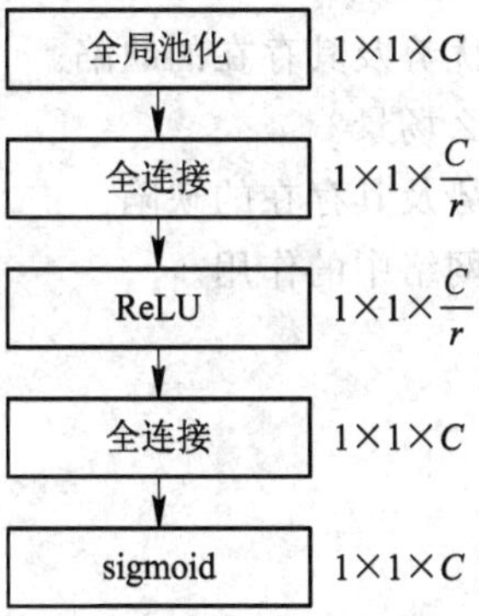

图 6.34　$F_{ex}(z,W)$映射框架

最后对中间特征图 $\boldsymbol{U}$ 沿各个通道与通道注意力相乘得到优化后的特征图 $\widetilde{\boldsymbol{X}}$，计算式如下：

$$\widetilde{X}=F_{\text{scale}}(\boldsymbol{u}_k, \boldsymbol{s}_k)=\boldsymbol{s}_k\boldsymbol{u}_k \tag{6.56}$$

3. 混合域注意力机制

混合域注意力就是对空间域注意力和通道域注意力的融合。在网络中可以从两个角度去优化特征图，一方面可以进行基于位置的空间信息优化，另一方面可以通过通道注意力对于特定的特征切片进行优化。混合域就是同时引入空间域与通道域的注意力机制，进一步强化特征图的表征能力。而空间域注意力和通道域注意力可以串行排列，即先使用一种注意力机制优化特征图，再使用另外一种注意力机制优化特征图(如图 6.35 所示)。

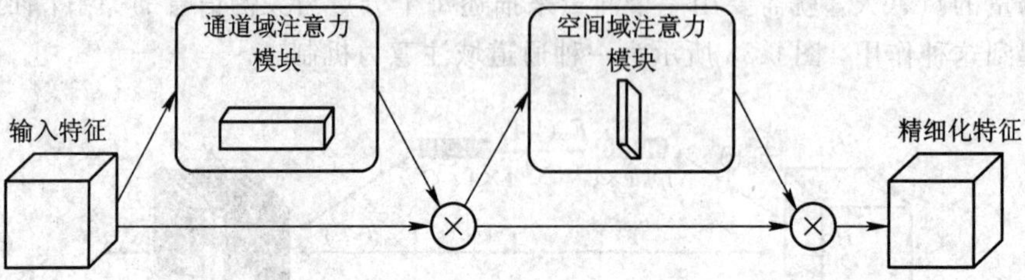

图 6.35　混合域注意力机制

此外，混合域注意力机制还可以并行地同时学习两种注意力优化特征图，甚至可以隐式地完成两种注意力机制的优化。注意力模块的设计与嵌入并没有通式通法，要具体问题具体分析。

习　题

1. 循环神经网络神经元的输入和输出分别是什么？
2. 循环神经网络的结构与简单神经网络的结构有什么不同？
3. 简述时间反向传播算法与反向传播算法的区别。
4. 简述双向循环神经网络和简单循环神经网络在结构上的区别。
5. 编码-解码网络常应用在什么场景？
6. 简述深度循环神经网络的优势及其存在的缺陷。
7. 递归神经网络常应用在什么场景？
8. 简述长短期记忆网络的优势及其存在的缺陷。
9. 简述门控单元在循环神经网络中的作用。

第 7 章　深度生成式对抗网络

生成式对抗网络(Generative Adversarial Network，GAN)于 2014 年被提出，其创新性在当时引起了极大的轰动。到底什么是生成式对抗网络呢？生活中我们想要提高自己的某种能力，通常会选择什么方式呢？效率最高的方式也许是选择一个比你更加厉害的人进行对弈，通过和他对弈以提高自己的能力。因为在对弈的过程中，你会思考和分析自己的缺陷以及如何改进才能在下一次击败对手。所以，要提高自己就需要一个更强大的对手，这就是 GAN 的基本思想，即在对弈的过程中不断优化。

生成式对抗网络的学习方式是通过生成器(generator)和判别器(discriminator)进行竞争性学习，它的出现极大地丰富了现有神经网络的结构。GAN 与普通神经网络的区别在于它不需要标注训练数据就能完成对数据的学习表征。虽然现有网络模型在图像应用方面的效果已经很好了，但是 GAN 网络仍然拥有它的一席之地，那么使用对抗神经网络的优势是什么呢？下面我们从其原理角度来分析。

7.1　生成式对抗网络的基本原理

GAN 网络的训练过程是判别网络和生成网络的对抗和博弈过程。生成网络用于生成数据，可根据输入给定噪声生成数据；判别网络用于判断数据是生成的还是真实的。生成网络生成让判别网络难以区分真伪的数据，而判别网络则尽可能地区分其输入数据的真伪性，其训练过程是将两个网络不断地做对抗，固定一个网络的同时训练另一个网络，重复这个过程，直到生成网络最终可以产生与真实样本相似甚至超越真实样本质量的数据，这是一个充满创造性的过程。

图 7.1 所示为 GAN 训练过程中真实分布和生成分布的动态演化，虚线为生成数据分布，实线为真实数据分布，对抗网络的训练过程实际上是生成数据的分布不断拟合真实数据的分布的过程。如图 7.1(d)所示，当虚线与实线基本重合时，就代表此时生成器生成的数据与真实数据已经达到以假乱真的水平。

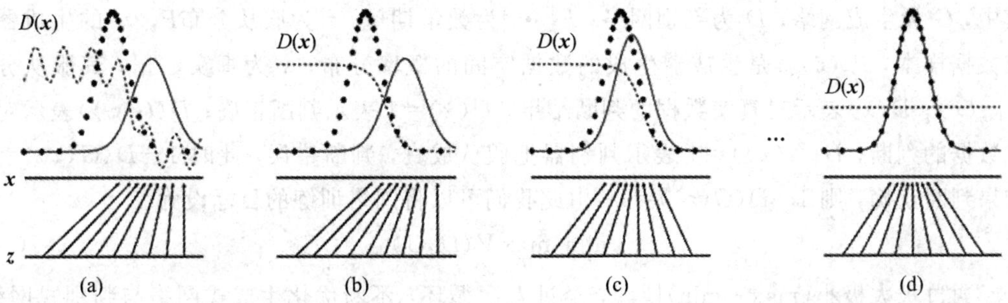

图 7.1　GAN 的基本思想

在监督学习中，一个关键问题是数据数量的问题，而 GAN 能很好地解决这一问题，因为采用训练好的 GAN 可以生成与给定数据集相似的数据集，达到以假乱真的水平，如图 7.2 所示。

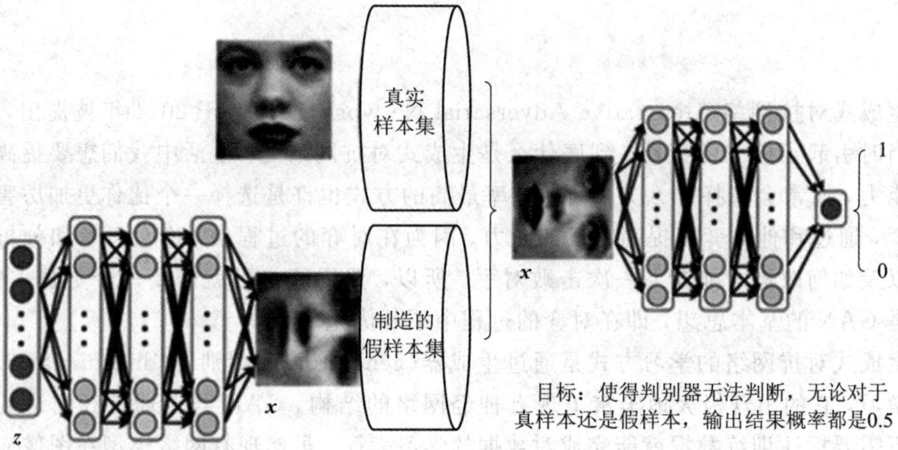
真实
样本集
制造的
假样本集
x
z
x
1
0
目标：使得判别器无法判断，无论对于
真样本还是假样本，输出结果概率都是0.5

图 7.2 GAN 产生与真实数据类似的生成数据

在图 7.2 中，z 表示随机输入的数据，z 通过生成网络生成图像 x。然后将 x 和真实图像输入判别网络，通过该判别网络得到的判别器是一个二分类器，接着通过该判别网络判断输入的图像是真实图像还是生成图像。这里生成网络的输出图像需要尽可能与真实图像一样，使判别器分辨不出输入的图像是真实图像还是生成图像，而判别器的训练目的则是分辨出其输入图像是真实的还是生成的，若判别器对于真假样本输出的结果概率均为 50%，则表明生成器输出的生成图像和真实图像非常接近了。

7.2 生成式对抗网络的设计

由于 GAN 的结构独特，因此其训练的方式也与众不同，下面从网络的损失函数的角度来分析其训练过程。

GAN 的损失函数定义如下：

$$V(D,G)=E_{x\sim P_{\text{data}}(x)}[\log(D(x))]+E_{z\sim P_z(z)}[\log(1-D(G(z)))] \tag{7.1}$$

其中，G 为生成网络；D 为判别网络；$E[\cdot]$为数学期望；z 为服从分布$P_z(z)$的生成器生成数据样本，$P_z(z)$就是生成器生成的数据空间的概率分布；x 为真实数据，其服从分布 $P_{\text{data}}(x)$；$D(x)$表示对真实数据的判断结果，$D(x)=1$ 表示判断正确；$D(G(z))$表示对生成数据的判断，$D(G(z))=1$ 表示判别器把假认成真，判断错误，此时 $1-D(G(z))=0$，如果判断正确，则 $1-D(G(z))=1$。由此我们可以将网络训练的目标设为

$$\min_G \max_D V(D,G) \tag{7.2}$$

通过极大极小(max - min)博弈，经过 k 次循环，不断优化生成式网络与判别式网络，直到达到 Nash 均衡点才停止优化。

如果给定生成网络 $D(\boldsymbol{x})$，那么判别网络训练的目标就是最大化 $V(D,G)$。

设 $P_r(\boldsymbol{x})$ 为真实分布，即 $\boldsymbol{x}\sim P_{\text{data}}(\boldsymbol{x})=P_r(\boldsymbol{x})$；$P_g(\boldsymbol{x})$ 为生成分布，即 $\boldsymbol{z}\sim P_z(\boldsymbol{z})=P_g(\boldsymbol{x})$。注意，随着生成网络的训练，分布 $P_z(\boldsymbol{z})$ 也随着变化。由式(7.1)，$V(D,G)$ 可以表示为

$$V(D,G)=\int_x P_{\text{data}}(\boldsymbol{x})\log(D(\boldsymbol{x}))\mathrm{d}\boldsymbol{x}+\int_z P_z(\boldsymbol{z})\log(1-D(G(\boldsymbol{z})))\mathrm{d}z$$
$$=\int_x [P_r(\boldsymbol{x})\log(D(\boldsymbol{x}))+P_g(\boldsymbol{x})\log(1-D(\boldsymbol{x}))]\mathrm{d}\boldsymbol{x}$$

要使 $V(D,G)$ 最大，则只需被积函数最大，即下式取最大值：

$$P_r(\boldsymbol{x})\log(D(\boldsymbol{x}))+P_g(\boldsymbol{x})\log(1-D(\boldsymbol{x})) \tag{7.3}$$

对于 $D(\boldsymbol{x})$，当其导数为 0 时，得到 $D(\boldsymbol{x})$ 的全局最优解：

$$D^*(\boldsymbol{x})=\frac{P_r(\boldsymbol{x})}{P_r(\boldsymbol{x})+P_g(\boldsymbol{x})} \tag{7.4}$$

于是，在判别网络取得最优的情况下，对应生成网络的损失函数为

$$C(G)=\max_D V(D,G)$$
$$=E_{\boldsymbol{x}\sim P_r(\boldsymbol{x})}[\log(D^*(\boldsymbol{x}))]+E_{\boldsymbol{x}\sim P_g(\boldsymbol{x})}[\log(1-D^*(G(\boldsymbol{z})))]$$
$$=E_{\boldsymbol{x}\sim P_r(\boldsymbol{x})}\left[\log\frac{P_r(\boldsymbol{x})}{P_r(\boldsymbol{x})+P_g(\boldsymbol{x})}\right]+E_{\boldsymbol{x}\sim P_g(\boldsymbol{x})}\left[\log\frac{P_g(\boldsymbol{x})}{P_r(\boldsymbol{x})+P_g(\boldsymbol{x})}\right]$$

即

$$C(G)=E_{\boldsymbol{x}\sim P_r(\boldsymbol{x})}\left[\frac{P_r(\boldsymbol{x})}{P_r(\boldsymbol{x})+P_g(\boldsymbol{x})}\right]+E_{\boldsymbol{x}\sim P_g(\boldsymbol{x})}\left[\frac{P_g(\boldsymbol{x})}{P_r(\boldsymbol{x})+P_g(\boldsymbol{x})}\right] \tag{7.5}$$

GAN 的生成网络的训练就是要最小化 $C(G)$，显然，当 $P_r(\boldsymbol{x})=P_g(\boldsymbol{x})$ 时，式(7.5)取得最小值，其值为 $-\log 4$。

由 KL 散度(Kullback - Leibler divergence)的定义：

$$\mathrm{KL}(P_1\,\|\,P_2)=E_{x\sim P_1}\log\frac{P_1(\boldsymbol{x})}{P_2(\boldsymbol{x})} \tag{7.6}$$

及 JS 散度(Jensen - Shannon divergence)的定义：

$$\mathrm{JS}(P_1\,\|\,P_2)=\frac{1}{2}\mathrm{KL}\left(P_1\,\Big\|\,\frac{P_1+P_2}{2}\right)+\frac{1}{2}\mathrm{KL}\left(P_2\,\Big\|\,\frac{P_1+P_2}{2}\right) \tag{7.7}$$

式(7.5)可以转换成

$$C(G)=\mathrm{KL}\left(P_r\,\Big\|\,\frac{1}{2}(P_r(\boldsymbol{x})+P_g(\boldsymbol{x}))\right)+\mathrm{KL}\left(P_g\,\Big\|\,\frac{1}{2}(P_r(\boldsymbol{x})+P_g(\boldsymbol{x}))\right)-2\log 2 \tag{7.8}$$

或

$$C(G)=2\mathrm{JS}(P_r\,\|\,P_g)-2\log 2 \tag{7.9}$$

因此，当判别网络取得最优值时，生成网络的优化实际上是在优化真实分布与生成分布的 JS 散度。

根据以上分析，基于梯度下降算法，可设计如表 7.1 所示的 GAN 网络训练流程。

表 7.1 GAN 网络训练流程

GAN 网络训练
1：for 训练迭代次数 do
2：for k 步 do
3：采集 m 个小批噪声样本$\{z^{(1)}, z^{(2)}, \cdots, z^{(m)}\}$
4：采集 m 个小批真实样本$\{x^{(1)}, x^{(2)}, \cdots, x^{(m)}\}$
5：由随机梯度来更新鉴别器的参数 θ_d
6：$\nabla_{\theta_d} \frac{1}{m} \sum_{i=1}^{m} [\log D(x^{(i)}) + \log(1-D(G(z^{(i)})))]$
7：end for
8：由判别器小批量样本$\{z^{(1)}, z^{(2)}, \cdots, z^{(m)}\}$，用随机梯度来更新生成器的参数 θ_g
9：$\nabla_{\theta_g} \frac{1}{m} \sum_{i=1}^{m} \log(1-D(G(z^{(i)})))$
10：end for

如果用动量学习或其他学习算法，只需将其替代流程中的梯度下降算法即可。

7.3 生成式对抗网络的改进

最初的 GAN 是以多层全连接网络为主体的网络，由于其结构为全连接网络，因此参数量极大，调参难度也较大，从而导致训练难度也提高了，并且对较复杂的数据集来说，效果很不理想。后来，许多学者陆续提出了 GAN 的多种变体以弥补其存在的缺陷，下面介绍几种较为典型的改进措施。

7.3.1 WGAN

WGAN(Wasserstein GAN)是从目标函数的角度改进模型，也就是从理论上解决 GAN 在训练过程中存在的梯度消失问题，并没有改变生成网络和判别网络的结构，但是 WGAN 为后续更深层次的改进提供了思路。根据前面推导朴素 GAN 网络的训练过程可知：当判别网络达到最优时，其目标函数等价于优化真实分布和生成分布的 JS 散度。朴素 GAN 在训练过程中存在梯度消失的问题，是因为当两个分布互不重叠时，JS 散度的值会渐渐趋向于一个常数。此外，朴素 GAN 调参困难并且容易训练失败的原因之一是当真实分布与生成分布是高维空间上的低维流形时，两者重叠部分的测度为 0 的概率为 1。

据此，有学者提出用 Wasserstein 距离(又称 Earth Mover 距离)来替代 JS 散度。真实分布与生成分布的 Wasserstein 距离定义如下：

$$W(P_r, P_g) = \inf_{\gamma \sim \Pi(P_r, P_g)} E_{(x, y) \sim \gamma} [\| \boldsymbol{x} - \boldsymbol{y} \|] \tag{7.10}$$

其中，P_r表示真实分布，P_g表示生成分布，γ 表示P_r和P_g的联合分布。Wasserstein 距离弥补了 JS 散度的缺陷：当P_r和P_g互不重叠时，仍然可以清楚地表示两个分布的距离，其对偶式定义如下：

$$(P_r, P_g) = \sup_{\|f\|_L \leqslant 1} (E_{\boldsymbol{x} \sim P_r} f_w(\boldsymbol{x}) - E_{\boldsymbol{x} \sim P_g} f_w(\boldsymbol{x})) \tag{7.11}$$

式中，f_w表示判别网络，其与朴素 GAN 中的判别网络不同的是，WGAN 不需要判别网络的输出值限定在[0，1]值区间，f_w值越大表示其越接近真实分布；反之，越接近生成分布。式(7.11)中的条件 $\|f\|_L \leqslant 1$ 为 Lipschitz 限制，即要求判别器的梯度不超过 1，1 为 Lipschitz常数。因为在判别网络上难以约束 Lipschitz 连续，所以为了更好地对 Lipschitz 转化成权重剪枝进行表达，每当更新完一次判别器的参数之后，就检查判别器的所有参数的绝对值有没有超过一个阈值，比如该阈值设为 c，有的话就把这些参数剪枝变为$-c$ 或 c，使参数 $w \in [-c, c]$，其中 c 为常数。

因此，WGAN 判别网络的目标函数为

$$\max_{f_w} E_{\boldsymbol{x} \sim P_r}[f_w(\boldsymbol{x})] - E_{\boldsymbol{z} \sim P_z}[f_w(G(\boldsymbol{z}))] \tag{7.12}$$

生成网络的损失函数为

$$\min_{G} E_{\boldsymbol{z} \sim P_z}[f_w(G(\boldsymbol{z}))] \tag{7.13}$$

WGAN 算法如表 7.2 所示。

表 7.2　WGAN 算法

输入：学习率 α；剪切参数 c；批处理大小 m；批处理 batch；每个生成器迭代中进行评价的迭代次数n_{critic}；初始评价参数w_0；初始生成器参数θ_0

1：while θ 没有收敛 do

2：for $t = 0, \cdots, n_{\text{critic}}$ do

3：从真实数据中采样$\{x^{(i)}\}_{i=1}^{m} \sim P_r$的一个 batch

4：从先验样本中采样$\{z^{(i)}\}_{i=1}^{m} \sim P_z$ 的一个 batch

5：$g_w \leftarrow \nabla_w \left[\frac{1}{m}\sum_{i=1}^{m} f_w(x^{(i)}) - \frac{1}{m}\sum_{i=1}^{m} f_w(g_\theta(z^{(i)}))\right]$

6：$w \leftarrow w + \alpha \cdot \text{RMSProp}(w, g_w)$

7：$w \leftarrow \text{clip}(w, -c, c)$

8：end for

9：采样$\{z^{(i)}\}_{i=1}^{m} \sim P_z$ 的一个先验样本 batch

10：$g_\theta \leftarrow -\nabla_\theta \frac{1}{m}\sum_{i=1}^{m} f_w(g_\theta(z^{(i)}))$

11：$\theta \leftarrow \theta - \alpha \cdot \text{RMSProp}(\theta, g_\theta)$

12：end while

其中，超参数可取为 $\alpha=0.000\ 05$，$c=0.01$，$m=64$，$n_{\text{critic}}=5$。

对于 WGAN 仍然存在的问题，许多学者认为，GAN 容易训练失败是由权重剪枝(weight clipping)引起的，因为判别器希望损失函数能尽可能拉大真假样本的数值差，然而权重剪枝采用的最优策略有可能让所有参数走极端，要么取最大值 c(如 0.01)，要么取最小值 $-c$。基于这个问题，Lshaan Gulrajani 提出了带梯度惩罚的 WGAN - GP 网络，他在损失函数中加入了梯度惩罚项，使得权重参数变化更为平缓，取损失函数为

$$L=E_{\boldsymbol{x}\sim P_r}[f_x(\boldsymbol{x})]-E_{z\sim P_z}[f_w(G(\boldsymbol{z}))]+\lambda E_{\boldsymbol{x}\sim P(\boldsymbol{x})}[|\nabla_x D(\boldsymbol{x})|-\boldsymbol{I}]^2 \tag{7.14}$$

其中，$P(\boldsymbol{x})$为整个样本空间的分布。在实际训练中，可以采用一对真假数据样本，再对它们进行插值得到新样本，这样得到的样本空间的概率分布即为 $P(\boldsymbol{x})$。

7.3.2 LSGAN

WGAN 和 WGAN - GP 已经基本解决了 GAN 难以训练的问题，但是其收敛速度都慢于 GAN，因此 Mao 等人在 WGAN 的基础上提出了最小二乘 GAN，即 LSGAN。LSGAN 的基本思想是：为判别网络提供一个平滑且非饱和梯度的损失函数。因此，他们使用了 GAN 的对数损失函数，LSGAN 的判别网络的损失函数定义如下：

$$\min_D E_{\boldsymbol{x}\sim P_{\text{data}(\boldsymbol{x})}}[(D(\boldsymbol{x})-b)^2]+E_{\boldsymbol{x}\sim P_z(\boldsymbol{x})}[(D(G(\boldsymbol{x}))-a)^2] \tag{7.15}$$

生成网络的目标函数如下：

$$E_{z\sim P_z(z)}[(D(G(\boldsymbol{z}))-c)^2] \tag{7.16}$$

其中，a 和 b 分别是假数据和真数据的标签，c 表示生成器希望判别器相信虚假数据的值。a、b、c 满足 $b-c=1$，$b-a=2$。这里 LSGAN 用散度x^2取代了朴素 GAN 的 JS 散度，不仅提高了训练的稳定性，而且提高了生成数据的质量和多样性，为后续的 GAN 变体提供了思路。

7.4 生成式对抗网络在图像中的应用

目前，GAN 在图像领域最擅长的是图像生成，其中有直接法、分层法、迭代法。直接法就是朴素 GAN 网络结构，即一个生成器和一个判别器，其结构是直接的，且没有分支，DCGAN 就是其中最经典的结构之一。与直接法相反，分层法使用了两个生成器和两个判别器，SS - GAN 就是其中一种。迭代法不同于分层法，迭代法可以实现生成网络之间的权重共享，LAPGAN 就是其中一种。未来，将 GAN 网络应用于其他领域是一个主要的研究方向。

下面我们介绍一个将 GAN 思想应用于图像分割的方法。

首先，在图像分割的数据集中，需要对数据集进行预处理，通过人工对每张图进行前后景标注，这样的标注结果称为标签，将原图像和标注后的图像称为一个样本对。人工标注图像和原图像称为正样本对，DCGAN 生成图像与原图像称为负样本对，正负样本对按照一定比例构成数据集，最后将数据集输入判别网络(D)进行判别，如图 7.3 所示。

我们将网络的损失函数定义为

$$L_{GAN}(G, D)=E[\log D(\text{Image}, \text{Lable})]+E[\log(1-D(\text{Image}, \text{Fake}))] \quad (7.17)$$

式中的 E 表示数学期望，第一个 $E[\cdot]$表示真实数据在 $\boldsymbol{x} \sim P_{data}(\boldsymbol{x})$条件下对 $\log D(\text{Image}, \text{Lable})$求数学期望，第二个 $E[\cdot]$表示生成数据在 $\boldsymbol{x} \sim P_g(\boldsymbol{x})$条件下对 $\log(1-D(\text{Image}, \text{Fake}))$求数学期望。判别网络的训练过程是最大化判别器的准确率且最小化生成器的误差损失，也就是最大化判别器的准确率和最小化判别器的错误率。

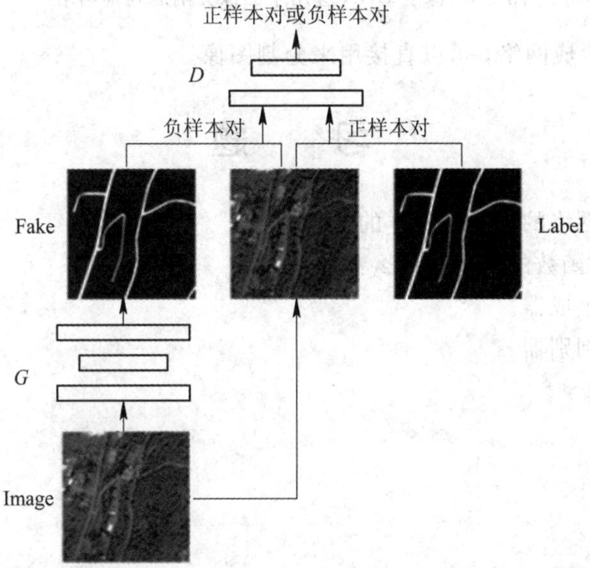

图 7.3　DCGAN 应用于图像分割

优化 D 的训练为

$$\max_D \{E[\log D(\text{Image}, \text{Lable})]+E[\log(1-D(\text{Image}, \text{Lable}))]\} \quad (7.18)$$

优化 G 的训练为

$$\max_G E[\log(1-D(\text{Image}, \text{Fake}))] \quad (7.19)$$

深度 GAN 网络的生成网络结构如图 7.4 所示，输入原图像，通过不断地卷积，最终输出前后景分割图像。判别网络结构如图 7.5 所示，输入原图像和分割图像，通过不断地卷积，最终使用 sigmoid 分类，判断正负样本对。

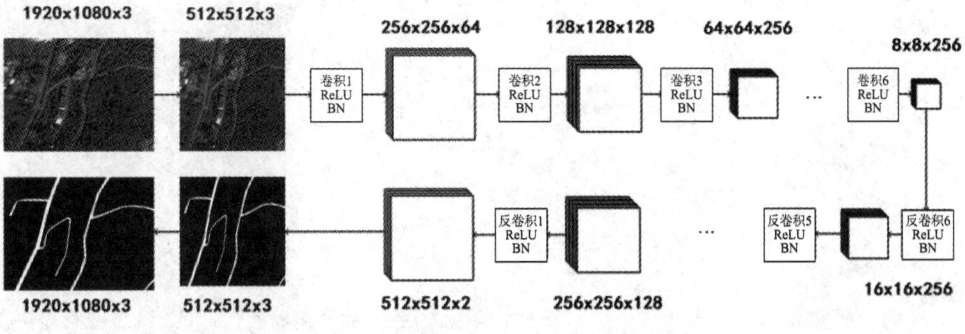

图 7.4　深度 GAN 应用于图像分割的生成网络

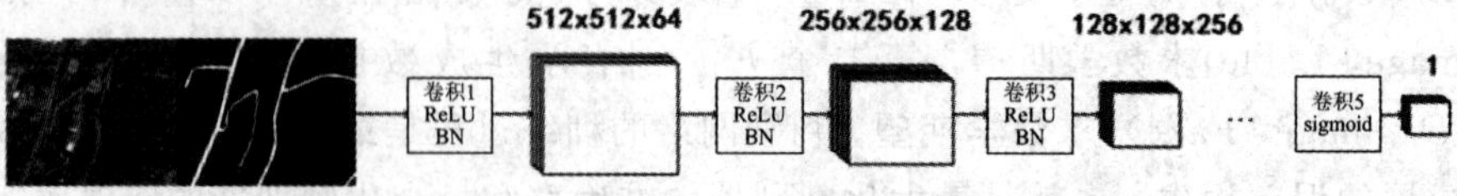

图 7.5 深度 GAN 应用于图像分割的判别网络

对于训练好的生成网络，可以直接用来分割图像。

习 题

1. 生成式对抗网络的框架是怎样的？
2. GAN 的损失函数的含义是什么？
3. 试设计一款生成器。
4. 试设计一款判别器。

第 8 章 自 编 码 器

自编码器(AutoEncoder，AE)是一种采用无监督学习方式的人工神经网络，主要目的是实现对输入数据进行高效的编码和解码，解码之后的数据维度通常小于输入的维度。自编码器由编码器(encoder)和解码器(decoder)两部分构成，具体结构如图 8.1 所示。$\boldsymbol{x}$ 是自编码器的输入，f 是由隐藏层构成的编码函数，$\boldsymbol{h}=f(\boldsymbol{x})$表示编码过程；相应的，$g$ 是由隐藏层构成的解码函数，$\boldsymbol{r}=g(\boldsymbol{h})$表示解码过程。自编码器经过训练后尝试将输入转换到输出，即 $\boldsymbol{r}=\boldsymbol{x}$。

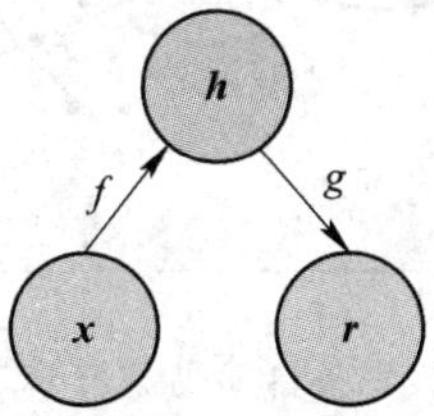

图 8.1 组成自编码器的编码器与解码器

自编码器具有以下三个特性：

(1) 由于自编码器的实质是神经网络，因此其具有很强的数据相关性。也就是说，自编码器只能编码与训练数据类似的数据。比如，使用猫的图片训练出来的自编码器，由于编码器和解码器学习到的特征是和猫相关的，故在编码人脸图片时性能很差。

(2) 自编码器是有损编码，通过解码器解码是无法准确还原原始编码的，这和 JPEG/MP3 等图像/音频压缩算法的信息有损相类似。

(3) 自编码器是一种自监督学习算法，其输入即是网络的监督信息，因此在编码设计和训练过程中，要竭力避免简单的恒等映射。

与所有的神经网络设计一样，自编码器除了包括编码器和解码器，还需要指定对应的损失函数，用于衡量解码后的编码相对于原始编码的损失，如二者的均方误差。通过梯度下降等优化方法，我们能够以最小化损失函数来优化编码器和解码器的参数。

在自编码器中，$\boldsymbol{x}$ 既是输入也是目标。在自编码器的训练中，可以给出一个隐藏编码 $\boldsymbol{h}$，认为解码器提供了一个条件分布$P_{\text{model}}(\boldsymbol{x}|\boldsymbol{h})$，根据最小化$-\log P_{\text{decoder}}(\boldsymbol{x}|\boldsymbol{h})$来训练自编码器。$P_{\text{decoder}}$决定了损失函数的具体形式。

自编码器有多种类型，本章主要介绍欠完备自编码器、正则自编码器、随机自编码器、深度自编码器和变分自编码器等。

8.1 欠完备自编码器

如果限制自编码器编码 $\boldsymbol{h}$ 的维度比输入 $\boldsymbol{x}$ 的小，则自编码器的编码过程可以看作数据降维或者数据压缩，解码过程则是还原和对数据进行解压，这样的自编码器称为欠完备

(undercomplete)自编码器。欠完备自编码器主要是在训练的过程中强制捕捉数据空间中最显著的特征。

欠完备自编码器的解码器过程执行线性变换，损失函数设为均方误差，那么就相当于欠完备自编码器的编码过程使用了主成分分析(PCA)方法。也就是说，自编码器在自监督学习过程中，学习到了训练数据的主元子空间。欠完备自编码器与 PCA 的比较如图 8.2 所示，自编码器能够学习数据的非线性分布，而 PCA 只能学习线性分布。

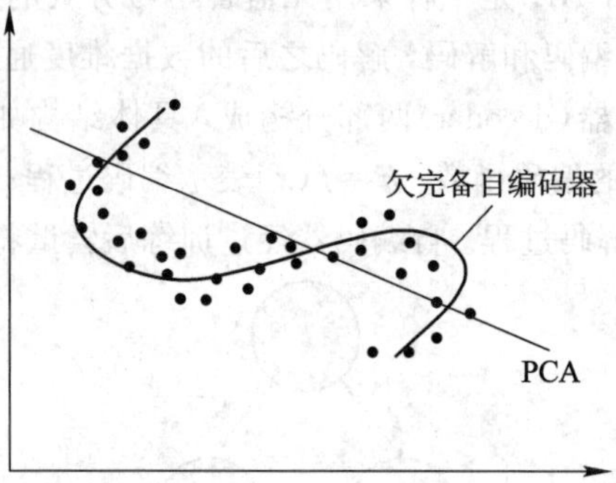

图 8.2　欠完备自编码器与 PCA 的比较

8.2　正则自编码器

如果自编码器中隐藏层解码输出的维度大于等于输入 $\boldsymbol{x}$ 的维度，那么称隐藏层维度过完备(overcomplete)，该种情况下会对编码器和解码器赋予超大的容量。此时若不对自编码器的参数做任何约束，则自编码器会简单地将输入映射为输出，无法学习任何与数据分布有关的信息。

通过给损失函数添加适当的正则项，可以引导自编码器在过完备隐藏层存在的情况下，仍旧能够学习到训练数据中隐藏的有用特征，从而避免简单的恒等映射方式，这样的自编码器叫作正则自编码器。下面介绍两种正则自编码器，即稀疏自编码器和去噪自编码器。

8.2.1　稀疏自编码器

在传统自编码器的基础上，对隐藏层节点进行某些稀疏性的约束与限制，通过对大部分隐藏层神经元的输出进行抑制，可使整体的神经网络结构变得稀疏，这样的自编码器叫作稀疏自编码器(Sparse AutoEncoder，SAE)。

稀疏自编码器的损失函数如下：

$$L(\boldsymbol{x},\ g(f(\boldsymbol{x})))+\lambda\Omega(\boldsymbol{h}) \tag{8.1}$$

其中，$L(\boldsymbol{x},\ g(f(\boldsymbol{x})))$是自编码器解码过程的损失函数，$\Omega(\boldsymbol{h})$是添加在隐藏层 $\boldsymbol{h}$ 中的稀疏正则项。对隐藏层连接权重使用 L_1 正则项，可以近似起到约束模型中隐藏层参数的作用，使之大多数都为 0。但 L_1 是非线性的，其导数非连续，因此要采用隐藏神经元的平均激活值来设计稀疏正则项。

如图8.3所示，我们将隐藏层的输出值与网络的输入 $\boldsymbol{x}$ 两者联系起来。假设对于输入 $\boldsymbol{x}$，隐藏神经元 j 的激活输出值为$a_j^{(2)}(\boldsymbol{x})$，隐藏神经元 j 对 m 个样本$\{\boldsymbol{x}^{(1)},\boldsymbol{x}^{(2)},\cdots,\boldsymbol{x}^{(m)}\}$的平均活跃度(在训练集上取平均)为

$$\bar{\rho}=\frac{1}{m}\sum_{k=1}^{m}a_j^{(2)}(\boldsymbol{x}^{(k)}) \tag{8.2}$$

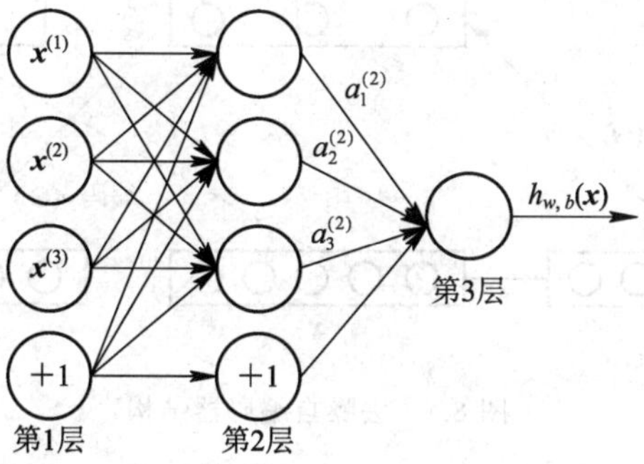

图8.3 简单网络结构

我们可以加入一条稀疏性限制：

$$\bar{\rho}=\rho \tag{8.3}$$

其中，ρ 是“稀疏性参数”，通常取一个接近于0的较小的值(比如 $\rho=0.01$)。为了让网络达到“稀疏”的目的，必须让隐藏神经元中的活跃度趋近于0。

对于式(8.3)的约束条件，考虑整个一层隐藏层的神经元，我们可以选择如下的额外惩罚项为

$$\Omega(\bar{\rho})=\sum_{j=1}^{s_2}\left[\rho\log\frac{\rho}{\bar{\rho}_j}+(1-\rho)\log\frac{1-\rho}{1-\bar{\rho}_j}\right] \tag{8.4}$$

其中，s_2 表示隐藏层神经元的数量，索引 j 表示隐藏层中的第 j 个神经元。

除了以上介绍的方法，更简单的稀疏正则化约束方法为“k -稀疏”法，即选择最大的 k 个参数，其余都令为0。

8.2.2 去噪自编码器

如果将训练数据添加噪声后作为自编码器的输入，原始数据作为监督信息，则自编码器起到的作用就是数据去噪，这样的自编码器称为去噪自编码器。与其他的自编码器相比较，去噪自编码器通常具有更好的鲁棒性。

给数据注入噪声的过程可以用一个条件分布来表示，即对于给定数据样本 $\boldsymbol{x}$，以概率 $c(\tilde{\boldsymbol{x}}|\boldsymbol{x})$得到含噪样本$\tilde{\boldsymbol{x}}$。自编码器则通过训练数据对$(\tilde{\boldsymbol{x}},\boldsymbol{x})$来学习重构分布$g(f(\tilde{\boldsymbol{x}}))$。

去噪自编码器最小化损失函数为

$$L(\boldsymbol{x},g(f(\boldsymbol{x}))) \tag{8.5}$$

由于存在加入了噪声的样本，因此自编码器不能做简单的恒等映射，它必须学习到了特定噪声过程的去噪映射，才能使损失函数最小化。

目前最典型的一种去噪自编码器的结构如图 8.4 所示。首先，按上述分布模型对原始输入向量 $\boldsymbol{x}$ 添加噪声，得到含噪向量 $\tilde{\boldsymbol{x}}$；然后，通过编码器对含噪向量进行编码，得到向量 $\boldsymbol{y}$；接下来就是解码计算，通过解码器对 $\boldsymbol{y}$ 解码，生成重构后的信息 $\boldsymbol{z}$；最终通过训练周期逐渐最小化 $\boldsymbol{x}$ 与 $\boldsymbol{z}$ 之间的误差。其实现方案如下：

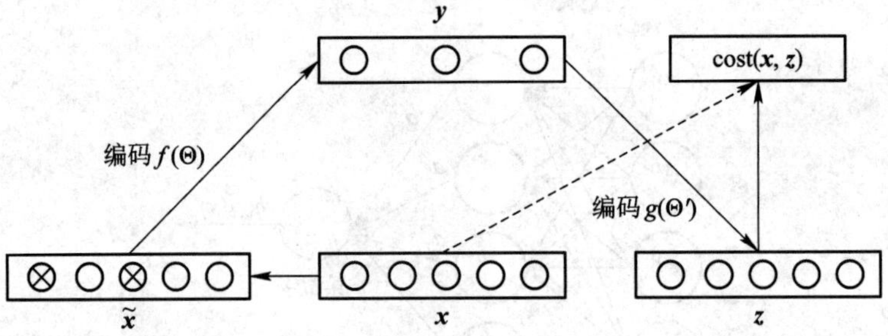

图 8.4 去噪自编码器结构

假设输入的样本集合为 $\boldsymbol{X}=\{\boldsymbol{x}^{(1)},\boldsymbol{x}^{(2)},\cdots,\boldsymbol{x}^{(n)}\}$，为了表达的简洁，用 $\boldsymbol{x}$ 表示某一样本 $\boldsymbol{x}^{(i)}$，其中 $\boldsymbol{x}=\{x_1, x_2, \cdots, x_d\}$ 为输入向量，$\boldsymbol{y}=\{y_1, y_2, \cdots, y_h\}$ 为其对应的隐藏层向量，$\boldsymbol{z}=\{z_1, z_2, \cdots, z_d\}$ 为对应的输出层向量，各个神经元的激活函数为 sigmoid 函数，即

$$f(x_i)=\text{sigmoid}(x_i)=\frac{1}{1+\exp(-x_i)} \tag{8.6}$$

通过向原始输入向量添加噪声：$\boldsymbol{x}\rightarrow\tilde{\boldsymbol{x}}$，得到含噪向量。

编码器的编码运算定义如下：

$$\boldsymbol{y}=f(\boldsymbol{W}_y\tilde{\boldsymbol{x}}+\boldsymbol{b}_y)=\text{sigmoid}(\boldsymbol{W}_y\tilde{\boldsymbol{x}}+\boldsymbol{b}_y) \tag{8.7}$$

相应的，解码器的解码运算为

$$\boldsymbol{z}=f(\boldsymbol{W}_z\boldsymbol{y}+\boldsymbol{b}_z)=\text{sigmoid}(\boldsymbol{W}_z\boldsymbol{y}+\boldsymbol{b}_z) \tag{8.8}$$

其中，$\boldsymbol{W}_y$、$\boldsymbol{W}_z$ 分别是编码器与解码器各隐藏层的权重矩阵，即 $\boldsymbol{W}_y$ 为大小 $h\times d$ 的矩阵，$\boldsymbol{W}_z$ 为大小 $d\times h$ 的矩阵；隐藏层、输出层神经元的偏置向量可以用 $\boldsymbol{b}_y$、$\boldsymbol{b}_z$ 来表示，而且 $\boldsymbol{b}_y$ 为 h 维的向量，$\boldsymbol{b}_z$ 为 d 维的向量。同时为了使模型的参数简单化，可以使用如下约束项：

$$\boldsymbol{W}_y=\boldsymbol{W}_z=\boldsymbol{W} \tag{8.9}$$

去噪自编码器的优化任务就是以解码输出与原始输入之间的重构误差达到最小作为目标来计算参数：

$$\text{ideal reconstruction}=\underset{\boldsymbol{W},\boldsymbol{b}_y,\boldsymbol{b}_z}{\operatorname{argmin}}[J(\boldsymbol{x},\boldsymbol{z})] \tag{8.10}$$

式中，$J(\boldsymbol{x},\boldsymbol{z})$ 为重构输出与原始输入差值的度量大小，度量这种差异值的方式可以考虑采用交叉熵(cross - entropy)的形式，以批量数据训练方式来训练网络，则目标函数为

$$J(\boldsymbol{x},\boldsymbol{z})=-\frac{1}{n}\sum_{i=1}^{n}\sum_{k=1}^{d}[x_{ik}\log(z_{ik})+(1-x_{ik})\log(1-z_{ik})] \tag{8.11}$$

根据以上目标函数，按照梯度下降算法，以 η 为步长，更新自编码器的权重与偏置：

$$\boldsymbol{W}=\boldsymbol{W}-\eta\frac{\partial J(\boldsymbol{x},\boldsymbol{z})}{\partial\boldsymbol{W}},\ \boldsymbol{b}_y=\boldsymbol{b}_y-\eta\frac{\partial J(\boldsymbol{x},\boldsymbol{z})}{\partial\boldsymbol{b}_y},\ \boldsymbol{b}_z=\boldsymbol{b}_z-\eta\frac{\partial J(\boldsymbol{x},\boldsymbol{z})}{\partial\boldsymbol{b}_z} \tag{8.12}$$

按照这种方式，迭代更新至目标函数不再下降，完成自编码器的训练。当模型训练周期结束后，隐藏层神经元最后的输出值就是通过去噪自编码器提取的特征值。如果将多个去噪自编码器堆叠起来，即可得到堆叠去噪自编码器。对于堆叠去噪自编码器的训练，通常会采用先预训练后精调的方式。具体方法如下：首先，按照堆叠顺序逐个训练自编码器，每个自编码器的输入为前一个自编码器的输出；然后，再对整个堆叠自编码器进行微调。

8.3　随机自编码器

为了更彻底地与我们之前了解到的前馈网络相区别，我们也可以将编码函数(encoding function)的概念推广为编码分布 (encoding distribution) $P_{\text{encoder}}(\boldsymbol{h}|\boldsymbol{x})$，如图 8.5 所示。

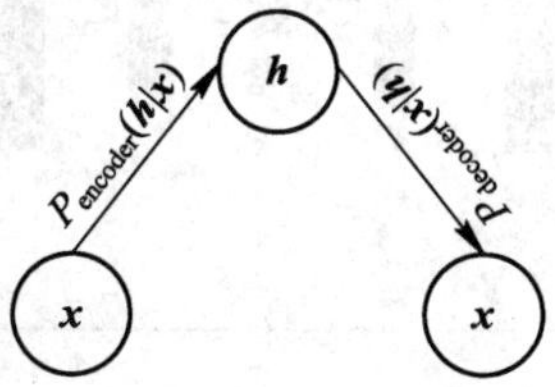

图 8.5　随机自编码器结构

图 8.5 所示的自编码器称为随机自编码器。与前面谈到的自编码器不同的是，随机自编码器在编码器和解码器中加入了人为的噪声量。也就是说，自编码器的编码和解码实际上是对数据分布的采样，对于编码器是 $P_{\text{encoder}}(\boldsymbol{h}|\boldsymbol{x})$，对于解码器是 $P_{\text{decoder}}(\boldsymbol{x}|\boldsymbol{h})$。

任何潜变量模型(latent variable model) $P_{\text{model}}(\boldsymbol{h}|\boldsymbol{x})$ 都可定义一个随机编码器：

$$P_{\text{encoder}}(\boldsymbol{h}|\boldsymbol{x})=P_{\text{model}}(\boldsymbol{h}|\boldsymbol{x}) \tag{8.13}$$

以及一个随机解码器：

$$P_{\text{decoder}}(\boldsymbol{x}|\boldsymbol{h})=P_{\text{model}}(\boldsymbol{x}|\boldsymbol{h}) \tag{8.14}$$

一般来说，对于 $P_{\text{model}}(\boldsymbol{x}|\boldsymbol{h})$，并不是只存在一个特定的条件分布，编码器和解码器能够和多个联合分布相容。如果随机自编码器的容量和训练数据充足，那么可以按照去噪自编码器的方式训练编码器和解码器，使它们渐近地相容。

8.4　深度自编码器

目前已有大量监督学习算法在工业分类或决策任务上表现出良好的性能，监督学习离不开大量具有标签的数据，而标注数据本身就是一件耗费大量人力物力的工程。对于没有标签的数据，通过无监督或自监督学习，可以提取出数据自身所隐藏的特征和分布规律，从而实现对数据的分析，以完成诸如聚类等特定的任务。

从网络的深度来说，如果自编码器包含了多层隐藏层，这样的自编码器称为深度自编码器(Deep AutoEncoder，DAE)。作为一个深度网络，DAE 会对输入做复杂的非线性变化，从而避免了网络执行简单的恒等映射。因此，网络的学习目标是拟合一个恒等映射：

$$h_{w,b}(\boldsymbol{x})=\boldsymbol{x} \tag{8.15}$$

即通过自编码器的训练后，有

$$\text{decoder}(\text{encoder}(\boldsymbol{x}))=\boldsymbol{x} \tag{8.16}$$

从深度神经网络的角度来看，DAE 是一种结构比较特殊的网络，这是因为其输入层和输出层的维度相同。DAE 的结构如图 8.6 所示，其中编码器和解码器由多个受约束的玻尔兹曼机(Restricted Boltzmann Machine，RBM)构成，也可以由自编码器堆或卷积网络等其他神经网络构成。

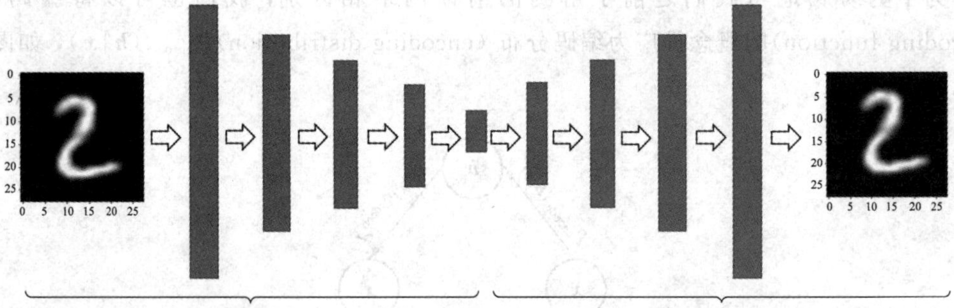

图 8.6 深度自编码器结构图

编码器主要对输入数据进行编码和重构，编码器的输出为编码层。设 DAE 输入样本矢量为 $\boldsymbol{X}=\{x_1, x_2, \cdots, x_m\}$，编码后得到的编码矢量为 $\boldsymbol{C}=\{c_1, c_2, \cdots, c_n\}$，其中 m 和 n 分别是输入层和编码层的节点数，一般满足 $m \geqslant n$。

将编码器的输出作为解码器的输入，得到解码后的编码 $\boldsymbol{Y}=\{y_1, y_2, \cdots, y_m\}$，因此系统误差可以表示为 $\|\boldsymbol{Y}-\boldsymbol{X}\|^2$。训练的目的是使 $\boldsymbol{Y}$ 与 $\boldsymbol{X}$ 尽可能相等，通过反复训练，调整参数，可使误差小于设定阈值。

目前深度自编码器主要有数据降噪、降维和特征抽取等应用。

8.5 变分自编码器

生成式对抗网络(GAN)作为一种能够由随机噪声数据生成真实数据的无监督学习网络，实现了数据概率分布模型的转换。和 GAN 类似，在自编码器中也有一种用于改变数据概率分布的网络，称为变分自编码器(Variational AutoEncoder，VAE)。与 GAN 不同的是，对于训练集的数据分布，VAE 是未知的；而在训练 VAE 时，必须提前指定生成数据的分布模型，如常见的均匀分布、高斯分布等。通过梯度下降等优化算法，可以最小化损失函数以更新模型参数，完成 VAE 的训练，实现由原始数据分布模型到指定分布模型的转换。

VAE 的结构如图 8.7 所示，$\boldsymbol{z}$ 是随机生成的噪声数据，$\boldsymbol{x}$ 是符合指定分布模型的数据。实线表示生成模型 $p_\theta(\boldsymbol{z})p_\theta(\boldsymbol{x}|\boldsymbol{z})$，虚线表示用 $q_\phi(\boldsymbol{z}|\boldsymbol{x})$ 去逼近未知的后验分布 $p_\theta(\boldsymbol{z}|\boldsymbol{x})$。

变分参数 ϕ 与生成模型参数 θ 由联合学习得到。由 $\boldsymbol{z}$ 到 $\boldsymbol{x}$ 的转换过程 $p_\theta(\boldsymbol{x}|\boldsymbol{z})$ 是自编码器的解码部分，对应 GAN 的生成模型；相应的，由 $\boldsymbol{x}$ 到 $\boldsymbol{z}$ 的过程 $q_\phi(\boldsymbol{z}|\boldsymbol{x})$ 是编码部分，对应 GAN 的识别模型。VAE 与 GAN 的结构对比如图 8.8 所示。

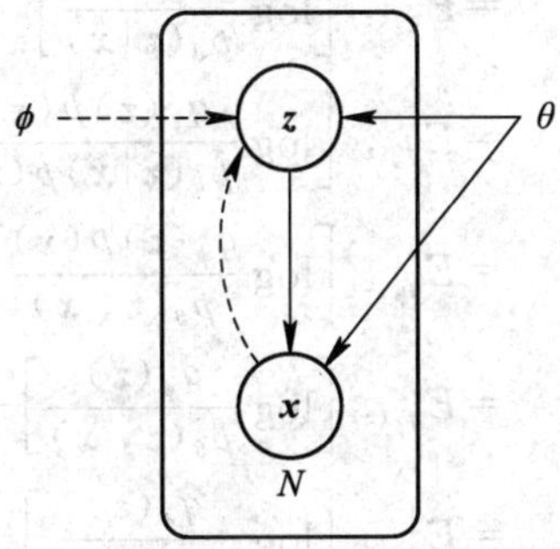

图 8.7　VAE 的结构

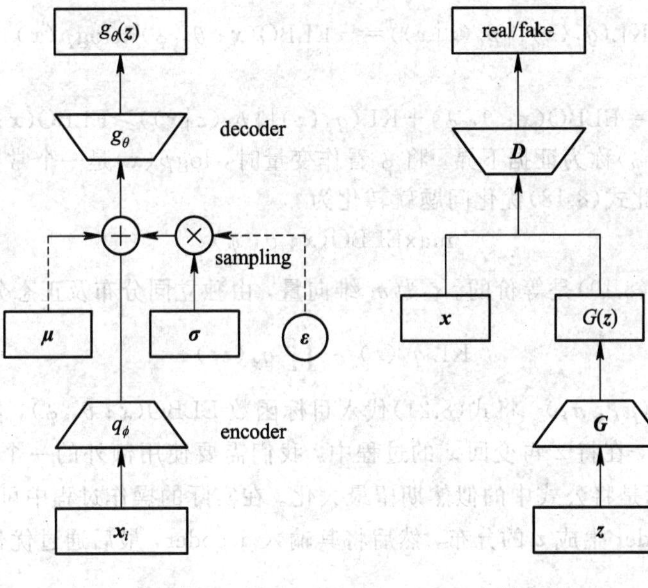

(a) VAE　　(b) GAN

图 8.8　VAE 与 GAN 的结构对比

假设对于每个观测向量 $\boldsymbol{x}_i \in \mathbf{R}^n$，对应一个隐性变量 $\boldsymbol{z}_i \in \mathbf{R}^m$，且这些 $\boldsymbol{z}_i$ 取自独立同分布的数据集，我们的目标是对不同的 $\boldsymbol{x}_i$，训练出对应的分布模型，不妨设为 m 维高斯正态分布：

$$q_\phi(\boldsymbol{z}) = N(\boldsymbol{\mu}, \boldsymbol{\sigma}) \tag{8.17}$$

我们的目标就是使 $q_\phi(\boldsymbol{z})$ 靠近 $p_\theta(\boldsymbol{z}|\boldsymbol{x})$。为求解使两个分布距离最小的分布参数 ϕ，模型优化的目标函数可取为

$$\min_\phi \mathrm{KL}(q_\phi(\boldsymbol{z}) || p_\theta(\boldsymbol{z}|\boldsymbol{x})) \tag{8.18}$$

由式(8.18)变分推导，将优化问题转化为所谓的 ELBO(Evidence Lower Bound，证据

下界)问题来求解。因为

$$\begin{aligned}
\mathrm{KL}(q_\phi(\boldsymbol{z})\,||\,p_\theta(\boldsymbol{z}|\boldsymbol{x})) &= \int q_\phi(\boldsymbol{z})\log\frac{q_\phi(\boldsymbol{z})}{p_\theta(\boldsymbol{z}|\boldsymbol{x})}\mathrm{d}\boldsymbol{z} \\
&= E_{q_\phi(z)}\left[\log\frac{q_\phi(\boldsymbol{z})}{p_\theta(\boldsymbol{z}|\boldsymbol{x})}\right] \\
&= E_{q_\phi(z)}\left[\log\frac{q_\phi(\boldsymbol{z})p(\boldsymbol{x})}{p_\theta(\boldsymbol{z}|\boldsymbol{x})p(\boldsymbol{x})}\right] \\
&= E_{q_\phi(z)}\left[\log\frac{q_\phi(\boldsymbol{z})p(\boldsymbol{x})}{p_\theta(\boldsymbol{z},\boldsymbol{x})}\right] \\
&= E_{q_\phi(z)}\left[\log\frac{q_\phi(\boldsymbol{z})}{p_\theta(\boldsymbol{z},\boldsymbol{x})}\right] + E_{q_\phi(z|x)}[\log p(\boldsymbol{x})] \\
&= E_{q_\phi(z)}\left[\log\frac{q_\phi(\boldsymbol{z})}{p_\theta(\boldsymbol{z},\boldsymbol{x})}\right] + \log p(\boldsymbol{x}) \\
&= -\mathrm{ELBO}(\boldsymbol{x};\theta,\phi) + \log p(\boldsymbol{x})
\end{aligned}$$

即

$$\mathrm{KL}(q_\phi(\boldsymbol{z})\,||\,p_\theta(\boldsymbol{z}|\boldsymbol{x})) = -\mathrm{ELBO}(\boldsymbol{x};\theta,\phi) + \log p(\boldsymbol{x}) \tag{8.19}$$

于是

$$\log p(\boldsymbol{x}) = \mathrm{ELBO}(\boldsymbol{x};\theta,\phi) + \mathrm{KL}(q_\phi(\boldsymbol{z})\,||\,p_\theta(\boldsymbol{z}|\boldsymbol{x})) \geqslant \mathrm{ELBO}(\boldsymbol{x};\theta,\phi)$$

$\mathrm{ELBO}(\boldsymbol{x};\theta,\phi)$称为证据下界。将 ϕ 看作变量时，$\log p(\boldsymbol{x})$是一个常数，$\mathrm{KL}(q_\phi(\boldsymbol{z})\,||\,p_\theta(\boldsymbol{z}|\boldsymbol{x}))\geqslant 0$，因此式(8.18)优化问题就转化为

$$\max_\phi \mathrm{ELBO}(\boldsymbol{x};\theta,\phi) \tag{8.20}$$

式(8.18)与式(8.19)是等价的。$\boldsymbol{z}$ 为 m 维向量，由独立同分布及正态分布的假设可得

$$\mathrm{KL}\ q_\phi(\boldsymbol{z}) = \prod_{k=1}^{m} q_\phi(\boldsymbol{z}_k) \tag{8.21}$$

其中，$q_\phi(\boldsymbol{z}_k)\sim N(\boldsymbol{\mu}_k,\boldsymbol{\sigma}_k)$。将式(8.21)代入目标函数 $\mathrm{ELBO}(\boldsymbol{x};\theta,\phi)$，使其计算更简便。

如图 8.9 所示，在将 $\boldsymbol{z}$ 再变回 $\boldsymbol{x}$ 的过程中，我们需要使用额外的一个拥有深度函数的 decoder，主要目标是将公式中的似然期望最大化。在实际的操作过程中可以转换为采样一批 $\boldsymbol{x}$，先利用 encoder 生成 $\boldsymbol{z}$ 的分布，然后将其输入 decoder，最后通过优化使得 $p(\boldsymbol{x}|\boldsymbol{z})$的似然最大化。

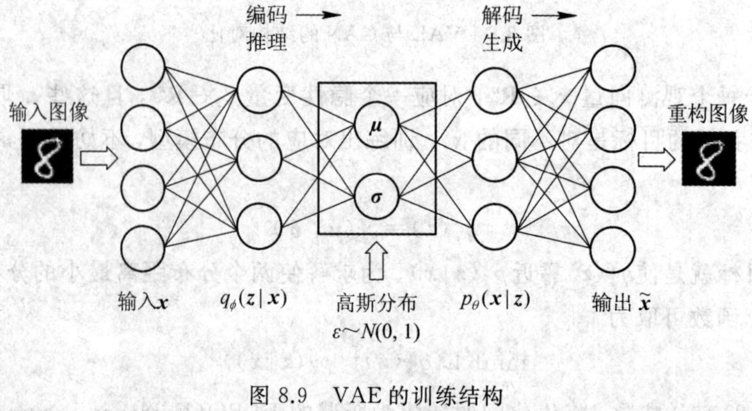

图 8.9　VAE 的训练结构

习　题

1. 自编码器都有哪些类型，它们各自有什么优缺点？
2. 正则自编码器是如何防止编码器学习恒等映射的？
3. 编码器与解码器各自具有什么功能？

第9章　深度信念网络

深度信念网络(Deep Belief Network, DBN)是由 Geoffrey Hinton 所提出的。深度信念网络是一种生成模型，其各神经元之间的连接权重借由训练数据，通过将整个神经网络按照最大概率来进行训练。深度信念网络的应用较为广泛，不仅可以对特征进行识别，对数据进行分类，还能生成数据。

9.1　Boltzmann 机

1985年，Hinton 和 Ackley 等人提出了 Boltzmann 机的模型。Boltzmann 机是一种随机神经网络，其主要是以模拟退火思想为基础，并将随机机制与 Hopfield 模型进行结合。

9.1.1　Boltzmann 机的模型

Boltzmann 机网络的结构与 Hopfield 神经网络在结构上较为类似，两者都是采用监督学习的方法，并且每一对神经元之间用于传输的权重系数也都是对称的，即 $w_{ij}=w_{ji}$，$w_{ii}=0$。Boltzmann 机神经元的结构和网络的结构如图 9.1 所示。

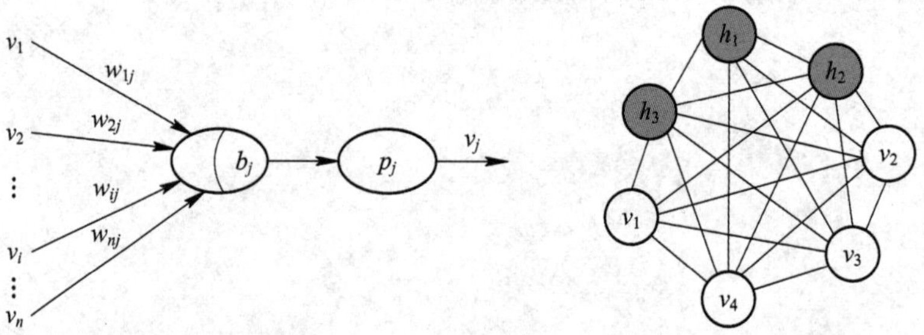

(a) 神经元结构　　(b) 网络结构

图 9.1　Boltzmann 机神经元结构和网络结构

Boltzmann 机网络是具有隐藏单元的反馈互联网络，h_i 为隐藏神经元，v_j 为可见神经元。Boltzmann 机神经元的状态取值是 0 或 1，根据相应的输入来决定取值的概率。

9.1.2　Boltzmann 机的状态更新算法

Boltzmann 机神经元状态的更新算法步骤如下：

(1) 网络初始化。

使用[−1,1]之间的随机数来对初始状态进行赋值，并且对起始温度 T_0 和目标温度 T_{final} 进行设置。

(2) 求解内部状态。

通过随机选取 N 个神经元中的某个神经元，根据式(9.1)计算出神经元的输入总和，即内部状态：

$$s_i(t)=\sum_{j=1,\ j\neq i}^{N} w_{ij}x_j(t)-b_j \tag{9.1}$$

(3) 更新神经元状态。

根据式(9.2)，对神经元的状态进行更新：

$$P[v_j(t+1)=1]=\frac{1}{1+\exp\left(-\frac{s_j(t)}{T}\right)} \tag{9.2}$$

(4) 更新温度参数。

令 $t = t+1$，按照式(9.3)，计算出新的温度参数：

$$T(t+1)=\frac{T_0}{\log(t+1)} \tag{9.3}$$

(5) 结束判断。

将第(4)步中计算出的温度参数与目标温度进行比较，观察结果。如果计算出的温度参数小于目标温度则算法结束，否则返回第(2)步，进入下一轮的计算。

9.2 受限 Boltzmann 机

受限 Boltzmann 机(Restricted Boltzmann Machine，RBM)是对 Boltzmann 机的改进，即对 Boltzmann 机的某些连接进行限制，这样可以使学习算法变得简单，如图 9.2 所示。那么限制指的是什么呢？其实就是将可见层与隐藏层中的层内连接断开。受限 Boltzmann 机的优点主要是将学习算法的效率大幅提高，与此同时，还将 Boltzmann 机的许多优良特性进行了保留，因此受限 Boltzmann 机被称为 Boltzmann 机的一次复兴。

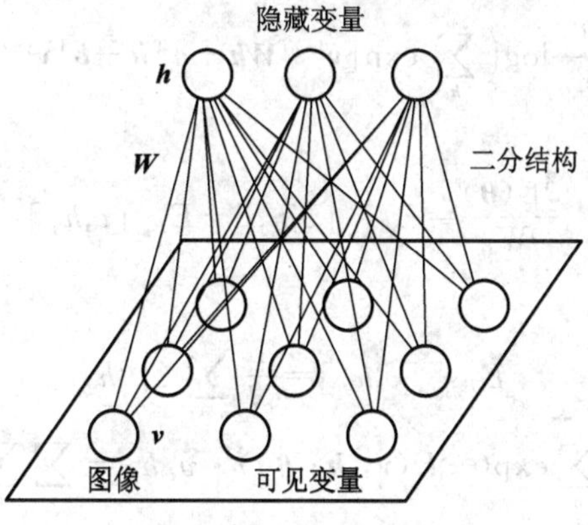

图 9.2　RBM 网络结构

受限 Boltzmann 机是一种生成式的随机神经网络，它的网络是由可见神经元层和一个隐藏神经元层组成的。其中，可见单元构成一个向量 $\boldsymbol{v}$，可以输入训练数据；隐藏单元构成一个向量 $\boldsymbol{h}$，可以作为特征检测器；$\boldsymbol{W}$ 为一个权值矩阵。

每个隐层神经元的激励值如下：

$$\boldsymbol{h}=\boldsymbol{W}\boldsymbol{v} \tag{9.4}$$

9.2.1 受限 Boltzmann 机的学习目标

受限 Boltzmann 机(RBM)是一种基于能量的模型，变量 $\boldsymbol{v}$ 和 $\boldsymbol{h}$ 联合配置的能量为

$$E(\boldsymbol{v}, \boldsymbol{h}; \boldsymbol{\theta})=-\sum_i\sum_j W_{ij}v_ih_j-\sum_i b_iv_i-\sum_j a_jh_j \tag{9.5}$$

其中，$\boldsymbol{\theta}=(\boldsymbol{W}, \boldsymbol{a}, \boldsymbol{b})$是指代 RBM 中的所有参数，$\boldsymbol{W}$ 是 $\boldsymbol{v}$ 和 $\boldsymbol{h}$ 之间的权值，$\boldsymbol{a}$ 是隐藏单元的偏置，$\boldsymbol{b}$ 是可见单元的偏置。

$\boldsymbol{v}$ 和 $\boldsymbol{h}$ 的联合概率为

$$P_{\boldsymbol{\theta}}(\boldsymbol{v}, \boldsymbol{h})=\frac{1}{Z(\boldsymbol{\theta})}\exp(-E(\boldsymbol{v}, \boldsymbol{h}; \boldsymbol{\theta})) \tag{9.6}$$

其中，$Z(\boldsymbol{\theta})$是归一化因子，$Z(\boldsymbol{\theta})=\sum_{\boldsymbol{v}}\sum_{\boldsymbol{h}}\exp(-E(\boldsymbol{v}, \boldsymbol{h}; \boldsymbol{\theta}))$。

将式(9.5)代入式(9.6)，可得

$$P_{\boldsymbol{\theta}}(\boldsymbol{v}, \boldsymbol{h})=\frac{1}{Z(\boldsymbol{\theta})}\exp\Big(\sum_i\sum_j W_{ij}v_ih_j+\sum_i b_iv_i+\sum_j a_jh_j\Big) \tag{9.7}$$

由 $P_{\boldsymbol{\theta}}(\boldsymbol{v}, \boldsymbol{h})$对 $\boldsymbol{h}$ 的边缘分布可得

$$P_{\boldsymbol{\theta}}(\boldsymbol{v})=\frac{1}{Z(\boldsymbol{\theta})} \tag{9.8}$$

最大化$P_{\boldsymbol{\theta}}(\boldsymbol{v})$可以得到参数 $\boldsymbol{\theta}$，也可以通过最大化 $L(\boldsymbol{\theta})$来得到。$L(\boldsymbol{\theta})$的计算式为

$$L(\boldsymbol{\theta})=\frac{1}{N}\sum_{n=1}^{N}\log P_{\boldsymbol{\theta}}(\boldsymbol{v}^{(n)}) \tag{9.9}$$

9.2.2 受限 Boltzmann 机的学习方法

我们可以通过随机梯度下降算法来最大化 $L(\boldsymbol{\theta})$，即

$$\frac{\partial L(\boldsymbol{\theta})}{\partial W_{ij}}=\frac{1}{N}\sum_{n=1}^{N}\frac{\partial}{\partial W_{ij}}\log\Big(\sum_{\boldsymbol{h}}\exp\left[\boldsymbol{v}^{(n)\mathrm{T}}\boldsymbol{W}\boldsymbol{h}+\boldsymbol{a}^{\mathrm{T}}\boldsymbol{h}+\boldsymbol{b}^{\mathrm{T}}\boldsymbol{v}^{(n)}\right]\Big)-\frac{\partial}{\partial W_{ij}}\log Z(\boldsymbol{\theta})$$

简化可得：

$$\frac{\partial L(\boldsymbol{\theta})}{\partial W_{ij}}=E_{P_{\text{data}}}[v_ih_j]-E_{P_{\boldsymbol{\theta}}}[v_ih_j] \tag{9.10}$$

其中：

$$E_{P_{\text{data}}}[v_ih_j]=\frac{1}{N}\sum_{n=1}^{N}v_i^{(n)}h_j$$

$$E_{P_{\boldsymbol{\theta}}}[v_ih_j]=\sum_{\boldsymbol{v}}\sum_{\boldsymbol{h}}\exp(-E(\boldsymbol{v}, \boldsymbol{h}; \boldsymbol{\theta}))\cdot v_ih_j=\sum_{\boldsymbol{v}}\sum_{\boldsymbol{h}}v_ih_j\cdot P_{\boldsymbol{\theta}}(\boldsymbol{v}, \boldsymbol{h})$$

故

$$\frac{\partial L(\boldsymbol{\theta})}{\partial W_{ij}}=E_{P_{\text{data}}}[v_ih_j]-\sum_{\boldsymbol{v}, \boldsymbol{h}}v_ih_jP_{\boldsymbol{\theta}}(\boldsymbol{v}, \boldsymbol{h}) \tag{9.11}$$

上式第二项计算量很大，Hinton 等人提出了一种高效的学习算法——对比散列(Contrastive Divergence，CD)，如图 9.3 所示。

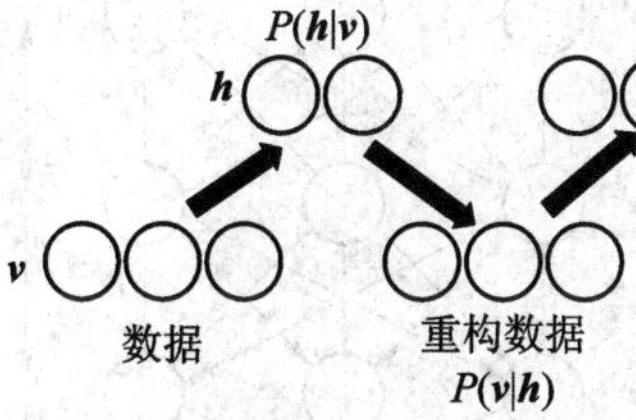

图 9.3　CD 算法示意图

对比散列算法的步骤如下：首先，固定 $\boldsymbol{v}$，求 $\boldsymbol{h}$；然后，重构 $\boldsymbol{h}$，计算出 $\boldsymbol{v}^1$；根据 $\boldsymbol{v}^1$ 生成 $\boldsymbol{h}^1$，反复进行直到收敛。重构的 $\boldsymbol{v}^1$ 和 $\boldsymbol{h}^1$ 就是对 $P(\boldsymbol{v},\boldsymbol{h})$ 的一次抽样，则 $P(\boldsymbol{v},\boldsymbol{h})$ 的近似值可以通过多次抽样得到的样本集合来表示，$\boldsymbol{h}$ 和 $\boldsymbol{v}$ 的状态分别由式(9.12)和式(9.13)来更新。

$$P(\boldsymbol{h} \mid \boldsymbol{v}) = \prod_j P(h_j \mid \boldsymbol{v}) P(h_j = 1 \mid \boldsymbol{v}) = \frac{1}{1 + \exp\left(-\sum_i W_{ij} v_i - a_j\right)} \tag{9.12}$$

$$P(\boldsymbol{v} \mid \boldsymbol{h}) = \prod_i P(v_i \mid \boldsymbol{h}) P(v_i = 1 \mid \boldsymbol{h}) = \frac{1}{1 + \exp\left(-\sum_j W_{ij} h_j - b_i\right)} \tag{9.13}$$

RBM 的权重学习算法如表 9.1 所示。

表 9.1　RBM 的权重学习算法

RBM 的权重学习算法流程
1：取一个样本数据，把可见变量的状态设置为这个样本数据，随机初始化 $\boldsymbol{W}$
2：根据式(9.12)更新隐藏变量的状态，$P(h_j=1\|\boldsymbol{v})$ 的概率设置为状态 1，否则 $P_{\text{data}}(v_i h_j) = v_i \times h_j$，其中 v_i、$h_j \in \{0,1\}$
3：根据 $\boldsymbol{h}$ 的状态和式(9.13)重构 $\boldsymbol{v}^1$，并求得 $\boldsymbol{h}^1$，计算 $P_{\text{model}}(v_i^1 h_j^1) = v_i^1 \times h_j^1$
4：更新边 $v_i h_j$ 的权重 $W_{ij} = W_{ij} + L \times (P_{\text{data}}(v_i h_j)) = P_{\text{model}}(v_i^1 h_j^1))$
5：取下一个数据样本，重复步骤 1～4
6：以上过程重复 k 次

9.3　深度信念网络

9.3.1　深度信念网络的设计

深度信念网络（Deep Belief Network，DBN）是一种由多层节点构成的概率有向图模型。

DBN 网络中，相邻层的节点之间的连接为全连接，其中任意一层内部的节点互不相连。除了网络的最底层为可观测的变量外，其余每一层的节点都为隐变量。层与层之间是有向的连接（最顶部的两层之间是无向的连接）。图 9.4 就是一个典型的深度信念网络示例。

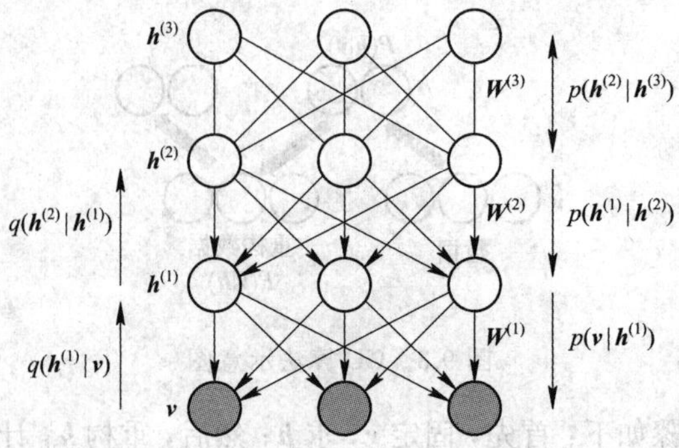

图 9.4　一个有 4 层结构的深度信念网络

若一个深度信念网络有 L 层隐变量，其中最底层(第 0 层)为可观测变量，用 $\boldsymbol{v}=\boldsymbol{h}^{(0)}$ 来表示，其余每层的变量分别用 $\boldsymbol{h}^{(1)}$，$\boldsymbol{h}^{(2)}$，…，$\boldsymbol{h}^{(L)}$ 来表示。$P(\boldsymbol{h}^{(L-1)})$ 的先验分布是由最顶部的两层产生的，这两层是一个无向图，为了简便，可以看成是一个受限 Boltzmann 机。除了最顶部的两层外，每一层变量 $\boldsymbol{h}^{(l)}$ 的变化都随着其上一层变量 $\boldsymbol{h}^{(l+1)}$ 的变化而变化，即：

$$P(\boldsymbol{h}^{(l)}\mid\boldsymbol{h}^{(l+1)},\ \boldsymbol{h}^{(l+2)},\ \cdots,\ \boldsymbol{h}^{(L)})=P(\boldsymbol{h}^{(l)}\mid\boldsymbol{h}^{(l+1)}) \tag{9.14}$$

其中，$l=\{0,\ 1,\ \cdots,\ L-2\}$。

在深度信念网络中，可以将所有变量的联合概率按如下分解：

$$\begin{aligned}P(\boldsymbol{v},\ \boldsymbol{h}^{(1)},\ \boldsymbol{h}^{(2)},\ \cdots,\ \boldsymbol{h}^{(l)})&=P(\boldsymbol{v}\mid\boldsymbol{h}^{(1)})\left(\prod_{l=1}^{L-2}P(\boldsymbol{h}^{(l)}\mid\boldsymbol{h}^{(l+1)})\right)P(\boldsymbol{h}^{(l-1)}\mid\boldsymbol{h}^{(l)})\\&=\prod_{l=0}^{L-1}P(\boldsymbol{h}^{(l)}\mid\boldsymbol{h}^{(l+1)})P(\boldsymbol{h}^{(l-1)}\mid\boldsymbol{h}^{(l)})\end{aligned}$$

其中，$P(\boldsymbol{h}^{(l)}\mid\boldsymbol{h}^{(l+1)})$ 的 sigmoid 型条件概率分布为

$$P(\boldsymbol{h}^{(l)}\mid\boldsymbol{h}^{(l+1)})=\sigma(\boldsymbol{a}^{(l)}+\boldsymbol{W}^{(l+1)}\boldsymbol{h}^{(l+1)}) \tag{9.15}$$

其中，$\sigma(\cdot)$ 为按位计算的 logistic sigmoid 函数，$\boldsymbol{a}^{(l)}$ 为偏置参数，$\boldsymbol{W}^{(l+1)}$ 为权重函数。这样，每一层都可以看作是一个 sigmoid 信念网络。

深度信念网络(DBN)是由多个 RBM 基本结构组成的，与传统的判别模型不同，生成模型建立了观察数据和标签之间的联合分布。典型的深度信念网络框架如图 9.5 所示。

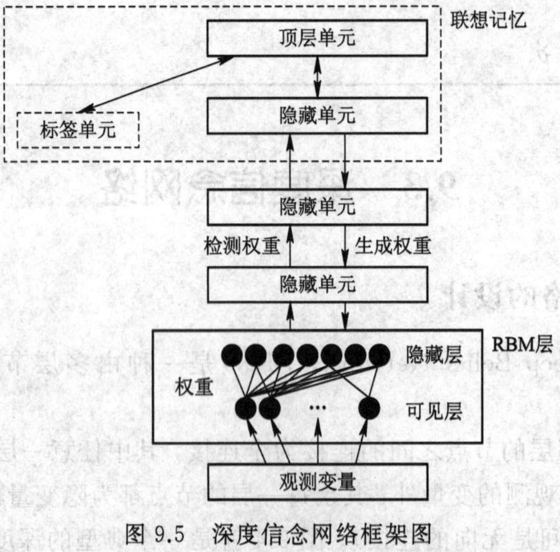

图 9.5　深度信念网络框架图

9.3.2　深度信念网络的参数学习

DBN 的训练方法有很多，其中最大似然法是最直接的方式。当采用这种方法进行训练时，我们的目标是让可观测变量的边际分布 $P(\boldsymbol{v})$ 在训练集合上获得最大似然值。然而在深度信念网络中，隐变量 $\boldsymbol{h}$ 之间的关系十分复杂，很难直接学习。

将每一层的 sigmoid 信念网络转换为受限 Boltzmann 机，可使深度信念网络达到更好的训练效果。此方法带来的好处是隐变量的后验概率是相互独立的，使得采样变得容易。因此，多个受限 Boltzmann 机自下而上的堆叠形成了深度信念网络，将第 l 层受限 Boltzmann 机的隐藏层当作第 $l+1$ 层受限 Boltzmann 机的可观测层。所以，采用自下而上的逐层训练方式能够使深度信念网络达到快速训练的目的。

深度信念网络的训练过程由预训练和精调这两个步骤构成：

第一步，采用逐层预训练的方法初始化模型的参数为较优值；

第二步，利用传统学习方法来精调模型的参数。

1. 预训练

在预训练阶段，为了使训练更加简便，可对深度信念网络进行逐层训练，使其转换为多个 Boltzmann 机。深度信念网络逐层预训练的过程如图 9.6 所示。

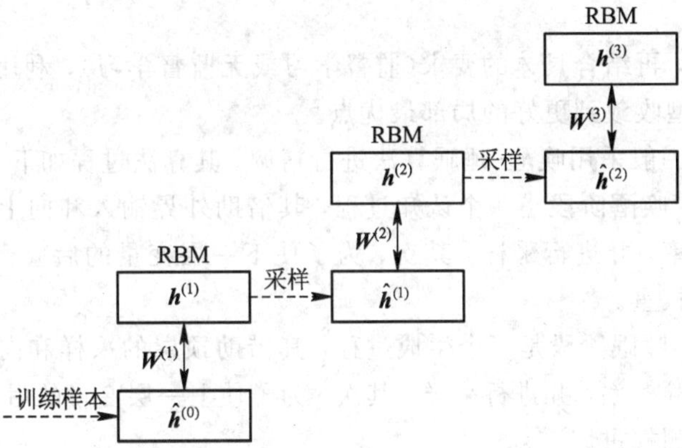

图 9.6　深度信念网络逐层预训练的过程

从图 9.6 可以看到，逐层训练受限 Boltzmann 机的方向是自下而上。若要计算隐变量自下而上的条件概率，需提前训练好前 $l-1$ 层的受限 Boltzmann 机，其计算公式如下：

$$P(\boldsymbol{h}^{(i)}\mid\boldsymbol{h}^{(i-1)})=\sigma(\boldsymbol{b}^{(i)}+\boldsymbol{W}^{(i)}\boldsymbol{h}^{(i-1)}),\ 1\leqslant i\leqslant l-1 \tag{9.16}$$

其中，$\boldsymbol{b}^{(i)}$ 为第 i 层受限 Boltzmann 机的偏置，$\boldsymbol{W}^{(i)}$ 为连接权重。这样，可以按照 $\boldsymbol{v}=\boldsymbol{h}^{(0)}\to\boldsymbol{h}^{(1)}\to\cdots\to\boldsymbol{h}^{(l-1)}$ 的顺序生成一组 $\boldsymbol{h}^{(l-1)}$ 的样本，记为 $\widehat{\boldsymbol{H}}^{(l-1)}=(\widehat{\boldsymbol{h}}^{(l,1)},\ \cdots,\ \widehat{\boldsymbol{h}}^{(l,m)})$。然后将 $\boldsymbol{h}^{(l-1)}$ 和 $\boldsymbol{h}^{(l)}$ 组成一个受限 Boltzmann 机，用 $\widehat{\boldsymbol{H}}^{(l-1)}$ 作为训练集充分训练第 l 层的受限 Boltzmann 机。深度信念网络逐层预训练的算法流程如表 9.2 所示。

表 9.2　逐层预训练的算法流程

输入：训练集 $\hat{\boldsymbol{v}}^{(n)}$，$n=1, 2, \cdots, N$，学习率 α，深度信念网络层数 L，第 l 层权重 $\boldsymbol{W}^{(l)}$，第 l 层隐藏单元偏置 $\boldsymbol{a}^{(l)}$，第 l 层可见单元偏置 $\boldsymbol{b}^{(l)}$
1：for $l=1, 2, \cdots, L$ do
2：初始化：$\boldsymbol{W}^{(l)} \leftarrow \boldsymbol{0}$，$\boldsymbol{a}^{(l)} \leftarrow \boldsymbol{0}$，$\boldsymbol{b}^{(l)} \leftarrow \boldsymbol{0}$
3：从训练集中采样 $\hat{\boldsymbol{h}}^{(0)}$
4：for $i=1, 2, \cdots, l-1$ do
5：根据分布 $P(\hat{\boldsymbol{h}}^{(i)} \mid \hat{\boldsymbol{h}}^{(i-1)})$ 采样 $\hat{\boldsymbol{h}}^{(i)}$
6：end
7：将 $\hat{\boldsymbol{h}}^{(i-1)}$ 作为训练样本，充分训练第 l 层受限 Boltzmann 机的 $\boldsymbol{W}^{(l)}$、$\boldsymbol{a}^{(l)}$、$\boldsymbol{b}^{(l)}$
8：end
9：输出：$\{\boldsymbol{W}^{(l)}, \boldsymbol{a}^{(l)}, \boldsymbol{b}^{(l)}\}$，$1 \leqslant l \leqslant L$

2. 精调

完成预训练后，再结合具体的要求(监督学习或无监督学习)，利用传统的全局学习算法精调网络，使模型收敛到更好的局部最优点。

深度信念网络一般采用唤醒-睡眠算法进行精调，其算法过程如下：

(1) 唤醒阶段。唤醒阶段是一个认知过程，其借助外界输入和向上认知权重得出每一层隐变量的后验概率，并进行采样。其次，为了使下一层变量的后验概率取得最大值，还需修改下行的生成权重。

(2) 睡眠阶段。睡眠阶段是一个生成过程，其借助顶层的采样和向下的生成权重来逐层计算每一层的后验概率，并进行采样。其次，为了使上一层变量的后验概率取得最大值，还需修改向上的检测权重。

(3) 交替进行唤醒和睡眠过程，直到收敛。

习　题

1. 简述 Boltzmann 机和受限 Boltzmann 机的原理和区别。

2. 简述 RBM 学习算法，并在 MATLAB 或者其他平台上实现一个用对比散列法实现权重更新的实例。

3. 设计并用代码实现一个深度信念网络。

4. 对自己设计的深度信念网络进行训练，并写出训练过程。

第 10 章　胶 囊 网 络

胶囊网络(capsule network)于 2017 年由 Geoffrey Hinton 提出，它的提出是为了解决经典神经网络会损失很多重要空间信息这一问题。在经典神经网络的池化过程中，因为只有最活跃的神经元会被选择传递到下一层，所以会损失很多重要的空间信息。为解决这一问题，Geoffrey Hinton 提出使用一个叫作“routing-by-agreement”的过程，将较为底层的特征只传递到与之匹配的高层。例如，手、眼睛、嘴巴等底层特征将只被传递到“面部”的高层，手指、手掌等底层特征将只被传递到“手”的高层。本章将从胶囊网络的基本概念、工作原理和典型应用等方面进行介绍。

10.1　胶囊网络的基本概念

胶囊网络是一种向量型神经网络，在网络中能保存被处理对象的姿态信息(如精确的目标位置、旋转、厚度、倾斜、大小等信息)，而不是丢失了之后再恢复。经典卷积神经网络通过提取被处理对象的特征并通过特征学习达到处理目的，但是它在池化层中会损失很多重要的空间信息。而胶囊网络不仅蕴含特征出现的概率，还蕴含经典卷积神经网络由于池化等操作所丢失的诸如位置、倾斜、大小等姿态信息。

胶囊网络由“胶囊”组成，“胶囊”是一组神经元，而不是单个神经元。每个胶囊的输入和输出都是向量，每个胶囊代表了被处理对象的一种属性，胶囊的向量值对应该属性的值。

胶囊与经典神经元在很多地方存在不同，它们在神经网络中的具体区别如表 10.1 所示。

表 10.1　胶囊与经典神经元的区别

胶囊与经典神经元的对比			
		胶囊	经典神经元
底层输入		向量($\boldsymbol{u}_i$)	标量(x_i)
操作	仿射变换	$\widehat{\boldsymbol{u}}_{(j\|i)}=W_{ij}\boldsymbol{u}_i$	—
	加权求和	$\boldsymbol{s}_j=\sum_i c_{ij}\widehat{\boldsymbol{u}}_{(j\|i)}$	$a_j=\sum_i w_i x_i+b$
	非线性激活		$h_j=f(a_j)$
输出		向量($\boldsymbol{v}_j$)	标量(h_j)

每个胶囊对应的向量，不仅蕴含着某种属性是否存在这一信息，还蕴含着属性的具体特征等信息，如某一个胶囊对应着某种动物是否有羽毛，以及该羽毛的颜色、纹理、形状等特征。而经典神经元的输出只是一个标量，只能表示出某个特征存不存在，不能表示出具体是什么特征，比如一个神经元的标量仅对应着某种动物是否有羽毛，无法表示出该羽毛的颜色、纹理、形状等特征。胶囊网络关注“是”与“否”以及具体是什么或不是什么的问题；而经典神经元更关注“是”与“否”的问题。和传统神经网络相比，胶囊网络的这一优势离不开其独特的网络结构(如图10.1所示)。

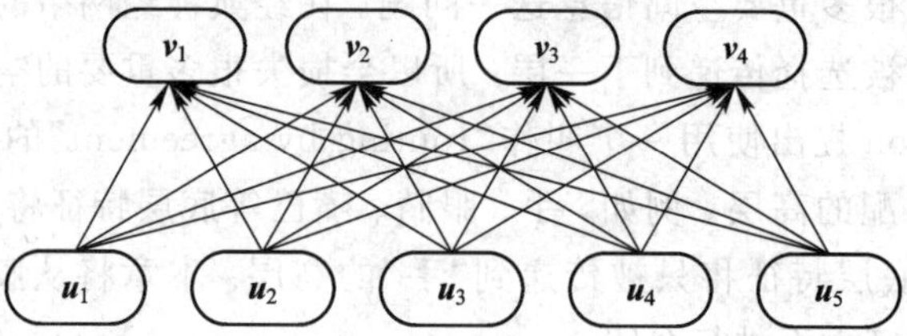

图10.1　胶囊网络结构

10.2　胶囊网络的工作原理

10.2.1　胶囊网络的核心思想

根据前面的相关知识介绍，所谓胶囊，其实就是一个向量，它可以包含任意个值，每个值代表了当前需要识别的物体的一个特征。胶囊网络是将空间信息编码为特征，同时也计算该特征的存在概率，再使用动态路由(dynamic routing)算法将较为底层的特征传递到与之匹配的高层。通过向量来表示胶囊，用向量模的大小去衡量一个实体出现的概率，模值越大，实体出现的概率越大。另外，胶囊网络是通过重构它检测到的对象，将经过重构操作后得到的结果与训练数据中的标记示例作对比，从而获得正确的结果，如此反复地学习，胶囊网络可以获得相对准确的特征参数预测。

10.2.2　胶囊网络的工作过程

传统神经网络中每个神经元的输入和输出都是标量，而胶囊网络中每个胶囊的输入 $\boldsymbol{u}_i$ 和输出 $\boldsymbol{v}_i$ 都是向量。在传统的神经网络中，一个神经元通常会进行三个标量操作，即对输入的标量加权，对加权后的标量求和，对求和后的标量进行非线性变换生成新标量后输出。基于传统神经网络中神经元的工作过程，胶囊网络中胶囊的内部操作有所改变。胶囊网络的工作原理可分为如下三个过程：输入向量的矩阵乘法；输入向量的加权求和；向量非线性化后输出。

1. 输入向量的矩阵乘法

输入向量的矩阵乘法是指将输入的向量与对应的权重矩阵 $\boldsymbol{W}$ 相乘，权重矩阵 $\boldsymbol{W}$ 编码了底层特征和高层特征之间的空间关系，如人的眼睛、嘴巴、鼻子与其面部的关系。此处权重矩阵的权重指胶囊网络模型中的特征的系数，训练模型的目标是确定每个特征的理想权重，如果某个特征的权重为 0，则说明该特征的贡献很小。

2. 输入向量的加权求和

输入向量的加权求和是指将输入向量的标量进行加权求和操作，加权求和过程如图 10.2 所示。此处的权重决定了当前胶囊将其输出传递到哪个更高层的胶囊。网络的输出为

$$\bar{\boldsymbol{v}}_i = w_{i1}\boldsymbol{u}_1 + w_{i2}\boldsymbol{u}_2 + \cdots + w_{i5}\boldsymbol{u}_5,\ i=1,\ 2,\ 3,\ 4 \tag{10.1}$$

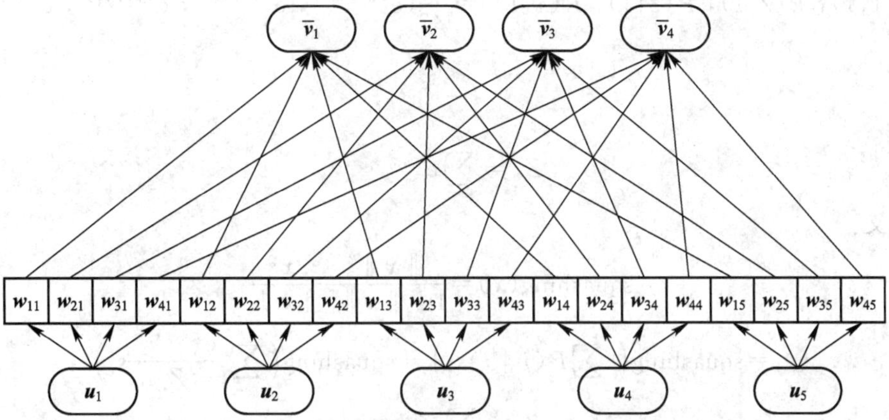

图 10.2　向量的标量进行加权求和

特征由底层向高层传递的过程是通过囊间动态路由算法实现的。特征传递过程还涉及胶囊神经元的特征融合过程，特征融合过程如图 10.3 所示，特征融合输出结果由式(10.2)和式(10.3)进行计算。

$$\boldsymbol{s}_i = C_{i1}\bar{\boldsymbol{v}}_1 + C_{i2}\bar{\boldsymbol{v}}_2 + \cdots + C_{i4}\bar{\boldsymbol{v}}_4,\ i=1,\ 2,\ 3,\ 4 \tag{10.2}$$

$$\boldsymbol{v}_j = \frac{\|\boldsymbol{s}_j\|^2}{1+\|\boldsymbol{s}_j\|^2}\frac{\boldsymbol{s}_j}{\|\boldsymbol{s}_j\|},\ j=1,\ 2,\ 3,\ 4 \tag{10.3}$$

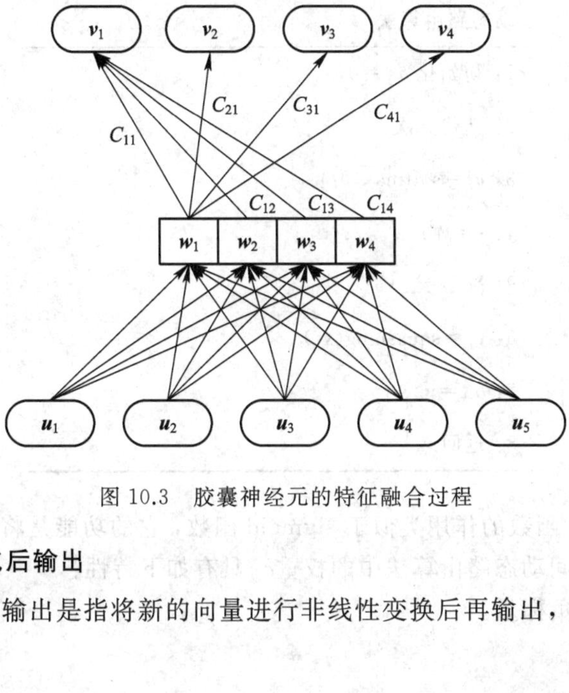

图 10.3　胶囊神经元的特征融合过程

3. 向量非线性化后输出

向量非线性化后输出是指将新的向量进行非线性变换后再输出，其实就是将检测结果

进行分类得到分类结果，通常采用 capsule 算法实现分类。采用 capsule 算法进行分类时，是将向量进行内积后再进行 softmax 操作。例如，仅仅通过 $\boldsymbol{u}_1$ 特征，就可以计算出$\boldsymbol{u}_1$ 属于上层特征$\boldsymbol{v}_1$、$\boldsymbol{v}_2$、$\boldsymbol{v}_3$、$\boldsymbol{v}_4$ 中某种特征的概率，对前面的例子来说，如果$\boldsymbol{u}_1$ 代表的是羽毛，我们通过$\boldsymbol{u}_1$ 可以计算出拥有该羽毛特征的动物分别属于猪、牛、鹅、驴的概率，通过式(10.4)可以计算出这四种概率。

$$[P(1|1),P(2|1),P(3|1),P(4|1)]=\frac{1}{Z_1}(\mathrm{e}^{<\boldsymbol{u}_1,\boldsymbol{v}_1>},\mathrm{e}^{<\boldsymbol{u}_1,\boldsymbol{v}_2>},\mathrm{e}^{<\boldsymbol{u}_1,\boldsymbol{v}_3>},\mathrm{e}^{<\boldsymbol{u}_1,\boldsymbol{v}_4>}) \tag{10.4}$$

其中：

$$Z_1=\sum_{i=1}^{4}\mathrm{e}^{<\boldsymbol{u}_i,\boldsymbol{v}_i>}$$

定义：

$$\text{squashing}(\boldsymbol{x})=\frac{\|\boldsymbol{x}\|^2}{1+\|\boldsymbol{x}\|^2}\frac{\boldsymbol{x}}{\|\boldsymbol{x}\|} \tag{10.5}$$

$$\boldsymbol{v}_j=\text{squashing}\left(\sum_i P(j\mid i)\boldsymbol{s}_i\right)=\text{squashing}\left(\sum_i\frac{\mathrm{e}^{<\boldsymbol{s}_i,\boldsymbol{s}_j>}}{Z_i}\boldsymbol{s}_i\right) \tag{10.6}$$

$$Z_i=\sum_j\mathrm{e}^{<\boldsymbol{s}_i,\boldsymbol{s}_j>}$$

capsule 算法的核心思想，其实就是将输入进行某种聚类，分好类后，再将分类结果进行输出。

10.2.3 囊间动态路由算法

囊间动态路由算法是一种迭代算法，主要用于连接胶囊网络各层之间的权值 $\boldsymbol{c}$，该算法的具体过程如表 10.2 所示。

表 10.2 囊间动态路由算法

动态路由算法
1：初始化 $b_{ij}=0$
2：迭代 r 次
3：$\boldsymbol{c}_i=\text{softmax}(\boldsymbol{b}_i)$
4：$\hat{\boldsymbol{v}}=\boldsymbol{Wu}$
5：$\boldsymbol{s}_j=\sum_i c_{ij}\hat{\boldsymbol{v}}_i$
6：$\boldsymbol{v}_j=\text{squashing}(\boldsymbol{s}_j)$
7：$b_{ij}=\hat{\boldsymbol{v}}_i\cdot\boldsymbol{v}_j$
8：返回 $\boldsymbol{v}_j$

其中，squashing 函数的作用类似于 sigmoid 函数，它的功能是将向量压缩，使向量长度在 0 到 1 之间。囊间动态路由算法中的权重c_{ij}具有如下特性：

(1) 权重均为非负标量。

(2) 对于每个底层胶囊 i，其所有权重c_{ij}相加得到的总和值等于 1。

(3) 对于每个底层胶囊 i，其所有权重的数量等于高层胶囊的数量。

(4) 权值 $\boldsymbol{c}$ 根据网络损失函数进行训练。

10.3　胶囊网络的典型应用

本节通过介绍胶囊网络的典型应用——MNIST 数字图像识别，来加深对胶囊网络工作原理的理解。

CNN 中的池化操作只能保留最主要的特征并丢弃很多其他的特征，而胶囊能保留前一层的特征加权总和，所以胶囊网络更适合于检测重叠特征，其典型应用就是 MNIST 数字图像识别。MNIST 数字图像识别过程如图 10.4 所示，具体的步骤是：首先输入一张 28×28维度的 MNIST 数字图像到网络的编码器，编码器通过学习对输入的这张图像进行编码，编码后得到一个 16 维向量，该向量由一系列实例参数构成，经过处理后输出一个 10 维向量。

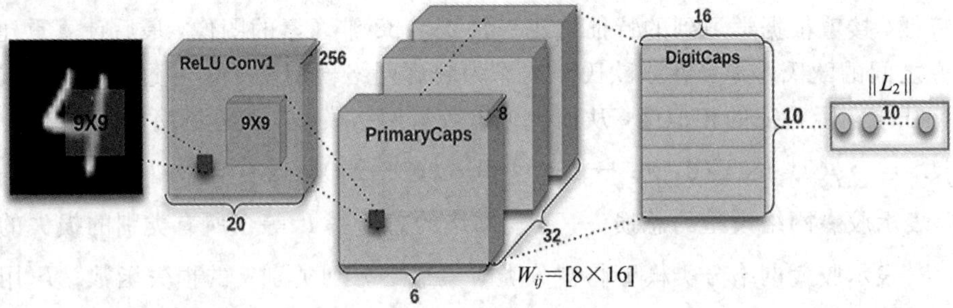

图 10.4　MNIST 数字图像识别过程

MNIST 数字图像识别模型由编码器和解码器组成。编码器主要由卷积层(ReLU Conv1)、下级胶囊层(PrimaryCaps)、上级胶囊层(DigitCaps)构成，模型的整个学习过程要分别经过这三层。而解码器则是一个用于获取图片输入的简单前馈网络，主要是学习如何将图像表示为 16 维的向量，包含了渲染图像需要的全部信息。

(1) 第一层：卷积层。

输入：28×28 图像(单色)。

输出：20×20×256 维张量。

参数：20 992 个（卷积层中的每个卷积核有 1 个偏置项，卷积核为 9×9，卷积得出的特征图为 256 个，(9×9+1)×256 ＝ 20 992）。

卷积层主要提取用于后续胶囊分析的特征。

(2)第二层：下级胶囊层。

输入：20×20×256 维张量。

输出：6×6×8×32 维张量。

参数：5 308 672 个。

PrimaryCaps 层包含 32 个主胶囊。每个胶囊将大小为 9×9×256 的 8 个卷积核应用到大小为 20×20×256 的输入张量，从而得到一个维度为 6×6×8 的输出张量。因为一共有 32 个胶囊，所以最后会输出一个维度为 6×6×8×32 的张量。

(3)第三层：上级胶囊层。

输入：6×6×8×32 维张量。

输出：16×10 矩阵。

参数：1 497 600 个。

DigitCaps 层又叫分类层。DigitCaps 将 PrimaryCaps 层中的胶囊转换为 10 个胶囊，这 10 个胶囊中的每个胶囊代表一个类别的预测，所以该层由 10 个数字胶囊构成。它是全连接层的一个简单扩展，即取一个向量则输出一个向量。这 10 个胶囊中每个胶囊的输入是一个 6×6×8×32 维的张量，也可以将该张量看作 6×6×32 个 8 维向量，即 1152 个 8 维输入向量。

DigitCaps 层胶囊内部的工作过程是这样的：每一个输入向量通过一个 8×16 维的权重矩阵，将 8 维的输入空间映射到 16 维的胶囊输出空间，所以每个胶囊都有 1152 个矩阵。

经过一系列处理过后，MNIST 数字图像识别模型的解码器会从一个正确的 DigitCaps 中接受一个 16 维向量作为输入，然后胶囊解码器从这些输入中学习那些对重建原始图像有用的特征，接着根据学习到的特征重建一张 28×28 维像素的图像，最后计算重建图像与输入图像之间的欧氏距离，将该欧氏距离作为胶囊网络模型整个学习过程的损失函数，确定重建特征与实际特征的相似度，从而优化该胶囊网络模型。胶囊网络的损失函数如下：

$$L=\sum L_c=\sum(T_c\max(0,m^+-\|\boldsymbol{v}_c\|))+\lambda(1-T_c)\max(0,\|\boldsymbol{v}_c\|-m^-)\qquad(10.7)$$

其中，L 表示胶囊网络模型的总损失，胶囊网络的总损失 L 等于所有类别的损失的总和即 $\sum L_c$，L_c 表示胶囊网络分类模型将被分类对象最终分到类别 c 的损失函数；T_c 用于表示被分类对象是否正确分类，如果分类正确，T_c 取常数 1，如果分类错误，T_c 取常数 0；$\|\boldsymbol{v}_c\|$ 表示被分类对象属于类别 c 的概率；λ 是平衡参数，其值取常数 0.5；m^+ 等于 0.9，m^- 等于 −0.1。

习 题

1. 什么是“胶囊”？
2. 胶囊是如何工作的？
3. 胶囊网络的囊间动态路由算法由哪些部分组成？

附　　录

附录 A　深度学习常用的工具

深度学习常用的工具主要包括 Caffe、Torch、PyTorch、MxNet、TensorFlow、Theano、CNTK、Keras、DSSTNE 等，其中 Caffe、TensorFlow、PyTorch 最为流行。

1. Caffe/ Caffe2

Caffe 的全称为 Convolutional architecture for fast feature embedding，Caffe 是一个清晰的、可读性高且快速的深度学习框架。开发者是加州大学伯克利的贾扬清博士，现在使用的多是 Caffe2。

2. Torch

Torch 是一个很著名的框架，Facebook 人工智能研究所(院)用的框架就是 Torch，在被谷歌收购之前 DeepMind 用的也是 Torch(收购之后 DeepMind 转向了 TensorFlow)。Torch 的编程语言是 Lua。

3. PyTorch

2017 年 1 月，Facebook 人工智能研究院(FAIR)团队针对 Python 在 GitHub 上开源了 PyTorch，并迅速占领了 GitHub 热度榜榜首。PyTorch 属于轻量级，深度神经网络建立在基于 tape 的 autodiff 系统上，带有强大 GPU 加速的 Tensor 计算(类似 numpy)。相比于 Tenforflow 晦涩的底层代码而言，PyTorch 源码对于开发人员更为友好。

4. MxNet

MxNet 是一个支持大多数编程语言的框架之一，包括 Python、R、C++、Julia 等。MxNet 最初是由一群学生开发的，缺乏商业应用。2016 年 11 月，MxNet 被 AWS 正式选择为其云计算的官方深度学习平台，并宣称其具有巨大的横向扩展能力。2017 年 1 月，MxNet 项目进入 Apache 基金会，成为 Apache 的孵化器项目。

5. TensorFlow

TensorFlow 最初是由 Google 的 GoogleBrain 团队开发的。TensorFlow 支持 Python 和 C++，可在 CPU 和 GPU 上进行计算分布，并且支持使用 gRPC 进行水平扩展。对于深度学习的初学者来说，TensorFlow 是他们最喜欢的深度学习工具之一。TensorFlow 是一个非常好的框架，但是却非常低层，使用 TensorFlow 需要编写大量的代码。

6. Theano

Theano 最初诞生于蒙特利尔大学 LISA 实验室，于 2008 年开始开发，是最老牌和最稳定的库之一。2017 年 9 月 28 日，在 Theano1.0 正式版即将发布前夕，LISA 实验室负责人、深度学习三巨头之一的 Yoshua Bengio 宣布 Theano 即将停止开发。因此，Theano 终将退出历史舞台。

7. CNTK

CNTK 于 2014 年诞生。2016 年 1 月 25 日，微软公司在其 GitHub 仓库上正式开源了 CNTK。最近又将其重命名回 CognitiveToolkit。目前为止，CognitiveToolkit 似乎不是很流行。

8. Keras

Keras 是一个高层神经网络 API，由纯 Python 编写而成并使用 TensorFlow、Theano 及 CNTK 作为后端。Keras 是一个非常高层的库，其句法是相当明晰的，Keras 强调极简主义，它只需几行代码就能构建一个神经网络。

9. DSSTNE

DSSTNE 是英文"Deep Scalable Sparse Tensor Network Engine"的简写。DSSTNE 框架把推荐系统做到了极致。亚马逊相关研究团队对 DSSTNE 的描述是"一个使用 GPU 训练和部署深度神经网络的开源工具"，DSSTNE 具有多 GPU 伸缩的特点。

附录 B　深度学习常用的开放数据集

这里介绍的常用开放数据集包括 MNIST、MS-COCO、ImageNet、Open Images、VisualQA、SVHN、CIFAR、Fashion - MNIST、IMDB、Sentiment140、WordNet、Yelp、NLP、Blogger、FMA、LibriSpeech、VoxCeleb、Twitter、UCI、Pascal VOC 等。

1. MNIST

MNIST 是一个手写数字数据集，是最受欢迎的深度学习数据集之一。它包含一组有 60 000 个示例的训练集和一组有 10 000 个示例的测试集。

2. MS - COCO

MS - COCO 是一个大型的、丰富的物体检测、分割和字幕数据集。它包含了总量为 330K 的图像(超过 200K 的图像具有标记)、150 万个对象实例、80 个对象类别和 91 个类别。

3. ImageNet

ImageNet 是根据 WordNet 层次结构组织的图像数据集，WordNet 包含大约 100 000 个单词，ImageNet 平均提供了大约 1 000 个图像来说明每个单词。

4. Open Images

Open Images 是一个包含近 900 万个图像 URL 的数据集，这些图像跨越了数千个类的图像级标签边框并且进行了注释。该数据集包含 9 011 219 张图像的训练集、41 260 张图像的验证集以及 125 436 张图像的测试集。

5. VisualQA

VisualQA 是一个包含相关图像的开放式问题的数据集。该数据集包含 265 016 张图片(COCO 和抽象场景)，每张图片至少有 3 个问题(平均5.4 个问题)，每个问题有 10 个基本事实答案，每个问题有 3 个似乎合理(但可能不正确)的答案。

6. SVHN

SVHN 是用于开发对象检测算法的真实世界的图像数据集，它需要最少的数据预处理。它在风格上与 MNIST 数据集类似(例如图像都是小的裁剪数字)，但具有更多标签数据(超过 600 000 个图像)，这些数据是从谷歌街景中查看的房屋号码中收集的。

7. CIFAR - 10/ CIFAR - 100

CIFAR - 10 是图像分类的另一个数据集，它由 10 个类的 60 000 个图像组成(图像中同一行为一类)，总共有 50 000 个训练图像和 10 000 个测试图像。数据集分为 6 个部分，即 5 个训练批次和 1 个测试批次，每批有 10 000 个图像。

CIFAR - 100 与 CIFAR - 10 类似，但它有 100 个类，每个类包含 600 个图像，其中有 500 个训练图像和 100 个测试图像。CIFAR - 100 中的 100 个类被分成 20 个超类，每个图像都带有一个“精细”标签(它所属的类)和一个“粗糙”标签(它所属的超类)。

8. Fashion - MNIST

Fashion - MNIST 包含 60 000 个训练图像和 10 000 个测试图像，它是一个类似

MNIST 的时尚产品数据库。开发人员认为 MNIST 已被过度使用，因此他们将 Fashion-MNIST 作为 MNIST 的直接替代品。Fashion-MNIST 的每张图片都以灰度显示，并与 10 个类别的标签相关联。

9. IMDB

IMDB 是电影爱好者的梦幻数据集，它意味着二元情感分类，并具有比此领域以前的任何数据集更多的数据。除了训练和测试评估示例之外，该数据集还有更多未标记的数据可供使用。它还提供了原始文本和已经预处理过的单词格式。

10. Sentiment140

Sentiment140 是一个可用于情感分析的数据集。数据集具有 6 个特征：推文的极性(polarity of the tweet)；推文的 ID；推文的日期；查询；发推的用户；推文的文本。

11. WordNet

WordNet 是一个包含英文 synsets 的大型数据库。synsets 是同义词组，每个同义词组描述不同的概念。WordNet 的结构使其成为 NLP 非常有用的工具。

12. Yelp

Yelp 是一个非常常用的全球 NLP 挑战数据集，是 Yelp 为了学习目的而发布的一个开放数据集。它由数百万条用户评论、商业机构和来自多个大都市地区的超过 20 万张照片组成。

13. NLP

NLP 是维基百科全文的集合，它包含来自 400 多万篇文章的将近 19 亿字。在这个强大的 NLP 数据集中，可以通过单词、短语或段落本身的一部分进行搜索。

14. Blogger

Blogger 数据集包含数千名博主收集的博客帖子，并且从 blogger.com 收集。每个博客都作为一个单独的文件提供，每个博客至少包含 200 次常用英语单词。

15. FMA

FMA 是一个机器翻译数据集，它包含 4 种欧洲语言的训练数据，它存在的任务是改进当前的翻译方法，可以训练以下任何语言对：法语—英语；西班牙语—英语；德语—英语；捷克语—英语。

16. LibriSpeech

LibriSpeech 数据集是包含大约 1000 小时英语语音的大型语料库，这些数据来自 LibriVox 项目的有声读物。

17. VoxCeleb

VoxCeleb 是一个大型的说话人识别数据集。它包含约 1200 名来自 YouTube 视频的约 10 万个话语，数据基本上是性别平衡的(男性占 55%)。

18. Twitter

Twitter 是一个情绪分析数据集，可以提供既有正常又有仇恨推文的 Twitter 数据。数据科学家的任务是确定哪些推文是仇恨推文，哪些不是。

19. UCI

UCI 是一个常用的机器学习标准测试数据集，是加州大学欧文分校（University of California Irvine）提出的用于机器学习的数据库。这个数据库种类繁多，目前共有 300 多个数据集，其内容在不断地更新，数目在不断增加。

20. Pascal VOC

Pascal VOC 为图像识别和分类提供了一整套标准化的优秀的数据集，有 Pascal VOC2007 与 Pascal VOC2012 两种版本，数据集分为 20 类，分别如下：

— Person：person

— Animal：bird，cat，cow，dog，horse，sheep

— Vehicle：aeroplane，bicycle，boat，bus，car，motorbike，train

— Indoor：bottle，chair，dining table，potted plant，sofa，tv/monitor

Pascal VOC2007 中包含 9963 张标注过的图片，由 train、val、test 三部分组成，共标注出 24 640 个物体。

参 考 文 献

[1] 周志华. 机器学习[M]. 北京：清华大学出版社，2016.

[2] MITCHELL T M. Machine learning, McGraw Hill series in computer science[M]. New York: McGraw - Hill, 1997.

[3] LECUN Y, BOTTOU L, BENGIO Y, et al. Gradient-based learning applied to document recognition[J]. Proceedings of the IEEE, 1998, 86(11): 2278 - 2324.

[4] BISHOP C M. Pattern recognition and machine learning[M]. 5 th ed. Heidelberg: Springer, 2006.

[5] 李航. 统计学习方法[M]. 北京：清华大学出版社，2012.

[6] CYBENKO G. Approximations by superpositions of a sigmoidal function [J]. Mathematics of Control, Signals and Systems, 1989, 2(4): 303 - 314.

[7] MURPHY K P. Machine learning: a probabilistic perspective [M]. Adaptive Computation and Machine Learning Series. Cambridge: MIT Press, 2012.

[8] DUDE R O, HART P E, STORK D G. Pattern classification [M]. 2 nd ed. NewYork: John Wiley & Sons, 2012.

[9] GLOROT X, BORDES A, BENGIO Y. Deep sparse rectifier neural networks[C]. Proceedings of the Fourteenth International Conference on Artificial Intelligence and Statistics, 2011: 315 - 323.

[10] KRIZHEVSKY A, SUTSKEVER I, HINTON G E. ImageNet classification with deep convolutional neural networks [C]. International Conference on Neural Information Processing Systems, 2012: 1097 - 1105.

[11] HE K, ZHANG X, REN S, et al. Deep residual learning for image recognition[C]. Proceedings of the IEEE Conference on Computer Vision and Pattern Recognition, 2016: 770 - 778.

[12] SIMONVAN K, ZISSERMAN A. Very deep convolutional networks for large-scale image recognition[J]. arXiv preprint arXiv:1409. 1556, 2014.

[13] GOODFELOW I, BENGIO Y, COURVILLE A. Deep Learning [M]. Cambridge: MIT Press, 2017.

[14] SZEGEDY C, LOFFE S, VANHOUCKE V, et al. Inception-v4, inception-resnet and the impact of residual connections on learning [C]. Thirty-First AAAI Conference on Artificial Intelligence, 2017: 4278 - 4284.

[15] CHUNG J, GULCEHER C, CHO K H, et al. Empirical evaluation of gated recurrent neural networks on sequence modeling [J]. arXiv preprint arXiv: 1412. 3555, 2014.

[16] SAK H, SENIOR A, BEAUFAYS F. Long short-term memory recurrent neural network architectures for large scale acoustic modeling[C]. Fifteenth Annual Conference of the International Speech Communication Association, 2014:338-342.

[17] HASTIC T, TIBSHIRANI R, FRIEDMAN J. The elements of statistical learning: data mining, inference and prediction[M]. 2 nd ed. New York: Springer Science & Business Media, 2009.

[18] VINCENT P, LAROCHELLE H, BENGIO Y, et al. Extracting and composing robust features with denoising autoencoders[C]. Proceedings of the 25th International Conference on Machine Learning, 2008: 1096-1103.

[19] PEARL J. Probabilistic reasoning in intelligent systems: networks of plausible inference[M]. Revised Edition. Amsterdam: Elsevier, 2014.

[20] RASHID T. Make your own neural network: a gentle journey through the mathematics of neural networks, and making your own using the Python computer language[M]. Seattle:CreateSpace Independent Publishing, 2016.

[21] DEMUTH H B, BEALE MH, DE JESS O, et al. Neural network design[M]. Stillwater: Martin Hagan, 2014.

[22] HINTON G, DENG L, YU D, et al. Deep neural networks for acoustic modeling in speech recognition: the shared views of four research groups[J]. IEEE Signal Processing Magazine, 2012, 29(6): 82-97.

[23] HAYKIN S. Neural networks: a comprehensive foundation[J]. The Knowledge Engineering Review, 1999, 13(4): 409-412.

[24] AGGARWAL C C. Neural networks and deep learning: a Textbook[M]. New York: Springer, 2018.

[25] YU L, ZHANG W, WANG J, et al. SeqGAN: sequence generative adversarial nets with policy gradient [C]. Thirty-first AAAI Conference on Artificial Intelligence, 2017.

[26] ChARNIAK E. Introduction to deep learning[M]. Cambridge: MIT Press, 2019.

[27] PATTERSON J, GIBSON A. Deep learning: a practitioner's approach[M]. California: O'Reilly Media, 2017.

[28] MNIH V, BADIA A P, MIRZA M, et al. Asynchronous methods for deep reinforcement learning[C]. International Conference on Machine Learning, 2016: 1928-1937.

[29] TRASK A. Grokking deep learning[M]. Greenwich: Manning Publications. 2019.

[30] SEJNOWSKI T J. The deep learning revolution[M]. Cambridge: MIT Press, 2018.

[31] GOODFELLOW I, POUGET-ABADIE J, MIRZA M, et al. Generative adversarial nets [C]. Advances in Neural Information Processing Systems, 2014: 2672-2680.

[32] LAPAN M. Deep reinforcement learning hands-on: apply modern RL methods, with deep Q-networks, value iteration, policy gradients, TRPO, AlphaGo Zero

and more[M]. Birmingham：Packt Publishing，2018.
[33] OSINGA D. Deep learning cookbook：practical recipes to get started quickly[M]. California：O'Reilly Media，2018.
[34] BENGIO Y，GOODFELLOW I，COURVILLE A. Deep learning，adaptive computation and machine learning series[M]. Cambridge：MIT Press，2017.
[35] VASWANI A，SHAZEER N，PARMAR N，et al. Attention is all you need[C]. Advances in Neural Information Processing Systems，2017：5998－6008.
[36] LIN Z，FENG M，SANTOS C N，et al. A structured self-attentive sentence embedding[J]. arXiv preprint arXiv. 2017：1703. 03130.
[37] PARIKH A P，TÄCKSTRÖM O，DAS D，et al. A decomposable attention model for natural language inference[J]. arXiv. 2016：1606. 01933.
[38] LEI T，ZHANG Y，ARTZI Y. Training RNNs as fast as CNNs[J]. arXiv preprint arXiv. 2017：1709. 02755.
[39] Nicolas. 史上最全的 25 个深度学习的开放数据集汇总[EB/OL]. 2018，https://www.easemob.com/news/1433.
[40] 张俊林. 深度学习中的注意力机制. [EB/OL]. 2017，https://blog.csdn.net/malefactor/java/article/details/78767781.
[41] KINGMA D P，WELLING M. Auto-encoding variational bayes[J]. arXiv preprint arXiv. 2013：1312. 6114.
[42] REZENDE D J，MOHAMED S，WIERSTARA D. Stochastic backpropagation and approximate inference in deep generative models[J]. arXiv preprint arXiv. 2014：1401. 4082.
[43] PARMAR N，VASWANI A，USZKOREIT J，et al. Image transformer[J]. arXiv preprint arXiv. 2018：1802. 05751.
[44] 杨朔，陈丽芳，石瑀，等. 基于深度生成式对抗网络的蓝藻语义分割[J]. 计算机应用，2018(6)：1554－1561.